環境経営のルーツを求めて

「環境マネジメントシステム」という考え方の意義と将来

Kenji Kurata

倉田 健児

社団法人 産業環境管理協会

はじめに

環境マネジメントシステムとはどのような考え方なのだろうか。この考え方はどのようにして生まれ、発展し、そして今に至っているのか。この考え方が社会に普及することは、その社会に対してどのような意義を持つのか。このような問いに答えようとの試みが、本書の内容だ。

本書の標題を「環境経営のルーツを求めて」とした。「経営」というと、確固とした組織において何かの事業を運営するという意味で捉えられることが一般的だ。特に、民間営利企業が経営対象の組織としてイメージされることが多いだろう。本書の標題で私が使った「経営」の対象は、もっと幅広く、漠然としている。

私たちが形づくる社会では、私たちが様々な制度を作り、その制度に則って社会を運営している。ここでいう「制度」とは、何も法律のような堅固な決めごとだけを指しているわけではない。その社会を構成する多くの人が共感し、支持する考え方や規範は、当然制度の一翼を担う。長い年月をかけて培われてきたその社会特有の習慣や忌避（タブー）なども、これに含めて考えている。

また、一口に社会といっても、その範囲は多様であり、様々なレベルで「社会」が存在する。人間の集まりの大きさで考えれば、最も大きな社会はこの世界全体だ。もちろん、経営の対象として一般的に意識される企業も、一つの社会と見なすことができるだろう。こうした様々なレベルの社会は、それぞれが多様な制度に則って運営、すなわち「経営」されていると考えることができる。

本書ではその主題を、まぎれもなく環境マネジメントシステムにおいている。環境マネジメントシステム、もしくはそれを形づくる考え方は、様々なレベルの社会を経営していくための、一つの制度としての役割を担えるのではないか。私は、そう考えている。またそれが、本書の主張でもある。社会を環境マネジメントシステムという制度によって経営する、こう言い表すこともできるだろう。

したがって、「環境経営」という語を標題の中に据えた。この言葉は、一般的には環境側面に配慮した企業経営という意味で使われることが多いと思う。本書では、前述した想いを込め、非常に幅広い意味でこの言葉を捉え、標題中に用いたことを承知して欲しい。副題の「環境マネジメントシステムの意義と将来」は、このような想いをもう少し直截に表現した結果だ。

本書は4部構成となっている。第I部は環境マネジメントシステムを起点とした問題提起だ。第II部と第III部は本書の中心ともいえる部分である。環境マネジメントシステムという考え方はどのようにして生まれ、発展し、そして今に至っているのか、この点を詳細に論じた。

さらに第IV部では、環境マネジメントシステムという考え方の普及が、社会に対してどのような影響をもたらすのかを論じた。環境という視点から技術の社会での使用という視点へと、論点の普遍化を図ることで、この問いに対する答えを示そうとした。このために、議論の対象も環境から広く技術一般へと拡大している。

私の頭の中では、第III部から第IV部へと、明確な一本の線で繋がっているのだが、それが本書で表現しきれているかどうかは自信がない。読者の中には、第Ⅳ部での環境から離れた議論の展開に関して違和感を抱かれる方もいるだろう。私の力量不足であり、そのように感じられた場合は申し訳なく思う。

本書の中には、もちろん、ISO一四〇〇一が登場する。その策定過程にも詳しく触れる。しかし、ISO一四〇〇一の制度としての内容やその認証の取得のための方法などを紹介することはない。このような内容を期待して本書を手にしている読者に対しては、残念ながらその期待に応えることはできない。この点は、はじめにお断りしておきたい。

せっかく本書を手にとり、内容に若干なりとも興味を持っていただいた読者のために、本書の内容を考えるに至った背景をここで紹介したい。本書の内容をイメージしていただく上で、参考になるはずだ。

始まりは地球環境問題だった。一九九二年六月までの約一年半、私は通商産業省（当時、現経済産業省）で地球環境問題を担当した。この一年半は、ブラジル、リオデジャネイロでの地球サミットの開催に向け、世界が地球環境問題に燃え盛った時期だ。この職務を通し、私自身の地球環境問題に対する関心も高まった。

その解決は一体どうあるべきなのか。職務の上からも、また、職務を離れてもいろいろと考えるようになる。中でも地球温暖化問題は、具体的な対応の迫られる問題として政策議論の大きな対象となった。温暖化を防ぐためには、二酸化炭素を中心とする温室効果ガスの排出を削減する必要がある。

二酸化炭素の排出削減は、とりもなおさず化石燃料の消費の削減を意味する。化石燃料の消費は我々の日々の生活と、産業活動に代表される経済とを支えている。環境とエネルギーと経済、この三つの関係が生み出すトリレンマをどう解決するのか。それが問題設定であり、この問題に対し「技術」を解決のための一つの鍵と位置づけ、政策を構築していった。

この方向性は決して間違ってはいないと思う。もう一段目線を高め、地球環境問題に対してはどうか。やはり、技術の果たす役割は重要だ。そう思う。では、技術をどのようにして地球環境問題の解決に役立てるのか。それも、どうやって。個々の具体的事例に対してもさることながら、技術総体として考えた場合にはどうか。いつしかそのようなことを考えていた。なぜなら、「技術」は解決のための鍵であると同時に、地球環境問題の原因でもあるからだ。ただ、このような漠然とした疑問に対して、何らかの答が見いだせたわけではなかった。

疑問を疑問として心に残しつつ、数年の時が流れた。技術に関し再度深く考えたのは、通商産業省の技術政策全般に関し、長期的な視点で様々な角度からの検討を行う職務についた時だった。省内外の様々な人との議論を通して、技術への関心はより抽象的な課題へと向かっていく。技術の持つ負の側面を、どのような原則、考え方に則ってコントロールすべきなのか。このような疑問が湧いてきた。地球環境問題に関して抱いた数年前の疑問の外縁を拡大する内容だ。

コスト・ベネフィットを考えて決める、そのためにリスク論的なアプローチを導入する、さらには異なる事象に対するリスクの横断的な比較を行う。疑問に対し、このような様々な視点から多くの人の意見を聴いたり、また、研究会を開催したりと、一生懸命に勉強した。ただ、考えれば考えるほど問いは抽象度を増し、哲学的な問答を繰り返すことになる。その主題は、社会は技術をどう律するべきなのか、ということに関してだった。

やがて異動となった。頻繁な異動は、時として仕事を中途半端にしてしまう。が、袋小路に陥った時などは、これで救われる。次に担当したのは国際標準の世界だった。急速に普及するＩＳＯ一四〇〇一には、自然と目が向いた。何故これほどまでに世界的に普及するのか。素朴な疑問が心に浮かぶ。そして、ＩＳＯ一四〇〇一の基になっている環境マネジメントシステムという考え方が、技術に関してこれまで漠然と抱いていた疑問に結びついた。

この仲立ちをしたのは、地球環境問題だった。ＩＳＯ一四〇〇一は環境マネジメントシステムの国際規格だ。環境マネジメントシステムは、地球環境問題の解決を目指して生まれた考え方といえる。地球環境問題は、まさに社会による技術の律し方が問われている問題だろう。このようにして、環境マネジメントシステム、地球環境問題、技術に対する問いが結びついた。この結びつきの中で、問いの答えを探す試みを始めた。その試みの、これまでの結果が本書だ。さて、その内容は。これについては本書を読むとともに、読者自身でも考えて欲しい。

本書がまがりなりにも完成し出版の運びとなるまでには、多くの人から様々な助力を受けた。先に述べたような私自身が漠然と持っていた問いに関し、これを具体的に検討することで本書に示す一応の体系にまとめるきっかけとなったのは、社会人学生としての大学院博士課程への入学だった。本書の内容は、博士論文として取りまとめた内容の一部を発展させたものだ。研究という知的営為に縁遠かった私を研究の世界にいざない、博士論文の完成に導いていただいた神田啓治京都大学教授（当時、現京都大学名誉教授、エネルギー政策研究所所長）及び中込良廣京都大学教授に、深く感謝の意を表したい。

私は、現在、北海道大学で教鞭を執っているが、同時に産業技術総合研究所化学物質リスク管理研究センターに客員研究員として在籍し、新たな勉強の機会をいただいている。このような機会を与えていただいた同センターの中西準子センター長にも、感謝の意を表したい。同センターに在籍することで接することのできた知識や議論は、大いに私を触発した。本書の第Ⅳ部の内容は、こうした議論の影響を受けている。

ＩＳＯ一四〇〇一策定の国際的なプロセスに初期の段階から関与されていた吉田敬史氏（三菱電機㈱）及び寺田博氏（元日本電機工業会）には、本書の草稿段階でのコメントという面倒な作業をお願いし、特に吉田敬史氏からは詳細なコメントをいただいた。両氏のご助力に感謝したい。

本書出版の直接のきっかけは、産業環境管理協会出版広報センターの浜野昌弘所長に負うところが大きい。本書の内容は、同協会の機関誌「環境管理」の二〇〇四年四月号から二〇〇五年三月号にかけて、「環境マネジメントシステムという考え方―なぜこのような考え方が生まれたのか」との標題のもとで行った連載をベースにしている。浜野所長にはこの連載の開始から今回の出版に至るまで、様々な労をとっていただいた。連載をベースにしたといっても、内容は大幅な加筆修正を施しており、事実上すべての章が書き下ろしに近い。古屋正子さんは、この原稿を丹念にチェックし、私の独善に陥っている個所を的確に指摘してくれた。編集に携わった両氏にも感謝したい。

様々な方の助力の上に本書は成立しているが、本書で示した内容はすべて私個人の考えに基づいて記したものだ。本書に存在するだろう多くの誤りがすべて私個人に帰すことは、いうまでもない。

最後に、家族に触れることをお許しいただきたい。本書の完成は、私が単身での札幌勤務によって家を空けがちとなる中で、東京でのフルタイムの仕事をこなしながらも家庭を支える妻裕子の努力に負うところが非常に大きい。裕子には本当に感謝したい。二人の子供、健太郎と裕佳は、裕子ともども心の支えとなった。有り難う。

いつの日にか、この本に記した内容を巡り、健太郎、裕佳と議論を交わす日がくることを夢見て、筆を置く。

二〇〇六年四月

倉田　健児

主な略語表記

BCSD	Business Council for Sustainable Development 持続可能な開発のための経済人会議
BSI	British Standards Institution イギリス規格協会
CEN	European Committee for Standardization ヨーロッパ規格委員会
CEQ	Council on Environmental Quality (アメリカ政府の)環境諮問委員会
EMAS	Eco-Management and Audit Scheme 環境管理・監査規則
EPA	Environmental Protection Agency (アメリカ)環境保護庁
IAEA	International Atomic Energy Agency 国際原子力機関
ICC	International Chamber of Commerce 国際商業会議所
IEC	International Electrotechnical Commission 国際電気標準会議
INC	Intergovernmental Negotiating Committee (for a Framework Convention on Climate Change) 気候変動枠組み条約に関する政府間交渉委員会
IPCC	Intergovernmental Panel on Climate Change 気候変動に関する政府間パネル
ISO	International Organization for Standardization 国際標準化機構
LRTAP	(The Convention on) Long-range Transboundary Air Pollution 長距離越境大気汚染(条約)
SAGE	Strategic Advisory Group on Environment (国際標準化機構及び国際電気標準会議の)環境に関する戦略諮問グループ

SC Sub Committee
(技術委員会の)分科会

SG Sub Group
(環境に関する戦略諮問グループの)サブ・グループ

TB Technical Board
(国際標準化機構の)技術評議会

TC Technical Committee
(国際標準化機構の)技術委員会

TRI Toxic Release Inventory
トキシック・リリース・インベントリー

UNCED United Nations Conference on Environment and Development
国連環境開発会議

UNEP United Nations Environmental Program
国連環境計画

WCED World Commission on Environment and Development
環境と開発に関する世界委員会

WICEM II The Second World Industry Conference on Environmental Management
環境管理に関する第二回世界産業会議

WMO World Meteorological Organization
世界気象機関

WSSD World Summit on Sustainable Development
持続可能な開発に関する世界首脳会議

目次

第Ⅰ部　問題提起

第一章　環境マネジメントシステムとは何か

一　「環境マネジメントシステム」の登場

一・一　言葉としての存在

環境マネジメントシステム。

読者の皆さんにとってこの語は、馴染みの深い言葉だろう。頻繁にという程ではないにせよ、日常生活の中でも結構耳にする。新聞紙上などで取り上げられる場合にも、特別な注釈が付けられるということはもうない。ごく普通に使われる日本語として、既に社会に定着していると考えていいだろう。

さて、それではこの言葉、「環境マネジメントシステム」とは一体何なのだろうか。どのような意味を表す言葉として使われているのだろうか。今更という気がしないでもないが、辞書を引いてみる。驚くにはあたらないかもしれないが、参照したほとんどの辞書[1、2、3、4]では、環境マネジメントシステム、もしくはこれに類する環境管理システムといった語は載っていない。編纂年が比較的新しい辞書でやっと一件、環境マネジメントシステムという語を見つけることができた。そこでは、「環境保全の目的を企業や組織内で体系化し、有効に機能させるためのシステム。環境管理システム」[5]という記載で環境マネジメントシステムを説明している。

比較的新しい言葉を中心に毎年編纂される、いわゆる現代用語辞典では、環境マネジメントシステムに関する記載をいくつかみることができる。例えば、環境管理・監査との標題語のもとで、「企業自らの環境保全の取り組みの効果と成果を自主的に評価し、その結果に基づいて新しい目標に取り組んでいこうという自立的なシステム。（中略）一九七〇年代から欧米企業で実施例がみられ、九六年、国際標準化機構（ＩＳＯ）により、国際規格である『ＩＳＯ一四〇〇〇シリーズ』が制定された」[6]と記載されている。

念のため、別の現代用語辞典も引いてみよう。そこでは、環境マネジメントシステムという標題語での記載はないもののＩＳＯ一四〇〇〇シリーズとの標題語のもとで、「ＩＳＯにおける環境管理の技術委員会において環境管理システムなどに関する国際規格の作成が進められている。（中略）これらの内容は、環境管理システム（中略）など。日常生活や企業活動において、地球の環境問題は不可避の関心事となっている」[7]との記載がみられる。

環境マネジメントシステムという言葉の存在は、辞書、事典類への掲載状況からみると、現代用語として一応は認知されているといって差し支えないだろう。それも、比較的新しい言葉としての認知だ。

一・二　存在の背景にあるはずの認識

言葉が言葉として社会の中で存在し、そして使われる。このことにおいては、言葉が使われるという事実それ自体が重要な意味を持つことになる。言葉として使われる以上、その言葉が表す「何か」が存在する。特にその言葉が、概念を表す場合にはなおさらだ。この場合には、その「何か」は決して具体的なモノではない。抽象的な考え方となるはずである。そして、その言葉が社会的に認識されているということは、考え方としてのその「何か」に関しても、それがどのような形であるにせよ社会で相応に認識されているということに他ならない。本来はそうであるはずだ。

さらに、その「何か」が社会で認識されているのであれば、それが考え方としての認識である以上は、その考え方が社会の中で形づくられそして社会に認識されていくというプロセスが必ず存在している。この「プロセス」を外して、その「何か」だけが切り離された存在として社会の認識を形づくっているわけではない。したがって、「プロセス」を抜きにして社会の認識を理解しようとしても、そこからは正確な理解を得ることができない。社会での認識とは、この「プロセス」の結果として形づくられていると考えられるからだ。

もちろん、今ここで念頭においている「何か」とは、環境マネジメントシステムという概念の内容である。「環境マネジメントシステムという考え方」といってもいいだろう。では、環境マネジメントシステムという言葉が表す概念、考え方とは一体何なのか。どのようなものとして社会で認識されているのか。そのように認識されるに至る「プロセス」とはどのようなものであったのか。

「はじめに」で述べたように、環境マネジメントシステムという考え方とは一体どのようなものなのか、ということを掘り下げ、明らかにすることが本書の主題だ。これは、環境マネジメントシステムに対する社会の認識を問う作業に他ならない。そしてこの作業は、認識に至る「プロセス」を問う作業でもある。

本章は本書の第一章として、問題提起の役割を担う。先にみたように、日本の社会において環境マネジメントシステムという言葉の存在は認知されているといっていいだろう。では、言葉が体現する概念、考え方に対する認識についてはどうか。問題提起の端緒として、環境マネジメントシステムに対しての、まずは日本の社会における認識のプロセスを概観してみよう。

一・三　日本での登場の仕方

今でこそ一般的に登場するのだが、環境マネジメントシステムという言葉は、一体いつ頃から日本の社会で使われるようになったのだろうか。また、その時の使われ方はどのようなものだったのだろうか。新聞、雑誌でこれを調べてみる。主要五紙に加え、専門紙、業界紙、経済関係の主な雑誌をカバーするデータベースを用いて、幅広い紙面を対象に検索をかけてみよう。

環境マネジメントシステムをキーワードに検索を行ったところ、ヒットした記事のうち最も古いものは、一九九一年一〇月四日付けの日刊工業新聞の記事だった。記事の見出しは、「環境と経済の共生(2)　変わる企業―存在と活動に必須」とある。企業経営における環境問題の取り組みの重要性をシリーズで紹介するという内容の記事だ。

記事の中で、経済同友会が発表する予定の「提言と報告」を取り上げているのだが、そこに「環境マネジメントシステム」という言葉が登場する。具体的には、「地球温暖化はわれわれがいま享受している文明の修正につながる問題と分析、企業に対して『環境マネジメントシステム』の確立を呼びかける。経理や生産管理など経営には様々なシステムがあるが、それらの上位概念としての位置づけだ」と書かれている。記事の中で環境マネジメントシステムに言及するのはこの部分だけだ。

次に古い記事は、一九九一年一〇月三〇日付けの日本経済新聞朝刊の記事だった。やはり、同じ経済同友会の提言を紹介した記事だ。もっともこの記事の時点では、提言は既に発表された後であり、記事は発表された内容を紹介するという体裁になっている。「温暖化防止で同友会が提言、『環境債』の発行を―世界基金の財源に」が見出しだ。

記事では、二酸化炭素の増加で深刻化する地球温暖化問題に、政府、企業、そして市民がどう取り組むべきかを示したものとして、経済同友会の提言を紹介する。具体的にはその中で、「企業に対し、収益などの成長率だけでなく、環境保全に向けた投資の効果と資源消費のマイナス面を考慮に入れて評価する『環境マネジメントシステム』を確立するよう呼び掛けている」という記載で環境マネジメントシステムに触れている。やはり環境マネジメントシステムへの言及は、この部分だけとなる。

一・四　経済同友会の提言

これらの記事で取り上げられた経済同友会の提言とは、一九九一年一〇月に経済同友会が発表した提言、「地球温暖化問題への取り組み―未来の世代のために今なすべきこと―」(8)を指す。地球温暖化問題に対する企業の経営者の意見を明らかにすることを目的に、地球環境問題への認識とその解決に向けての基本理念を示す。その上で、企業、政府、市民それぞれに対して、地球温暖化問題の解決に向けてとるべき対応を提示する。これが同提言の概要だ。

提言の中では、記事にも書かれていた通り環境マネジメントシステムという言葉が使われている。どのように使われているのかを具体的にみることにしよう。同提言内に「企業への提言」という章を設け、ここを地球環境問題の解決に向けて企業が行うべきことの提示にあてている。その章の冒頭で、環境マネジメントシステムの確立が謳われる。要するに、企業は地球環境問題の解決のために環境マネジメントシステムを確立しろ、ということになる。

では、どのようにしてか。提言の同章では、「企業は『環境マネジメント・システム』を作り上げ、その中で環境対策についての理念を明らかにするとともに、何らかの行動規範を作成・公表することなど環境倫理の確立を図っていくべきである。さらに、環境審査の具体的手法・基準についての検討を進め、対策とフォロー・アップに努めていくべきである(9)」と記す。これだけだ。

同提言には、これに付属する形で発表された、同じ主題に関する報告書(10)が存在する。その報告書の中にも環境マネジメントシステムという言葉が登場する。提言の本体に加え、環境マネジメントシステムに関する若干の説明が付された形だ。それを以下に示そう。

「企業の行動を見直し、変化させるためには、環境と資源の保全に価値を置いた環境倫理の創出と、これを日常の行動に取り込むための環境マネジメント・システムの確立が必要である(11)」、また、「環境マネジメント・システム構築のためには、各企業が環境改善の目標を明確に設定し、行動計画を作成すること、経営者がその行動計画の実行の意思を明らかにし、従業員にそれを呼び掛けていくことが必要である。実行に際しては、従来のトータル・クオリティー・マネジメントの中に、環境保全の要素を的確に取り入れることが有効である。また、達成状況を把握するために、定期的に成果を評価・審査することによって、行動計画を見直すことが重要である(12)」と記される。

以上が、経済同友会の提言及び報告書が環境マネジメントシステムについて触れた内容のすべてだ。そしてこれが、環境マネジメントシステムという言葉の日本の社会への、事実上最初の登場でもあったわけだ。

二　言葉に対する理解

二・一　当時の認識

このようにして登場した環境マネジメントシステムという言葉だが、日本の社会はこの言葉が表す内容をどのようなものとして認識したのだろうか。経済同友会の提言及び報告書における「環境マネジメントシステム」への言及のされ方から、このことを考えてみよう。

記載された文言からは、「環境マネジメントシステム」が環境と資源の保全に価値を置いた環境倫理を日常の行動に取り込むための手法として捉えられていたことが読みとれる。また、手法の具体的内容としては、環境対策についての理念を明らかにすることと、何らかの行動規範を作成・公表することの必要性が挙げられていることも分かる。さらに、環境審査という概念も登場してくる。環境審査が「環境マネジメントシステム」を機能させるべくフォローアップを行うために必要な行為として位置づけられていることも、経済同友会の提言と報告書から読みとることができる。

しかし、筆者が抱くこうした一連の理解は、あくまでも現時点で経済同友会の提言なり報告書なりを読んでの類推の結果だ。その当時において、経済同友会から提示された文言だけからこのような理解に至るのは、容易なことではないと筆者は感じる。社会に対して相当の影響力を持って発出された文章の中で「環境マネジメントシステム」という語が登場したのは、この経済同友会の提言及び報告書がおそらくはじめてだろう。本邦初演ともいえる「環境マネジメントシステム」に対して、先に引用した部分が説明のすべてであったとすれば、その内容を捉えることは非常に難しかったはずだ。「考え方」が社会で認識されていくためには、その考え方が社会の中で形づくられ、そして社会に認識されていくというプロセスが必ず存在する旨を述べた。しかしながら、環境マネジメントシステム導入の必要性を説く経済同友会の提言からは、その「プロセス」の存在が感じられない。言葉の意味、背景に関する説明が何らない中で、突然ともいえるように環境マネジメントシステム確立の必要性が謳われる。全く馴染みのなかった「環境マネジメントシステム」という言葉の初登場にしては、経済同友会の提言及び報告書はあまりにも呆気ないのである。

繰り返すが、言葉とはその言葉だけで存在するわけではない。必ずその言葉が表す「何か」が存在する。環境マネジメントシステムという言葉が表すものは考え方であり、概念である。とすれば、この考え方が導き出されたプロセス、さらにはその背景が必ず存在するはずだ。こうしたことに関して何の説明もなく、環境マネジメントシステムという言葉だけが突然に登場する。この登場の仕方からは、言葉だけをどこからか借りてきて使ってみたという印象を禁じ得ない。

この提言を行うためになされた議論の中から環境マネジメントシステムという言葉が生まれてきたとはとても思えない。そして、言葉を言葉として認知すること以上の、その言葉が体現する考え方を認識するプロセスを、日本の社会が持ったとも思えないのだ。

二・二　それ以前はどうだったのか

環境マネジメントシステムという言葉は登場したものの、これが考え方として社会に根づくというプロセスはどうも見当たらない。ということは、言葉の存在はともかくとして、環境マネジメントシステムに類する概念は、経済同友会の提言がなされた一九九一年頃以前には、日本に存在していなかったということになるのだろうか。

やはり言葉とは重要な存在だ。概念の存在があったのかなかったのかを考えるために、言葉の使われ方を、経済同友会の提言がなされた一九九一年以前に遡って追ってみる。もちろん、環境マネジメントシステムという言葉の登場が一九九一年一〇月なのだから、それ以前にこの言葉が新聞などの媒体に登場することはないだろう。しかし、「マネジメント」をその一般的な日本語訳である「管理」におき換えた「環境管理システム」ではどうか。

このため、再度新聞記事検索を行うことにする。日本経済新聞と日経産業新聞を対象に、「環境マネジメントシステム」と「環境管理システム」をキーワードに記事検索を行い、一九七五年以降現在に至るまでの年ごとに、ヒットする記事の件数を調べてみた。その結果を【図1-1】に示す。ここでの記事総数とは、「環境マネジメントシステム」もしくは「環境管理システム」のいずれかの言葉を含む記事の件数である。両方の言葉を含む場合には、重複してのカウントを排除している。

記事検索の対象を日本経済新聞と日経産業新聞の日経二紙に絞ったのは、筆者の手元で利用可能なデータベースでは、両紙だけが一九七五年からの検索が可能だったからである。このため、この二紙に限れば、一九七五年から現在に至るまでの出現頻度の比較を、同じベースで行うことが可能とな

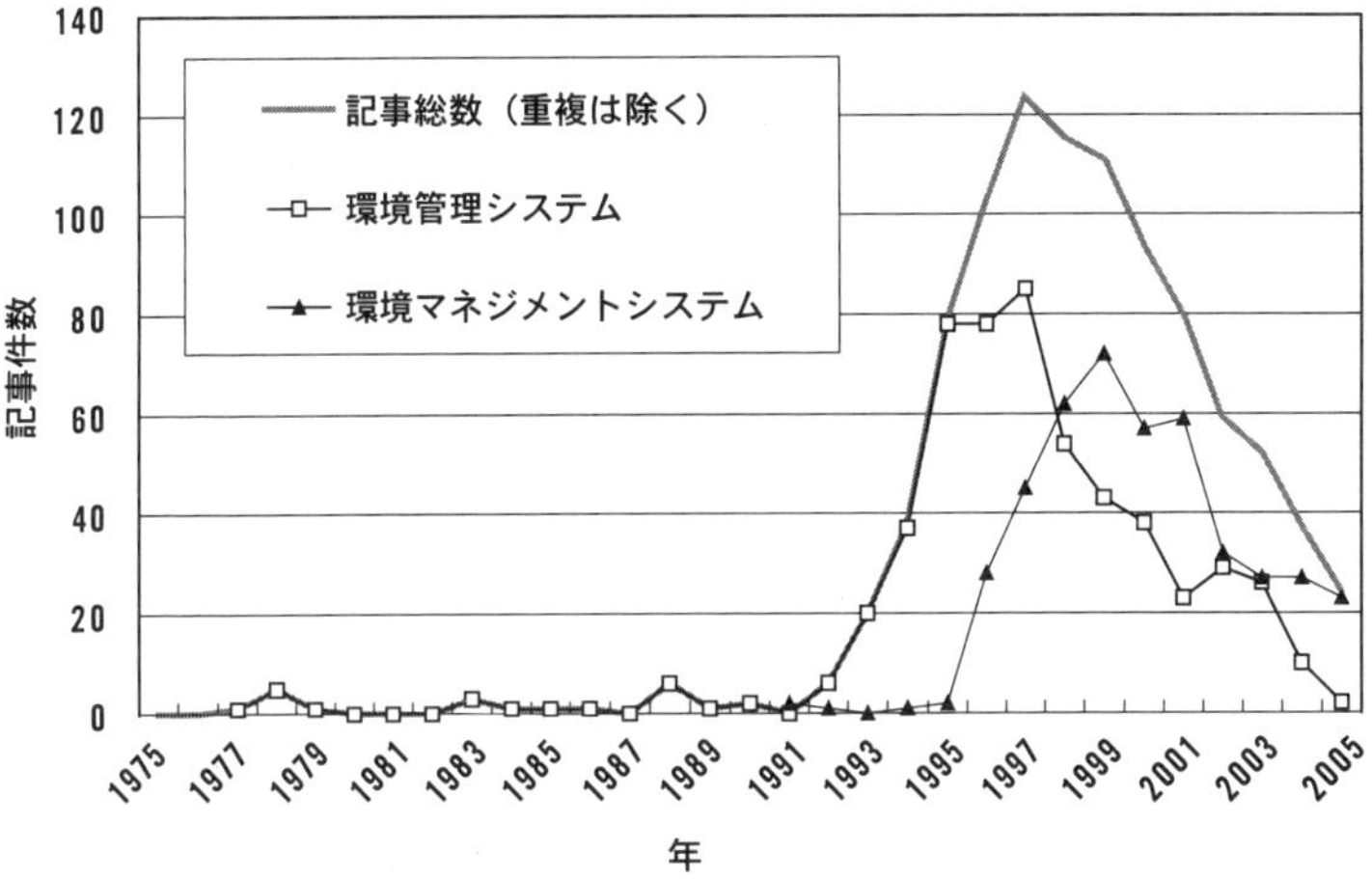

出所：日経テレコン21のデータに基づき筆者が作成。

【図 1-1】　環境マネジメントシステム関連記事件数推移

る。それ以上の他意はない。

【図1-1】をみれば明らかなように、環境管理システムという言葉は、実は相当に以前から使用されていた。もっとも、一般的な語として普通に使われていたかといえば、そうといえるほどに使用頻度は高くない。成語として社会に定着していたとはとてもいえない状況ではあったようだ。

二・三　環境を管理するシステム

この検索でヒットした最も古い記事は、一九七七年九月七日付けの日本経済新聞の記事だ。「神鋼加古川、環境データ集中管理システムを完成―住民にもオンライン表示」という見出しで、窒素酸化物、硫黄酸化物といった環境汚染物質の排出量などの環境情報を把握するためのシステムを完成し、その結果を地元住民にも公開し始めたことを報じている。その記事中で、汚染物質の排出量などを把握するシステムのことを「環境管理システム」として紹介している。

もう一つ、同時期の記事を見てみよう。「日本警備保障、大型工場対象に総合的な環境管理システム開発―設備保全と警備直結」との見出しのもとでの一九七九年一月六日付けの日経産業新聞の記事が目に付いた。工場内の各種設備のメンテナンスと警備を、コンピュータによる集中処理によって一元的にコントロールするシステムの開発に関する記事だ。記事中では、このシステムの名前として「環境管理システム」という言葉が使われている。

これらの記事に登場する「環境管理システム」という言葉は、「環境」を「管理」する「システム」という意味で使われていることが分かる。この二件以外の記事もみてみた。それぞれの記事の中では、「環境」という語が表す意味は必ずしも同じではない。文字通り一般の自然環境という意味で用いられている場合もあれば、記事によっては単に工場の周辺環境の意味で用いられている場合もある。記事ごとに、「環境」という言葉にあてられた意味にはかなりの幅が存在する。しかしながら、それぞれの意味での「環境」を「管理」する「システム」として「環境管理システム」という言葉が使われていることに違いはなかった。

新聞記事中の使われ方からは、一九九一年以前までは、「環境管理システム」という言葉自体に固有の意味があてはめられてはいなかったことが分かる。一つの成語、固有名詞では決してなかったということだ。「環境」、「管理」そして「システム」という三つの普通名詞を連ねて使われた言葉なのであって、その意味もまた、三つの普通名詞の字義を連ねた以上の内容は持たなかったのだ。

二・四　変わる意味

「環境マネジメントシステム」、もしくは「環境管理システム」という言葉の新聞記事中での使用頻度は、一九九二年から急激な立ち上がりをみせる。そして、一九九七年にはピークを迎える。このような使用頻度の増加に合わせ、三つの普通名詞の字義を連ねただけの言葉の意味が大きく変わっていく。

「環境管理システム」という言葉の用いられ方を、引き続き新聞記事中での使われ方から追ってみよう。一九九二年には六件の記事が、「環境管理システム」をキーワードにヒットする。ヒットの件数自体これまでと比べ増加しているのだが、その内容に関しても変化がみられる。六件のうち実に四件の記事は、「環境監査」との関連で環境管理システムについて言及する。それ以前の記事には全くみられなかった登場の仕方だ。

ヨーロッパを中心に、環境監査の導入が企業に対して強く求められる状況にある。このような動きの紹介が主題である記事の中で、外部機関による環境監査の実施を要求する環境管理システムの規格が策定され、制度として導入されようとしている、といった文脈での言及だ。記事中で触れられている「環境管理システム」とは、明らかに「Environmental Management System」という英語の日本語訳として使われている。国際標準化機構（International Organization for Standerdization：ISO）、イギリス、そしてヨーロッパ連合（European Union：EU）による環境管理システム規格の策定の動きが紹介されている中での、その規格を表す言葉としての言及だ。

とはいっても、記事の中で環境管理システムの内容が詳しく語られているわけではない。経済同友会の提言では、環境マネジメントシステムという言葉が突然登場した。その登場の際に付きまとった唐突感が、新聞記事の中での環境管理システムという言葉の登場にも、やはり付きまとう。

　唐突感はあるものの、記事中に登場する環境管理システムという言葉は、三つの普通名詞を単に連ねた意味で使われているのではもはや決してない。「環境管理システム」という語は、たとえその内容が当時の日本では明確でなかったにしても、当時のヨーロッパを中心に規格化の対象にされようとしていた「Environmental Management System」を示す言葉として使われたのである。

二・五　ＩＳＯ一四〇〇一を指す語として

　茫漠とした内容を表していた「環境管理システム」という言葉は、日本ではやがてＩＳＯ一四〇〇一という具体的な制度を表す言葉としてもっぱら使用されるようになっていく。その過程では、先行していた「環境管理システム」に替わり、「環境マネジメントシステム」が「Environmental Management System」の訳語として大勢となっていった。本書でも、以降は「環境マネジメントシステム」を日本語訳として用いることにする。

　【図１-１】で示した「環境マネジメントシステム」もしくは「環境管理システム」のいずれかの言葉を含む記事の中で、ＩＳＯ関連の言葉も同時に登場している記事の件数の推移を【図１-２】に示す。図をみれば分かる通り、ほとんどの記事にＩＳＯという語が含まれている。ＩＳＯ一四〇〇一が策定された一九九六年以降は、「ＩＳＯ一四〇〇一」もしくは「ＩＳＯ一四〇〇〇」という語を含む比率はさらに高まっていく。

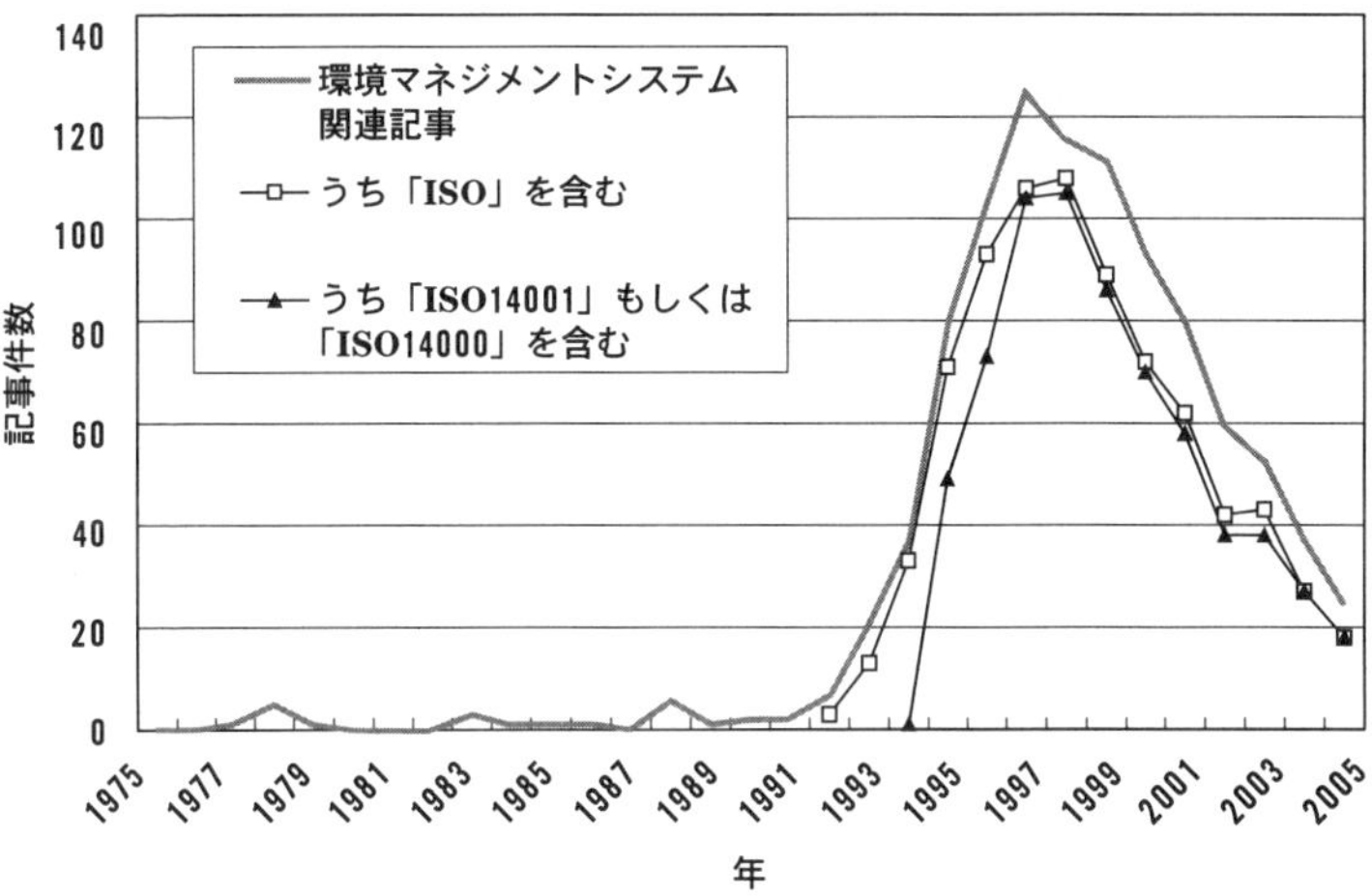

出所：日経テレコン21のデータに基づき筆者が作成。

【図 1-2】 環境マネジメントシステム関連記事中のISOへの言及件数推移

一九九六年に、環境マネジメントシステムの国際規格としてＩＳＯ一四〇〇一が策定されると、日本ではブームともいえるほどにＩＳＯ一四〇〇一の導入が進んだ。ＩＳＯ一四〇〇一に対する日本での社会的な関心は非常な盛り上りをみせたのだ。そして、その関心は現時点においても高い。このような現状を踏まえれば、こと日本においては、環境マネジメントシステムといえば、まずはこれに対応する国際規格であるＩＳＯ一四〇〇一が想定されるようになったのも、自然なことといえるだろう。実際、急激に増加したＩＳＯ一四〇〇一に言及する記事の大部分は、個々の組織がＩＳＯ一四〇〇一に適合する旨の認証を取得したことを伝える内容なのだ。

その一方で、個々の記事を注意深く読んでみても、環境マネジメントシステムもしくはＩＳＯ一四〇〇一とは一体何なのかという疑問に対しては、相変わらず答えてくれない。もっとも、環境マネジメントシステムがＩＳＯ一四〇〇一を表す言葉として使われているのであれば、ＩＳＯ一四〇〇一を指すということ以上の説明がそこで示されないことは、当然ともいえる。すなわち、ＩＳＯ一四〇〇一それ自体は具体的な制度であって抽象的な概念や考え方ではない。したがって、制度を制度として紹介することで必要十分ということになるのである。

三　背景―世界の動きと日本

三・一　世界の動き

その当時の日本での環境マネジメントシステムに対する認識がいかなるものであったにせよ、言葉の使われ方の変遷は同じ時期の世界の動きとリンクしていることがよく分かる。また、環境マネジメントシステムという言葉自体も、海外から導入されたものであることがよく理解できるだろう。明らかに英語の訳語として、日本に登場したのである。

では、元の言葉である「Environmental Management System」を巡り、世界ではこの当時、どのような動きとなっていたのだろうか。簡単に追ってみよう。第四章以降で詳細に述べることになるが、ヨーロッパを中心とした「環境監査」や「環境マネジメントシステム」を巡る動きは、ＩＳＯによる環境マネジメントシステム規格の策定へと収斂していった。

環境マネジメントシステムという考え方は、そもそもアメリカやヨーロッパでの環境問題を巡る議論の中から生まれてきた。この言葉が経済同友会の提言に載った一九九一年、この当時の世界は地球環境問題を中心に回っているといっても過言ではなかった。第五章で詳しくみていくが、地球環境問題に対する世界の関心は異常なまでの高まりをみせる。高まる関心の向かう先には、一九九二年にブラジル、リオデジャネイロで開催された国連環境開発会議（United Nations Conference on Environment and Development：UNCED）があった。地球サミットと呼ばれた会議である。

ＵＮＣＥＤの開催に至る過程では、ＵＮＣＥＤへの反映を目指し、環境に関する多くの検討が世界中のあらゆる場所で、あらゆる種類の組織によって行われていた。一九九一年とは、まさにそのような時期だった。環境マネジメントシステムに関しても、このような様々な検討の中の一つとして、活発な議論が展開されていた。事前になされた検討の多くは、ＵＮＣＥＤの場でも議論されることになる。環境マネジメントシステムに関しても、事前の議論を反映し、ＵＮＣＥＤで言及されることになったのだった。

ＵＮＣＥＤで採択された政治的宣言である「アジェンダ21（Agenda 21）」では、環境マネジメントシステムをＵＮＣＥＤのテーマである「持続可能な開発（Sustainable Development）」を実現していく上で不可欠な概念として位置づけた。その上で、環境マネジメントシステムの導入と環境対策に向けた行動規範の採択及びその実施状況の報告を、産業界に対して求めることになったのだ(13)。

三・二　導入を進めるヨーロッパ

ＵＮＣＥＤ開催の直前にあたる一九九二年三月、イギリスの規格策定機関であるイギリス規格協会（British Standards Institution：BSI）は、環境マネジメントシステムの規格を策定した。これがＢＳ七七五〇と呼ばれる規格だ。もちろんこれは、イギリスの国内規格である。

一方でＥＵも、この時期に類似の制度の構築を検討していた。この制度は、環境管理・監査規則（Eco-Management and Audit Scheme：EMAS）と呼ばれ、これの策定を定める規則が一九九三年三月のＥＵ環境大臣会合において採択されている。採択された内容は一九九三年七月にＥＵ官報で公示された。そこでは、公示後二一ヶ月以内の導入が明示され、したがって一九九五年四月までには制度としてＥＵ域内に導入されることが、その時点で明らかになったのだ。

このように、環境マネジメントシステムを制度として社会に導入する動きが、ヨーロッパを中心に一九九二年頃を境に活発化してきていた。日本において「環境管理システム」という言葉の使われ方が変質していった当初、この言葉は外部機関による環境監査の実施を要求する環境管理システムの規格策定という文脈の中で用いられたわけだが、これはこうしたヨーロッパでの動きを反映してのことだ。

ＩＳＯによる環境マネジメントシステムの国際規格策定のための検討も、一九九一年には既に開始されている。さらに一九九三年には、この検討の結果を受け、ＩＳＯにおける規格策定のプロセスが正式に開始される。これら一連の作業の結果として、一九九六年にはＩＳＯ一四〇〇一が完成し、公開されることになる。

先に述べた日本での「環境マネジメントシステム」という言葉の意味の捉え方は、まさに、この一連の動きの表に現れる現象面に沿って変化してきていることが、明確に理解できるだろう。

三・三　経済同友会地球環境委員会

環境マネジメントシステムという言葉を取り入れた経済同友会の提言は、同会内に設置された地球環境委員会で中心的に検討され、取りまとめられている。その当時の経済同友会地球環境委員会の委員長は、東ソー社長（当時）の山口敏明だった。

山口敏明は、持続可能な開発のための経済人会議（Business Council for Sustainable Development：BCSD）のメンバーでもあった。ＢＣＳＤとは、地球環境問題に対する世界の産業界の意見を集約しＵＮＣＥＤへ反映させることを目指して作られた世界的な組織である。ＢＣＳＤでは、産業界が地球環境問題の解決に貢献するための方策に関し様々な議論を行っていた。

環境に関する国際規格策定の必要性についても、ＢＣＳＤは議論を行っている。その上でＢＣＳＤはＩＳＯに対し、こうした規格の策定に取り組んで欲しい旨の要請も行った。ＩＳＯはこの要請を受け、環境マネジメントシステムの国際規格策定のための検討を開始するとともに、ＵＮＣＥＤの場において規格策定の意思を表明した。

一九九一年という早い時期に、経済同友会の提言が環境マネジメントシステムの必要性に触れていたのは、ＢＣＳＤでの検討に参加していた山口敏明が提言の取りまとめの労をとったことと無関係ではないだろう。というよりも、ＢＣＳＤの検討に参加していたからこそ、その労をとったのかもしれない。いずれにせよ、世界での検討が経済同友会の提言の内容に強い影響を与えたことに間違いはない。

当初は環境マネジメントシステム規格の策定に否定的であった日本も、結局はISOにおける規格の策定プロセスに積極的に参画していくことになる。また、議論への参加は、政府だけではなく産業界も加わることになる。官民を挙げた対応体制を構築し、日本としてどう対応していくべきかに関し、国内においても活発な議論が展開されていくのだった。

三・四　言葉の跳んだ先

日本国内での環境マネジメントシステムに対する関心や認知度は、特に産業界を中心に大きく高まった。ただし、その関心はもっぱらISOが策定する具体的制度としての環境マネジメントシステム、すなわちISO一四〇〇一に向けられた。ISO一四〇〇一が完成し公開された一九九六年以降の関心は、ISO一四〇〇一への適合の認証取得に絞られていく。

実際、日本においては、企業を中心とする多くの組織が、ISO一四〇〇一への適合の認証取得に動いた。関連する新聞記事の登場回数が一九九六年から急激に増加したのは、明らかに環境マネジメントシステムの国際規格たるISO一四〇〇一が策定されたことの影響だ。そして、日本の認証取得件数は圧倒的な世界一となる。二〇〇二年時点での認証取得件数上位五ヶ国の取得件数推移を【図1-3】に示す。日本での取得件数が一番多いことが分かる。それも、ダントツの一位なのだ。

言葉として認知され、使われるということは、その言葉の意味する新たな概念なり考え方なりが、

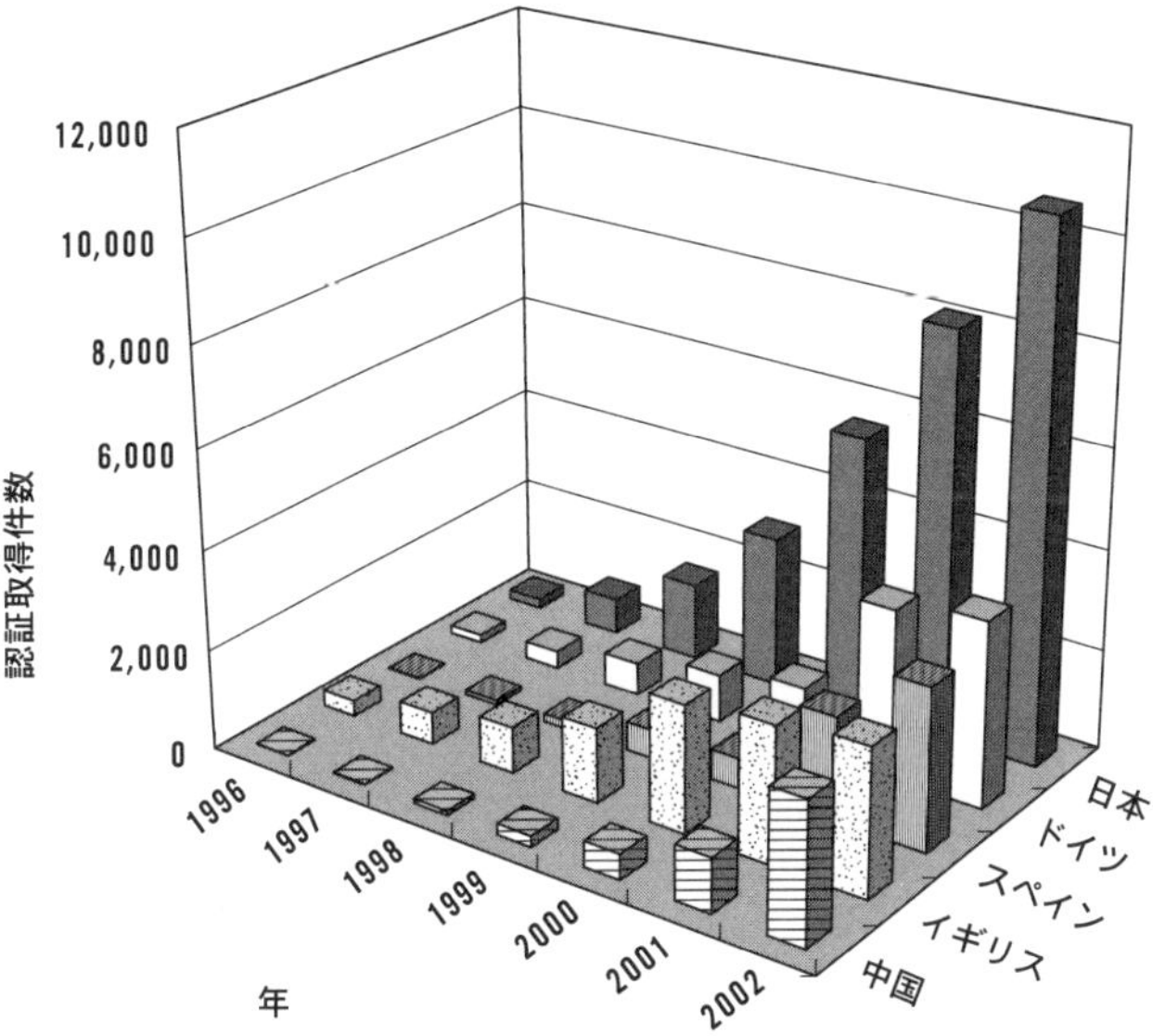

出所：The ISO Survey of ISO 9000 and ISO 14000 Certificates (12th cycle)

【図 1-3】　ISO14001 の認証取得件数推移（上位 5 ヶ国）

社会で認識されていくことを意味する。日本での環境マネジメントシステムという言葉のケースにあてはめれば、言葉が海外から導入されはしたものの、その意味する考え方を自ら醸成させることなく、言葉にあてはめるべき意味を具体的な制度にまで跳ばしてしまった。跳んだ先はＩＳＯ一四〇〇一だったということになる。

このように考えれば、社会による認識の「プロセス」がなかったことも、いわば当然のこととして理解できるだろう。日本では、環境マネジメントシステムを抽象的な考え方としてではなく、具体的な制度として捉えたからだ。具体的な制度であれば、言葉の表す内容を単にその制度として認識することをもって社会への定着は終わる。

考え方を醸成させる必要はないのである。

すなわち、日本では環境問題への対応という経験の中で自らが「環境マネジメントシステム」という考え方を生みだし、明確化してきたというわけではない。世界の中で生まれ、確立されてきた考え方、またその制度化の流れに、いわば受け身的に対応してきたのだ。この事実認識は、今後の検討に際し持っておく必要がある。

三・五　日本にもあった環境マネジメントシステム

経済同友会の提言が発表された一九九一年以前には、環境マネジメントシステムという概念は日本に存在していなかったのだろうか。この問いを、先に呈した。そして、こうした概念を表す固有の言葉が日本に存在していなかったことをみてきた。環境マネジメントシステムという考え方を示す固有名詞は、日本語にはなかったのである。では、概念そのものはどうだろうか。

環境監査や環境マネジメントシステムという考え方が海外で生まれ、これらが日本に導入されたとして、このような考え方は従来の日本には一切なかったということだろうか。この点に関しては、いくつかの見方があり得る。筆者自身は、海外からの導入以前に、日本に環境監査や環境マネジメントシステムという考え方がなかったとは考えていない。

確かに日本は、自らの環境問題への対応という経験の中から、環境監査や環境マネジメントシステムという考え方を「明確化」してきたわけではない。ここで「明確化」という言葉を使ったのは、環境監査や環境マネジメントシステムという考え方がそれまでの日本には存在しておらず、全くの借り物として海外から日本に導入されたと考えることに抵抗感を覚えるからだ。

　環境関連法規を遵守するだけではなく、よりよい環境の達成を目指して全社一丸となって努力する。このような自らの努力を第三者に確認してもらうような発想は稀だったと思われる。しかしながら、このような努力自体は、日本の企業ではごく当然のこととして行われていたのではないだろうか。

　企業を中心とする日本の組織においては、これらの考え方はそれぞれの企業ごとの組織マネジメントの中に、そうとは明確化されずに当然のこととして組み込まれていたはずだ。筆者は、企業の環境担当部署の方々と接し、議論する機会をこれまでの職務を通して数多く持った。その経験からも、強くそう感じる。

　ただ、当然のこととして組み込まれていた自社内のマネジメントの考え方を普遍化し、制度化し、自分以外の他者に普及させようと考えたことはなかったはずだ。また、その必要性も感じはしなかったはずだ。もっとも、その必要性を感じ、これを実現したいという考えを持ったとしても、日本が主導して今日のＩＳＯ一四〇〇一のような世界的な制度を構築し得たかどうかに関しては、また別の問題ではある。

四　どのように考えるか―本書の狙い

四・一　一つの形がＩＳＯ一四〇〇一

ＩＳＯ一四〇〇一とは、いうまでもなく環境マネジメントシステムの国際規格である。したがって、ＩＳＯ一四〇〇一では、環境マネジメントシステムとは何かを定めている。そこでは環境マネジメントシステムを「組織のマネジメントシステムの一部で、環境方針を策定し、実施し、環境側面を管理するために用いられるもの[14]」と定義する。

これは、環境マネジメントシステムの定義ではある。しかし、あくまでもＩＳＯ一四〇〇一という具体的な制度において、制度を機能させるための定義なのだ。普及させることを前提に規格という具体的な制度を構築する以上、その制度の主題ともいえる環境マネジメントシステムの定義も具体的であることが求められる。これは当然だろう。

ＩＳＯ一四〇〇一という具体的な制度から離れ、環境マネジメントシステムとは本来何かと問われれば、これまでの本文中でもたびたび触れてきた通り、筆者はこれを一つの考え方として捉えている。概念という語で表してもいいかもしれない。無論、環境マネジメントシステムというからには、環境問題への対応に関する考え方ということになる。

これがどのような考え方であるのかに関しては、第二章以降で詳しく解き明かしたい。ここでは、考え方の内容をひとまず脇におき、この環境マネジメントシステムという考え方、概念を社会で実現していくための具体的な制度として構築されたものがＩＳＯ一四〇〇一だ、とご理解いただきたい。

環境マネジメントシステムという考え方が具体化された制度は、何もＩＳＯ一四〇〇一だけではない。ほかにも存在する。これらの制度の中には、環境マネジメントシステムに関する制度であると自らを位置づけているものもあれば、そうではないものもある。ＩＳＯ一四〇〇一はこれらの制度群の中の一つなのだ。無論、その普及の度合いをみても分かる通り、他の制度と比較してＩＳＯ一四〇〇一は、社会的な影響力の高い重要な制度となっていることは確かなことといえるだろう。

四・二　湧き出す問い

環境マネジメントシステムという考え方それ自体は、ＩＳＯにおけるＩＳＯ一四〇〇一という国際規格の策定プロセスの中で生み出されたものではない。環境マネジメントシステムと称されていたか否かは別にして、この考え方はＩＳＯ一四〇〇一という規格が策定される以前から存在する。環境問題を巡る様々な議論の中で、時を重ねながら形づくられてきたものだ。

この環境マネジメントシステムという考え方に関し、これを具体的な制度として普及させることが、厳しさを増す環境問題に対応していく上で強く求められるようになった。求められたその結果が、ＩＳＯ一四〇〇一の誕生だ。ＩＳＯによる環境マネジメントシステムの国際規格策定は、この考え方を具体的な制度として普及させる上では、その普及実績からみても非常に有効に機能することとなった。

制度の社会への普及が成功しているということは、当然のことながら、その制度に対して社会のニーズが存在していることを意味する。具体的な制度に対する社会のニーズの存在は、そのもととなる考え方に対する社会の共感を示すものともいえる。このように考える時、現に普及しつつあるＩＳＯ一四〇〇一という具体的な制度が、社会に対して何らかの影響を与えていることに疑いはない。さらに筆者は、環境マネジメントシステムという考え方それ自体が、これからの社会のあり方に対し、ＩＳＯ一四〇〇一という制度以上に大きな影響を与えていくのではないかと考えている。

何故なのか。そもそも、ＩＳＯ一四〇〇一の策定の前提となった環境マネジメントシステムという考え方とはどのようなものなのか。こうした考え方はどのような社会的背景のもとで、どのようにして形成され、そして今日に至っているのか。何故社会に、こうした考え方に基づく具体的な制度に対するニーズが存在していると考えることができるのか。さらには、こうした考え方は、何故、社会に対し大きな影響を与えると考えられるのか。

一つの問いが関連する様々な疑問を呼び起こす。ここに示した一連の疑問に対して筆者なりの考えを示すこと、これが本書の狙いである。第二章以降で、これらの疑問に対する答えを見出すための論を展開していく。

四・三　議論の切り口

問題提起としての第一章を終えるにあたって、先の問いに対する筆者の論をどのような視点、切り口によって展開しようとしているのかに関し、簡単に触れておきたい。

環境マネジメントシステムを、環境問題への対応のあり方に関した基本的な考え方として捉える。

とするならば、その時々の社会において、環境問題がどのような問題として認識され、こうした問題に社会はどのように対応することを求めてきたのかということが、環境マネジメントシステムという考え方を理解する上での基本となるだろう。現在の考え方は、結局のところその時々の社会の対応の積み重ねによって形づくられてきているからだ。

このため、まずは環境問題を巡るこれまでの社会の状況、考え方の変遷を追ってみる。これが最初の切り口である。環境問題に関する新しい考え方や概念は、世界的にはアメリカやヨーロッパを中心に形成されてきた。したがって、このような動きの追跡は、どうしてもアメリカやヨーロッパを中心にせざるを得ない。変遷を追うことで、社会の環境問題に対する対応のあり方が、環境監査、さらには環境マネジメントシステムという考え方につながっていったことを示したい。

答を得るためのもう一つの切り口は、地球環境問題だ。地球環境問題は、従来の環境問題への対応とは根本的に異なる対応を社会に要求することになった。地球環境問題以前の環境問題への対応に関する議論の進展と、新たな問題である地球環境問題への対応の必要性とがあいまって、環境マネジメントシステムという考え方が醸成されるに至ったのではないか。

この視点からは、地球環境問題の解決に向け、社会がどのような対応を求めたのかを追いたい。その過程では、先に言及したＵＮＣＥＤでの議論にも必然的に触れることになる。また、ＩＳＯによる環境マネジメントシステムの規格策定も、実にこのＵＮＣＥＤの場での議論に端を発しているのだ。

ＵＮＣＥＤ以降のＩＳＯでの規格策定を巡る議論も、環境マネジメントシステムに対するその当時の考え方を知る上では、興味深い。この点に関しても、本書の俎上に載せる必要がある。特に、環境マネジメントシステムという考え方とは一体どのようなものなのかとの疑問に答える上では、ＩＳＯ一四〇〇一の成立過程とその性格を吟味することは、非常に有益な示唆を与える。

これらの議論を踏まえた上で、環境マネジメントシステムという考え方は何故これからの社会に対し大きな影響を与えると考えられるのか、さらには、こうした考え方を社会に根づかせるためには何が必要なのかということにまで触れることができれば、と考えている。

第II部　環境問題と社会

第二章　歴史的な流れⅠ——環境主義の台頭

一 五〇年代のアメリカ―ゆたかな社会

一・一 抜きんでる工業力

環境問題を巡る社会の状況、問題の解決に向けての考え方の変遷を、本章以降で追っていくことにする。最初に目を向けるのは、一九五〇年代のアメリカだ。

一九四五年、第二次世界大戦は終わりを告げた。戦争の形態は、近代から現代にかけて大きく変化したといわれる。かつて戦争は、職業軍人同士の戦いであった。もちろん、実際に戦闘が行われる地域に住む人々にとっては、戦争によって大変な被害を受けることになる。が、そうでない非戦闘員にとっては、たとえ自分の国が参戦していたとしても、それはどこか遠いところの出来事だった。

職業軍人が磨き抜いた技と勇敢さとで勝負を決した時代は、やがて遥か彼方に過ぎ去る。国家が非戦闘員である国民をも動員し、持てる力のすべてを注ぎ込む総力戦が求められるようになったのだ。近代に入り既にその様相を呈してはいたが、第一次世界大戦ではそれが決定的となった。そして第二次世界大戦では、それがさらに徹底して行われた。

戦艦、戦車、戦闘機、このような兵器は近代技術の粋を集めた工業製品だ。これらの工業製品をいかに大量に生産し、前線に投入できるか。国家の総力戦となったとき、問われたのはその工業力だった。そして、アメリカは工業力において、他を圧倒した。第二次世界大戦でのアメリカの勝利は、アメリカの工業力の勝利であったともいえるだろう。

一・二　全盛を迎える大量生産時代

第二次世界大戦が終わったとき、国土の大部分が戦場となったヨーロッパは、荒廃の極みにあった。一方で、本土が戦場にならなかったアメリカは、その工業力と、工業力を背景とした軍事力と経済力により、戦後の世界をリードする。ヨーロッパ、そして日本に対しても、戦争で破壊された国土と産業の復興のために、巨額の資金を提供した。

アメリカ国内では、戦争を勝利に導いた巨大な工業力が、今度は多くの民生用の工業製品を大量に生産することに使われていくことになる。大量に生産された製品は、アメリカ国内で大量に販売され、そして消費されていった。戦争が終わり、平和の世にあって、人々の消費意欲は旺盛であった。あらゆる商品が飛ぶように売れ、アメリカ経済は活況を呈した。この時期、人類が未だかつて経験したことのない物質的に恵まれた生活を、多くのアメリカ人は実現したのだった。

一九五〇年代のアメリカは、まさに大量生産・大量消費に基づく繁栄に彩られた時代だった。当然のことながら、大量生産・大量消費の生活を支えるために、膨大な量の資源、エネルギーが投入されていた。【表2-1】に、主要な物資、エネルギーの世界での生産、消費に占めるアメリカのその当時のシェアを示す。世界人口のわずか六パーセントを占めるに過ぎないアメリカが、全世界で消費されるエネルギーの約半分を消費していたのだ。

【表2-1】 1950年の世界に占めるアメリカの比率

人　　口	6%
エネルギー消費	50%
鉄鋼生産量	54%
発　電　量	45%

出所：United Nations Statistical Yearbook 1952

この並外れた経済活動の結果として、富もアメリカに集中した。その当時、世界の生産活動によって生み出された富の実に約四割がアメリカで生み出され、そしてアメリカ人に帰属していた[15]。

一・三　アメリカの自然保護団体

このような状況に対し、環境問題という視点からは、アメリカ人の多くはどのように考えていたのだろうか。この点を考察するために、アメリカの環境保護運動の生い立ちを振り返ってみよう。

アメリカの環境運動の歴史は古い。全米野生生物連盟（National Wildlife Federation）、全米オーデュボン協会（National Audubon Society）、シエラ・クラブ（Sierra Club）、ウィルダネス協会（The Wilderness Society）などの環境運動の中心的な役割を担っている団体の設立は、一八〇〇年代の後半から一九〇〇年代の前半にまで遡る。

その活動の規模も巨大である。例えばアメリカ最大の自然保護団体である全米野生生物連盟の活動に何らかの形で参加するメンバーは約四〇〇万人、年間予算規模は一〇〇億円を優に超える[16]。政治的にも強い影響力を有し、日本の類似の団体の現状からは想像できない大きさである。これらアメリカの主だった自然保護団体の組織概要を【表2-2】に示す。

こうした団体の設立の出発点は、その名が示す通り自然保護運動だった。ここでいう自然保護とは、人の手の入っていない野生の自然、そしてそこに棲む野生生物の保護という意味だ。今日、広範な意味で使われている環境保護という言葉が持つ意味に比べれば、相当に狭い概念となる。一八〇〇年代という早い時期から、自然保護がアメリカ社会の中で相当に大きな地位を占める運動のテーマと

【表 2-2】 アメリカの主な自然保護団体の組織概要

団　体　名	設立年	メンバー数 2000年	年間収入 2000年 M$	資　産 2000年 M$	年間予算 2000年 M$
シエラ・クラブ Sierra Club	1982	642,000	56	104	57
全米オーデュボン協会 National Audubon Society	1905	550,000	83	168	59
国立公園保全協会 National Parks Conservation Association	1919	450,000	21	6	17
アイザック・ウォルトン・リーグ Izaak Walton League	1922	50,000	4	6	4
ウィルダネス協会 The Wilderness Society	1935	200,000	17	16	14
全米野生生物連盟 National Wildlife Federation	1936	4,000,000	99	338	115

注1：「メンバー」の定義は各団体により様々であり、メンバー数は統一された基準に従って算定されたものではない。
注2：全米野生生物連盟のメンバー数には、同連盟の主催するプログラムへの参加者、州レベルの関連団体のメンバー等を含む。
注3：シエラ・クラブの資産には、シエラ・クラブ基金（Sierra Club Foundation）の資産を含む。
出所：参照資料（16）などに基づき筆者が作成。

なったことには、アメリカ特有の背景がある。

一・四　西部開拓の歴史を背景に

アメリカ大陸は一四九二年にヨーロッパ人が「発見」した、とされている。やがて、現在のアメリカへのヨーロッパ人の移住が始まる。最初の入植は一六〇七年のことだ。無論、その地には既に人が住んでいた。アメリカインディアンである。彼らは、人口もそれほどには多くなく、また、自然と同化した生活を営んでいたこともあり、そこには人々に恵みをもたらす豊かな自然が存在していた。入植したヨーロッパ人の前に、この豊かな自然が果てしなく続いていたのだ。

その後、入植者たちはヨーロッパ本国からの独立を果たす。一七七六年にアメリカ合衆国が建国された。アメリカの発展の歴史は、西部開拓の歴史でもあった。豊かな自然が存在し、そこを開拓することによって自らの土地としてこれを手に入れることができる。ヨーロッパからの移住者達は、土地の所有者となることを夢見て西へと進んでいった。

開拓の最前線であるフロンティアラインは、開拓の進展とともに西へと移動していく。そして、いつの日か、残された土地はなくなる。一八九〇年の国勢調査の結果、もはやフロンティアラインは存在しないとされた。誰も住んでいないとされた自由な土地が存在し、そこに行きさえすれば土地が手に入る。そんな大西部への植民の時代は終わりを告げることになった。

自然の中で、自然と格闘して土地を得、富を築いてきたアメリカ人にとって、特に手付かずともいえる自然は強い愛着の対象となる。フロンティアラインの消滅後も消え続ける自然に対するアメリカ人の憧れは強く、こうした自然の減少に反比例するかのように、自然保護運動は活発になっていった。

一・五　自然保護と物質的な繁栄の追求

「自然の征服」とでもいうべき西部開拓の歴史を背景に生まれたアメリカの自然保護運動では、自然と共生するという東洋的な考え方で人間と自然との関係を整理しているわけではない。手付かずの自然を、自然の姿そのままで保護すべきとの想いだ。この強い想いが形となったものがアメリカの自然保護運動であり、その実施主体としての巨大な自然保護団体の存在だ。

このような形で出発したアメリカの自然保護運動は、その精神面において物質的な豊かさの追求とは必ずしも対立する概念として捉えられてはいない。資源として利用すべきは利用し、その一方で残すべき野生は残し徹底的に保護するという思想をベースに成立した運動なのだ。

自然の「保全（Conservation）」なのか、それとも「保護（Preservation）」なのかという論争は確かに存在した。自然の保全とは、人間にとっての自然の恵みを最大限利用し得るよう自然を改変し、維持・管理していこうとの考え方だ。一方で自然の保護とは、あるがままの自然に手を加えることをせず、荘厳で神秘な自然をそのままの形で残すべきとの立場をとる。

しかし、このような考え方の相違は、アメリカにおける人間と自然との関係の根源にまで遡っての対立ではない。こうした論争は、個々の具体的な地域を念頭において、これを「保護」すべきか否かという観点からの議論の中で、往々にして顕在化している。これは、考え方の適用に際しての意見の相違として論争が存在したのであって、論争の前提としての二つの考え方は、社会の中では両立していると考えることができる。

このことと同様に、大量生産・大量消費によりもたらされる豊かな社会の実現と自然の保護とは、完全に両立するものとして考えられたはずだ。双方を追い求め、その実現を図る。一九五〇年代の繁栄の最中、多くのアメリカ人は自然保護を求める一方で、何の矛盾を感じることもなく、資源とエネルギーの大量投入によってもたらされる物質的繁栄を享受したのだった。

一・六　物質的な繁栄追求への批判

無論、物質的繁栄の前提となる資源とエネルギーの大量消費や、さらにはこのような行為が環境に与える影響に対し、社会の中で懸念が全く存在しなかったというわけではない。アメリカが巨大な資源とエネルギーを消費しているという現状に対し、何らかの警告的な見解を示す主張も存在はしていた。

このような主張を展開した代表的な人物として、フェアフィールド・オズボーンとウィリアム・ヴォーグトの名を挙げることができる。オズボーンは一九四八年に「収奪された星」[17]を、また、一九五四年には「地球の限界」[18]を著した。またヴォーグトはやはり一九四八年に「生存への道」[19]を著している。これらの著作で彼らは、人口の増加と資源の枯渇という問題を、非常な危機意識をもって指摘した。そして、世界規模での資源保全と人口抑制の必要性を訴えた。

両者の議論は、その当時において現にアメリカが享受していた、資源とエネルギーの大量消費によってもたらされるライフスタイルを全否定するようなものではなかった。世界の人口の増大により、人々の要求を満たすために必要となる資源の量も増大する。この結果、やがては必要量の資源の供給が困難になることが予想される。したがって、このような事態を予測し、対応していくことが必要である。これが彼らによって提示された問題設定であった。環境問題というよりは、経済安全保障問題的な側面からの指摘ともいえるだろう。

両者とも、自然保護主義者としての活動の足跡を残していることは興味深い。オズボーンはニューヨーク動物学会の会長を長年にわたって務め、また、水族館の創設や動物公園の維持にも尽力した。絶滅の危機にある種の保存のための基金も創設している。ヴォーグトは全米オーデュボン協会に勤務し、鳥類関係の雑誌の編集に携わっていた。また、自然保護基金の事務局長も務めている。二人の間のこのような経歴の類似は、もちろん単なる偶然だろう。しかし、アメリカにおける自然保護運動の広がりを垣間見る思いがする。

一・七　顧みられなかった批判―人々は繁栄を謳歌

オズボーンとヴォーグトの著作は広く読まれた。しかし、だからといって人々が自らの生活を見つめ直し、物質的な豊かさの追求を緩めることはなかった。また、社会的にも、大量生産・大量消費という状況の変革を求めるような運動が起きることはなかった。

一九二九年の株式暴落に端を発する大恐慌とそれに続いた約二〇年もの不況が、第二次世界大戦を経てやっと終わりを告げた。そして、待ちに待った経済的な繁栄がやって来ようとしていた。「米国の消費者はお祭りの状態にあり、西欧でも戦後の経済ブームが始まっていた。惨めな大恐慌と第二次世界大戦を経て、誰もが暗い話には耳を傾けようとはしなかった[20]」。まさに、そんな時代だったのだ。

当時ハーバード大学の経済学部の教授であったジョン・K・ガルブレイスが「ゆたかな社会[21]」を著したのは、一九五八年のことだ。これまでの人類の貧しさとの闘いは、飢えと寒さから生存を勝ち取るためのものだった。ところが、今の世界での生産の増加は、かつての生きるための切実な欲求を満たすためのものから、物質的な虚飾を求めるものへと変質していった。「ゆたかな社会」の中で、ガルブレイスはこのような主張により、当時のアメリカの物質主義的な現実を批判した。

ガルブレイスのこうした批判は、必ずしも環境問題を念頭になされたものではない。むしろ、経済的な視点からの倫理の問題として、物質的な豊かさがどのような形で実現しているのかを捉え、この視点から物質主義的な繁栄を痛烈に批判したのだった。そしてこの批判は、現在にあっても十分に通用するものだろう。

もっとも、こうした主張もまた社会的には大きな流れとはならなかった。筆者がアメリカの大学で使用したアメリカ経済史の教科書では、経済的視点からは一九五〇年代を次のように記述していた。「社会的な、もしくは経済的な問題が全くないとはいわないが、あらゆる面での経済的活動が花開く中にあっては、これらは対処可能なものと思われた。確かに、一九五〇年代の終わりには、ひとりよがりとも思える楽観主義にも根拠があった[22]」。

二　環境主義の台頭

二・一　「沈黙の春」

一九六二年に、「沈黙の春」[23]がレイチェル・カーソンにより著された。カーソンはかつてアメリカ連邦漁業局に勤務していた海洋生物学者であり、作家である。「沈黙の春」の一節を引用しよう。「春がきたが、沈黙の春だった。いつもだったら、コマドリ、スグロマネシツグミ、ハト、カケス、ミソサザイの鳴き声で春の夜は明ける。そのほかいろんな鳥の鳴き声がひびきわたる。だが、いまはもの音一つしない。野原、森、沼地―みな黙りこくっている[24]」。

レイチェル・カーソン
（提供：Rachel Carson Council）

春は、心躍る季節だ。厳しい冬を終え、暖かい陽差しの中で鳥たちは一斉に歌いだす。ところが、人工的に作り出された化学物質が環境中に散布されることで小鳥たちは死に絶え、彼らの囀《さえず》りが聞こえることのない沈黙の春が来ようとしている。カーソンは、先に引用したような読者の共感を得やすい叙情的な表現を随所に散りばめた同書で、農薬や殺虫剤などの化学物質が自然環境と人間に大きな害悪をもたらしている、と主張した。

カーソンが同書で特に大きく俎上に載せた化学物質がＤＤＴだった。農作業での害虫の駆除やマラリアなどを媒介する蚊などの駆除のために、ＤＤＴはその当時、世界的に幅広く使われていた。当然、環境中にも大量に散布されていた。カーソンはその危険性を指摘したのだった。「沈黙の春」に記された内容は、その当時の大衆が漠然と抱いていた不安と関心に一致する。発売後またたく間に五〇万部を超える売り上げを記録するベストセラーとなり[25]、また、多くの国で出版された。同書は、環境という視点から社会に対し、非常に大きな影響を与えていくことになった。

二・二　もたらした影響

全米オーデュボン協会は先にも記した通り、多くの会員を擁する影響力の強い自然保護団体である。野鳥の保護が協会活動の主な目的だ[26]。同協会では、「沈黙の春」の出版を受けて、殺虫剤に関する政策の見直しとＤＤＴの禁止を求めた。

結果的にＤＤＴは、一九七二年にアメリカでの使用がほぼ完全に禁止されることになる。環境問題を専門に扱うアメリカ政府の行政セクションとして環境保護庁（Environmental Protection Agency：EPA）が、一九七〇年に設立された。ＤＤＴの禁止は、ＥＰＡがその設立以降最初に行った取り組みの成果の一つとされている[27]。

一方で、科学的な見地から、そしてまた、ＤＤＴがマラリアに代表される伝染病を媒介する蚊などの駆除に非常に有用な物質であり、その使用によって結果的に極めて多くの人命が救われてきたという人類福祉上の効果を無視しているとの観点から、「沈黙の春」が主張する内容に対して多くの批判が存在したこともまた事実だった。

アメリカで広く読まれていたタイム、ニューズウィーク、サイエンティフィック・アメリカン、サイエンスといった雑誌の当時の論調は以下のごとく評された。「一般にこれらの雑誌は、『沈黙の春』が意識的に一方に片寄っているとしているが、同時にカーソンの文学的技量を賞賛し、非常に重要な問題を初めて大衆の前に持ち出した功績を認めている(28)」。

DDTなどの化学物質の使用をやめさせるとの意図に偏ってはいるが、こうした物質が環境や人間に対して及ぼすかもしれない危険性を読みやすい文体で広く一般大衆に伝えたことは評価できる、これが「沈黙の春」に対する当時の中立的な見方となるのだろう。

二・三　政治的な課題へ

アメリカ大統領ジョン・F・ケネディは、一九六二年八月の記者会見において殺虫剤の濫用に関する政府の立場を説明している。その際にケネディはカーソンの著作に言及し、この問題に関し徹底的な調査が行われる旨の発言を行った。一九六三年五月には、大統領科学諮問委員会に設置された特別委員会から、殺虫剤の利用に関する報告書が発表された。そこでは、カーソンの主張が擁護された。

従来は社会的にはあまり省みられることのなかった、化学物質による野生生物への悪影響という環境問題に対して、社会的関心は急速に高まっていく。大統領による言及も、こうした社会的な関心の高まりを背景としたものだったのだろう。カーソンが主張した問題は、解決すべき重要な問題として、政治的にも、また社会的にも完全に認知されていくのだ。

「沈黙の春」でカーソンが主張したこと、すなわち、自然界に散布される化学物質が生態系を破壊し、やがては人間に対しても深刻な害を与えるであろうことは、同書で初めて世に示されたわけではない。カーソンの大きな関心事項であり、「沈黙の春」でも大きく取り上げたＤＤＴに関してもそれは同様だ。ＤＤＴの危険性は、一九四五年には既に幾つかの雑誌で指摘されている。(29) また、カーソン自身、「沈黙の春」の出版以前にも、ＤＤＴの危険性に関する記事を雑誌に投稿している。(30)

何故これほどまでに「沈黙の春」は社会的に大きな影響を与えたのだろうか。カーソンの筆力によって、同書が人々の琴線に触れる表現で著されたことが一つの大きな理由ではあろう。ただ、それだけではない。その当時の人々が持っていた環境に対する関心や不安にカーソンの主張した内容が合致したことが、「沈黙の春」をここまで社会的に大きな影響を与える存在とさせたことの理由だろう。「沈黙の春」は、人々の心の中に形成されつつあった環境問題に対する関心を引き出す端緒だった。一九五〇年代とは違う社会がそこにはあったのだ。

二・四　環境運動のうねり

「沈黙の春」以降、環境問題に対する社会の優先順位は確実に高まっていった。一九七〇年は、環境に対する社会の関心の盛り上がりの一つのピークとも記録される年となった。リチャード・ニクソン大統領が国家環境政策法（National Environmental Policy Act of 1969：NEPA）にサインすることで、一九七〇年は幕を開ける。そして一二月には、連邦政府部内に分散して存在していた環境関連部局を集め、先に述べたようにＥＰＡが設置された。

第１回アースディでは、大群衆がニューヨークの五番街をうずめた（提供：UPI・サン・毎日新聞社）

圧巻はアースデイの開催だった。一九七〇年四月二二日、環境の保護を訴えるイベントがアメリカ全土で催され、約二、〇〇〇万人がこれに参加した。ニューヨークでは約一〇万人が参加した集会が開かれ、またワシントンでは上下両院が休会となった。環境問題は、アメリカが国家として対応すべき課題であることが明確になったのである。この第一回の開催を皮切りに、以降アースデイの開催は全世界に広がっていった。

環境問題に対する社会の関心の増大を背景に、人々の健康や安全、良好な環境の保全を図るための具体的な措置がこの時期には次々と講じられていった。一九六五年には連邦水質管理局（The Federal Water Quality Administration：FWQA）が設立された。FWQAは、EPAの設置とと

【表2-3】1960〜70年代に設立された主な環境保護団体

団体名	設立年
Environmental Defense	1967
Friends of the Earth	1969
Natural Resources Defense Council	1970
League of Conservation Voters	1970
Greenpeace	1971
Ocean Conservancy	1972
American Rivers	1973
Earth First!	1979

出所：各種資料に基づき筆者が作成。

もに、内務省（Department of the Interior：DOI）からEPAへと移管されることになる。一九七〇年、アースデイの開催から数ヶ月の後には大気浄化法（The Clean Air Act of 1970）が成立し、また、一九七二年には水質浄化法（The Clean Water Act of 1972）が成立した。

従来型の自然保護団体とは一線を画した、行動型の環境保護団体が誕生するのもこの時期だ。【表2-3】に、このような環境保護団体の設立年を示す。

一九六九年には地球の友（Friends of the Earth）が、一九七一年にはグリーンピース（Greenpeace）が、さらに一九七九年にはアースファースト！（Earth First!）が設立された。このような動きの中で、アメリカは中心的な役割を果たしはしたが、環境に対する社会的関心の盛り上がりは何もアメリカだけの現象ではなかった。西側先進国を中心に、環境に対する人々の関心は確実に高まっていったのだ。

三　背景―社会運動の存在

三・一　社会運動の興隆

カーソンの著した「沈黙の春」は、確かに一つの契機ではあった。それにしても何故、一冊の書物がこれほどまでの影響力を持ち、その後の環境運動の大きな流れへと社会を導いたのだろうか。この疑問を考える上で、当時のアメリカ社会が置かれていた状況を無視することはできない。一九六〇年代のアメリカを振り返ってみると、社会を席巻した社会運動は環境運動だけではなかった。その当時の社会運動の代表は、反戦運動だった。

リンドン・ジョンソン大統領は、一九六五年にベトナム戦争へのアメリカの軍事介入を本格化させる。北ベトナムへの空爆も開始されることになる。アメリカ政府のこのような動きに対し、まずは大学の学生を中心に激しい反対運動が起きる。やがて、この動きは全国に広がっていく。さらに、学生だけではなく、知識人、労働組合員も反戦運動に参加していった。

当時の、もう一つの大きな社会運動は公民権運動だった。公的な権利の獲得と差別の撤廃を求め、南部に住む黒人を中心に、一九五〇年代末から一九六〇年代始めにかけて激しい運動が展開された。運動の成果として達成すべき目的は、公民権運動と反戦運動では大きく異なる。では両者が全く無関係であったかといえばそうではない。時期を重ねて展開された運動として、互いに影響を与え合った。

1965年、演説のためにアラバマ州モントゴメリーに到着したキング牧師（提供：UPI・サン・毎日新聞社）

公民権運動のリーダーは、マーティン・R・キング牧師だった。キング牧師は、ベトナム反戦運動に対して賛意を表明することで、反戦運動の展開に影響を与えている。実際の運動の仕方やその方法論に関しても、公民権運動での経験が反戦運動へと伝えられていった。

三・二　物質主義への批判

反戦運動、さらにはそれ以前に燃え盛った公民権運動によって育まれた社会的な問題に対する行動主義は、環境運動にも取り入れられていく。一九七〇年四月のアースデイ開催に至る過程においても、あるテーマに関し賛否を織り交ぜて徹底的に議論を尽くすティーチ・インという手法が取り入れられている。ティーチ・インとは、もともとはベトナム反戦運動の中で始められた抗議行動の一つの形だった。さらにいえば、この手法の原型は公民権運動にみることができる。アースデイの提唱者は、学生の反戦運動に注がれるエネルギーを環境問題にも向けさせ、これを政治的な課題に持ち上げたいとの意図を持っていた(31)。

【表2-3】に示したように、この時期に行動主義的な環境NGOの誕生が多くみられるのも、決して偶然ではないだろう。公民権運動から反戦運動へ、そして環境運動へとつながる社会運動の系譜の中で、社会的な目的の達成のために行動することが社会的に受け入れられ、また方法論としても確立していく。環境問題という社会的に関心の高い問題の解決に向け行動主義を標榜する組織が生まれたことは、そうした流れの中での必然的な結果とも考えることができる。

反戦運動はまた、軍事行動に対する批判から、既存の社会体制や社会制度、さらには社会的価値に対する批判へと拡大していった。批判の対象となった既存の社会的価値の中には、大量に生産される商品によって物質的な豊かさを築き上げるという物質主義的な価値観も当然含まれることになる。ガルブレイスが「ゆたかな社会」を著した一九五〇年代には、顧みられることのなかった考え方である。

このような物質主義に対する批判の帰結として、自然への回帰が主眼となるような運動も発生する。一九六〇年代後半に生まれたヒッピー運動がそれである。ヒッピー運動は、主に西側先進工業国を中心にしながらも、アメリカから全世界へと広がっていった。

三・三　消費者運動の発展

環境運動の盛り上がりは、先に述べたように反戦運動や公民権運動という当時の他の社会運動とも相互に関連性を有していた。むしろ、こうした運動の存在が素地となって、環境運動は大きな運動へと発展していったと考えた方が妥当かもしれない。さらにもう一つ、環境運動に対して大きな影響を与えた社会運動がある。消費者運動がそれだ。

ヘンリー・フォードがベルトコンベアを用いた生産方式による自動車の生産を始めたのは、二〇世紀の初頭の頃である。造られたのは、T型フォードと呼ばれた自動車だ。当時、庶民にとって高嶺の花だった自動車は、この生産方式が導入されたことにより従来に比べると格段に安い価格で提供されるようになる。この結果、自動車は急激に社会に普及していった。大量生産時代の幕開けだ。生産性の向上とそれに伴う商品の大量生産は、近代的な消費者運動の登場を求めることになる。

アメリカの消費者運動のルーツは、相当に古くまで遡ることができる。消費生活協同組合は、ヨーロッパからの移民によって一九世紀には既にもたらされていた(32)。大量生産時代に入り、科学的に行われる商品テストの結果を情報提供する消費者運動体が組織されることになる。コンシューマーズ・リサーチ（Consumers Research）が非営利の消費者テスト組織として法人化されたのは、一九二九年のことだ。一九三六年には、同様の組織としてコンシューマーズ・ユニオン（Consumers Union）が誕生する。

第二次世界大戦後の大量生産・大量消費という生活様式の本格的な普及の中で、消費者運動に対する社会的関心は高まっていく。一九六〇年、ニューヨーク市で遊説中のジョン・F・ケネディ大統領候補は、国家消費者諮問委員会の設置を公約する。大統領に就任したケネディは、一九六一年四月のコンシューマーズ・ユニオンの設立二五周年記念式典に祝辞を送る。コンシューマーズ・ユニオンのこれまでの活動を称える内容だ。一九六二年三月には、ケネディ大統領は、安全性、消費者に対する情報の開示、消費者の選択権、そして消費者の声の反映、という消費者の四つの権利に関する演説を議会で行った。

そして一九六二年七月、選挙戦での公約通り、消費者諮問委員会（Consumer Advisory Council：CAC）が設置される。その委員長には、コンシューマーズ・ユニオンの理事であるヘレン・キャノイアーが指名された。消費者運動は社会の表舞台での認知を得、また、消費者問題は解決すべき課題として政治の舞台にも上がったのだ。

三・四　消費者運動が求めたもの

工業化の本格的な進展により大量生産・大量消費が常態化する。そうなると消費者は、自分が買う製品の生産者の顔を思い浮かべることはもはや出来ない。工業製品として作られた様々な商品の背景には、人ではなく企業という無機質の存在があるだけとなる。さらにいえば、大量生産を導く企業は往々にして、巨大な力を持つ大企業だ。

工業化があまり進展しておらず、誰が生産したのかが分かるような小さい集団の中で生産と消費が完結していたような時代には、大衆運動としての消費者運動は起こり得ない。生産と消費の関係が生産者と消費者という個々の人間同士の関係から無機質な関係へと変化していく過程で、消費者運動の発展は加速されていったといえるだろう。

消費者運動が求めたものは何だったのだろうか。誇大広告に惑わされず、正確な商品知識に基づき賢い買い物をする。また、そのために科学的な商品テストを実施し、その結果を消費者に情報として提供する。提供される情報の中には、商品の安全性に関する情報も、もちろん含まれる。こうした取り組みが多くの消費者の支持を得ていった。結果として消費者運動は隆盛を極めていく。

消費者運動でなされた活動は、単に社会運動としての相似点だけでなく、人々の健康を守るとの視点からも環境運動と大きな類似点を有する。公害、殺虫剤、農薬、さらには原子力など、消費者運動と環境運動では活動の対象となる事象での接点が多い。従来は政府の役割と思われていたこれら問題への対応に関し、消費者が幅広い役割を担うことが社会的に受け入れられていったのだった。

ケネディ大統領は、選挙中の公約からも分かるように、もともと消費者運動に対し理解を示してはいた。しかし、政治家としての彼の理解は、消費者運動を受け入れる社会の考え方の反映であったことも確かだ。

三・五　大企業への批判

もう一つ、環境運動に至る一連の社会運動と消費者運動との間には、両者の接点となる共通の視点が見出される。大企業が持つ社会に対する影響力への反感と、これへの対抗という点だ。

化学物質が生産され、これが社会で使われていく。その結果、環境が汚染され、そこに棲む野生生物、ひいては我々人間に対しても危害が加えられるかもしれない。環境運動の契機ともなった「沈黙の春」でのこうした主張の根底には、次々と新しい化学物質を生み出し、これをビジネスの道具として使用する巨大企業に対する批判が存在することは否定できない。

何故、自然と人間に害をなす化学薬品が研究され、同様の効果を自然相互のコントロールで実現するような研究がなされないのか。発端は素朴な疑問だった。カーソンは、化学産業界の大企業と大学とが、研究資金の提供を通して深く結びついていることをこの疑問の答えとする。

化学企業は殺虫剤の研究に資金を提供し、また、この分野の研究を行う学生に対しては奨学金を提供する。さらに、研究を行った博士課程の学生に対しては就職も提供する。その結果、殺虫剤の代替になるかもしれない生物的防除といった化学工業の利益に反するような研究は、極めて少数の研究者によってしかなされなくなる。

化学産業と大学との関係を巡るこうした理解に基づいて、カーソンは「沈黙の春」の中で大企業の行動を鋭く批判したのだ。

三・六　社会運動の共通点—「環境監査」へ

消費者運動においても、大企業に対しては環境運動と同様に批判的なスタンスを持つことになる。消費者運動は、大企業が大量に生産する商品が消費者の利益を不当に害するものであるのか否かを、一人一人の立場では弱い消費者に代わって明らかにし、消費者に利益をもたらそうとする運動だ。換言すれば、大企業による市場支配に対抗するための消費者の運動であったともいえるのだ。

反戦運動は、軍事活動に対する批判を出発点に、その行動を容認する既存の社会体制に対する批判へと、容易に転化し、拡大していった。このような批判の中で大企業は、大量生産を具現化する装置として既存の体制そのものと捉えられる。こうした見方は、容易に大企業批判へとつながっていった。

消費者運動、そして環境運動も、大企業が主導する大量生産・大量消費に対する社会の抵抗運動との側面も有するようになっていったことを述べてきた。これは、反戦運動が反大企業運動という側面を合わせ持つようになった背景としての大企業の捉え方、これと同様の視点で大企業を捉えていたからともいえるだろう。

環境運動と消費者運動とが相互に貢献し合えたとすれば、これは二つの運動が大企業批判という共通の側面を有していることから理解できる。この理解は、その後に登場してくる環境監査という行為を考える上では、非常に重要なものだ。なぜなら環境監査は、大衆の大企業批判に対し、批判された大企業が講じた対応策の一つだったからだ。

もっとも、批判的な勢力が社会に存在する一方で、大量生産・大量消費が社会的に否定されたわけではない。物質的な面からの豊かさの追求は、批判の存在と同時に常に求められ続けていることもまた現実だった。

四　世界的な議論の場へ

四・一　成長の限界

一九七二年に「成長の限界[33]」という本が出版された。人間の生存の基盤として地球を捉え、その有限性を強く指摘する書である。ローマクラブ（Club of Rome）が世に出した最初の報告書であり、また最も成功した報告書でもある。二七の言語に翻訳され、現在までに全世界で一、二〇〇万部以上が販売された[34]。

「成長の限界」では、現状を「現在の世界システムの目標は、明らかに、より多くのもの（食糧、物財、清浄な空気、水）をもった、より多くの人間を生み出すことである。もし社会がそのような目標へ向かって努力を続けるならば、結局のところそれは、地球のもつ多くの限界のどれかにつきあたってしまう」状況と認識する。

この認識のもと、人口、資本、食糧、天然資源、汚染という五つの基本的な数量や水準に関して、それら相互間の因果関係をモデル化し、この世界が成長を続けた場合にどのような地球が出現するのかをシミュレートした。その結果として、「現在のシステムに大きな変革が何もないと仮定すれば、人口と工業の成長は、おそくとももつぎの世紀内に確実に停止するだろう」との結論を得る。

「成長の限界」では、制約要因として「汚染」についても深く言及している。その中では、自然界に放出された汚染因子が長期間にわたって残存し影響を与え続ける事例としてＤＤＴを大きく取り上げている。

また、化石燃料の消費にともなう大気中の二酸化炭素濃度の増加に関しても触れている。そこでは、二酸化炭素濃度の増加がもたらすだろう生態学的、気象学的影響に関した示唆がなされてはいる。しかし、地球温暖化に関しては、一九七二年のこの段階ではまだ明示的に記述されてはいない。

四・二　提示された解―「均衡」

ローマクラブは、オリベッティ社やフィアット社の役員を兼務していたイタリア人実業家のアウレリオ・ペッチェイ博士が中心となり、人類共通の危機に対しいかに対処すべきかを探索することを目的に、一九六八年に設立された。もちろん、民間の組織だ。

一九六八年四月に、ローマで最初の会合を開いたことからローマクラブと名づけられた。世界各国の科学者、経済学者、教育者、実業家などがそのメンバーとなっている。「成長の限界」が発表された当時、日本からは日本経済研究センター理事長（当時）の大来佐武郎が参加していた。「成長の限界」の巻末に掲載された「ローマクラブの見解」の項では、ローマクラブ常任委員会のメンバーとしての大来佐武郎の名前をみることができる。

ローマクラブは、設立の目的である人類共通の危機への対処に関する最初のプロジェクトとして、マサチューセッツ工科大学（Massachusetts Institute of Technology：MIT）のシステム・ダイナミクス・グループにその研究を依頼した。デニス・メドウス助教授を主査とするチームがこれを担当し、当時開発されつつあったシステム・ダイナミクスの手法を用いて研究は行われた。「成長の限界」は、その研究成果のまとめだ。

ローマクラブがＭＩＴに依頼した研究の具体的な目的の一つに、「われわれが住んでいるこの世界というシステムの限界と、それが人口と人間活動に対して課する制約について見通しを得ること」があった。このローマクラブの意図に対応してメドウスらは現状を分析し、先に述べた通り、「現在のシステムに大きな変革が何もないと仮定すれば、人口と工業の成長は、おそくともつぎの世紀内に確実に停止するだろう」との結論を得ることになる。

この結論の実現を避けるためには、人類は成長から世界的な「均衡」の状態に達することが求められる、と報告書は続ける。均衡とは、世界的にみればゼロ成長を意味する。人類を均衡社会に導き得る現実的、かつ、長期的な目標と、その目標を達成しようとする人間の意志さえあればこの実現は可能になる、と報告書は結ぶのだった。

四・三　意義と背景

「成長の限界」に記された内容に対しては、これを批判する声も存在した。特に、「均衡」すなわちゼロ成長を求めることに関し、先進国、発展途上国双方のサイドからの批判が集中した。先進国からは、ゼロ成長という考え方を経済成長の否定と捉え、これによって主要な産業の不振を招くのではないかとの視点からの批判だった。

発展途上国からの批判も、「均衡」という考え方がもたらす影響に対しての批判であった。しかし、捉え方の視点において、先進国とは大きな相違があった。均衡とは現状維持を図ることを意味する。貧しさから抜け出すためには開発が必須である発展途上国において、現状維持とはその方途を否定するものとして捉えられた。途上国の視点に立てば、均衡による豊かさの現状での固定は、到底認められる選択肢ではなかった。

また、システム・ダイナミクス及びそれに基づいたコンピュータ・シミュレーションという手法に関しても批判はなされた。様々な仮定をおき、その仮定に基づき機械的に解を求めるという手法が導き出す結果の中立性に関する疑問だった。[35]

「成長の限界」の内容を巡り、種々の議論が存在したことは事実だ。しかし、地球の有限性とそれに起因する成長に対する制約とを、人間活動に基づく汚染を明確に織り交ぜて指摘した視点に関しては、特筆すべきこととして高く評価できる。こうした視点は、地球環境問題の本質を深く突くものとして、現在でも十分に通用すると筆者は考えている。

一方で、「成長の限界」が出版当初から議論を巻き起こし、社会に対して大きな影響力を与えたのは、一九六〇年代からの環境運動の存在を抜きにしては考えられない。奇しくもＥＰＡがアメリカでのＤＤＴの使用を禁じたのと同じ一九七二年の出版なのだが、「成長の限界」ではＤＤＴが人体に対しどのように有害であるかという記述はない。にもかかわらず、ＤＤＴを汚染の例示として取り上げ、自然界への残存の状況を詳述している。このことからは、「沈黙の春」に端を発する農薬や殺虫剤批判の影響が強く感じられる。

ローマクラブが「成長の限界」で行った課題の設定が優れたものであったことは疑いようもない。しかし同時に、社会における環境への関心の高まりという当時の状況を背景に、その延長線上で「成長の限界」は成功を収めたといえる。逆に、ローマクラブは、社会の関心を捉える適切な課題の設定を注意深く行ったと解釈すべきかもしれない。

また、「成長の限界」の成功は、そこで提示した問題に負うところが大きかったのであって、決して同書が提示した回答、すなわち「均衡の達成」によったものではなかった。

国連人間環境会議（ストックホルム会議）に出席した大石武一環境庁長官（当時）（提供：UPI・サン・毎日新聞社）

四・四　国連人間環境会議（ストックホルム会議）

一九六〇年代から一九七〇年代へと続く世界的な環境運動の盛り上がりの国連における発露が、一九七二年六月にストックホルムで開催された国連人間環境会議（United Nations Conference on Human Environment、通称「ストックホルム会議」）だった。同会議には、一一三ヶ国から約一、二〇〇名が参加している。その中には、開催国であるスウェーデンのオラウ・パルメ首相とインドのインディラ・ガンジー首相という二人の国家元首もいた。

その時点までの国連で、環境を標題にこのような大きな会議が開催されたことはなかった。無論、環境に関して一切議論がなかったというわけではない。国際海事機関（International Maritime Organization：IMO）や国連食糧農業機関（Food and Agriculture Organization：FAO）などの専門機関では、その所掌する職務の範囲内において環境問題を取り扱ってはいた。しかし、各国の政府部内に環境問題を取り扱う部署が従来はおかれていなかったのと同様に、環境に関することそれ自体を目的とした諸活動が大々的になされることは、基本的にはなかった。

ストックホルム会議が開催された一九七二年のこの時期までに、公害問題への対応を鋭く迫られていたアメリカ、西ヨーロッパ、そして日本は、会議開催に向け相応の役割を果たす。その一方で、社会主義諸国は、環境問題は資本主義と帝国主義における問題だとして、会議への参加そのものを拒否した。[36]また、発展途上国は会議に参加することはした。が、その主張は、環境を国際的な議論の俎上に載せようとする西側先進国の主張とは、そもそも論から鋭く対立したのだ。

ストックホルム会議の成果として、人間環境宣言（Declaration of the United Nations Conference on the Human Environment、通称「ストックホルム宣言」）及び行動計画（Action Plan for the Human Environment）が採択された。国連内で環境問題に対処する制度的枠組みである国連環境計画（United Nations Environmental Program：UNEP）の設立も、その成果として挙げることができる。

大きな国際会議の常として、「宣言」なり「計画」なりといった何らかのアウトプットは生み出される。しかし、環境破壊の原因を食い止め、回復していくための具体的な取り組みを構築するまでには至らなかった。こうした実態からストックホルム会議は、各国政府を集めて環境問題に関して討議したという事実それ自体が評価の対象となり、会議の「成功」は環境に関する実効面ではなく、政治的なものであったともいわれる[37]。

四・五　発展途上国からの異議

一方で筆者は、ストックホルム会議の開催が果たした積極的な側面を見逃すことはできない。先に、発展途上国の主張は西側先進国のそれと鋭く対立したと記した。しかし、おかれた立場が異なる者同士が同一のテーマに関し、同一のテーブルで議論をすれば、対立が生じることは、ある意味では当然だ。

環境運動は、それまでは主として先進国の中での運動だった。ストックホルム会議は、この先進国での運動に対し、発展途上国の関与を求める契機になったといえる。全世界の政府が一堂に会して環境問題に関して議論を行う。この結果として、環境問題の解決に関する政策的な優先順位に関し、先進国と発展途上国との間で必然的な相違が存在することを明らかにしたのだ。

この考え方の相違は、会議の準備期間中、さらには本会議を通して公然と議論されることになった。ストックホルム会議の開催に向けて、会議開催の二年前から計四回にわたる準備会合が開催された。その過程で発展途上国は、会議に対し警戒心を抱くことになる。すなわち、汚染の防止や環境の保護といった先進国の関心が、貧困とそれを克服するための開発に優先されることを発展途上国はおそれたのだ。

ストックホルム会議開催のおおよそ半年前の一九七一年一一月には、「ストックホルム会議の行動計画は、環境政策が発展途上国の現在ないし将来の開発の可能性に不利な影響を与えるべきでないこと、先進国の環境政策の責任を発展途上国に転嫁しないこと」を内容とする決議が国連総会で可決されることになる。この決議に反対したのは、アメリカとイギリスの二ヶ国だけだった[38]。

発展途上国の主張は、先進国で進展してきた環境運動に対し、少なくともその背景にある先進国における論理とは明らかに対立する。「成長の限界」が提示した「均衡」という考え方に対して発展途上国からは、これが成長の停滞につながるとの観点からの非難がなされた。これと全く同様の構図がストックホルム会議においても存在したのだった。

四・六　ストックホルム会議の評価

「貧困は最大の汚染者である」とは、ストックホルム会議でのガンジーの言葉だ[39]。明日のパンを心配する身で、環境にまで心を配ることはできない。まずはパンが必要なのだ。これは真実の声だろう。このような主張に対しストックホルム会議は、環境破壊の原因として貧困や低開発という構造的な問題の指摘を行ったものの、具体的な解決策を示せなかったことは先に述べた。

環境と開発に関する発展途上国の主張、一見これは環境運動にとってマイナスとなるようにも考えられる。しかしながら、環境問題を全地球的な視点で捉えるならば、その解決を図る上での発展途上国の参加は、いかなる形にせよ不可欠といえる。

この時点ではまだ、地球環境問題という概念は一般には存在していない。しかしながら、ストックホルム会議の開催から二〇年の後に開催されることになった国連環境開発会議（UNCED）の中心テーマは地球環境問題であり、その場では、途上国を含めた世界的な枠組みの構築が、問題解決の当然の前提として議論されることになるのだ。

ストックホルム会議の開催は、先進国に住む豊かな人々の素朴な感性を原点に出発した環境運動の流れを、地球全体の政治課題として初めて議論の俎上に載せることとなった。これは問題の解決に向けての大きな進歩といえるのではないか。筆者はそう評価したい。

第三章　歴史的な流れII——環境監査の導入

一　環境監査の導入

一・一　環境監査と環境マネジメントシステム

第二章で、環境主義の台頭と、この考え方が全世界的な広がりを持ち始めるに至った様を概観した。このような流れの中にあって、環境運動のベースとなる環境に対する社会の考え方が、やがて企業をはじめとする組織の行動原理に影響を与えるようになる。その先駆として「環境監査」という概念が登場するのだった。

社会で様々な活動を行う組織、その中でも営利事業を行う組織である民間企業において、さらにいえば民間企業の中でもその活動に伴い大きな環境負荷を発生させている製造業に属する民間企業を中心に、組織内のマネジメントの一環として「環境監査」を行う動きが生じてきた。一九七〇年代のアメリカでのことだ。

一九七〇年代の後半から一九八〇年代の前半にかけて、企業だけでなく政府セクターにおいても環境監査の必要性が認識され、実際に監査がなされていった。これら環境監査の実施は、環境マネジメントシステムを組織内に導入するということの原型ともいえる位置付けにあると筆者は考えている。環境監査という行為の普及を通じて、環境マネジメントシステムという考え方とその導入の素地が形づくられていったのだ。

このような認識に則り、環境監査の導入と、それが環境マネジメントシステムという考え方につながっていく様を、本章で示していく。

一・二　監査という考え方―会計監査を基に

さて、「環境監査」とは、どのような概念、内容のものなのだろうか。現代において、監査という言葉から普通に想像されるものは、会計監査だろう。東京証券取引所一部上場企業などという呼称を耳にする。証券取引所において一般の投資家により株式の売買が行われている企業では、公認会計士による監査を経た会計報告書の公開が義務づけられている。

環境監査は、このような会計監査に擬する形で扱われ、導入されてきたと考えることができる。この認識からは、会計監査の位置付けとその発展に対する理解が、環境監査を理解する上でもまた有効といえるだろう。このため、まずは会計監査に関して、これまでの導入の流れとその内容とを概観してみよう。

現在、会計監査といわれる行為に関し明確な定義が存在しているわけではない。しかし、一般的には、監査とは「経済的な活動及び事象に関する主張について、これらの主張と確立されている基準との間での一致の程度を確かめるために、証拠を客観的に入手して評価を行うとともに、その結果を利害関係者に伝える体系的な手順(40)」と理解されている。このような理解に至る背景には、長い歴史が存在する。

近代的な会計監査制度の確立以前から、監査という行為は人々の種々の活動に付随して実施されてきた。紀元前四〇〇〇年頃の古代バビロニア帝国においてなされていた税の徴収の監査に起源が求められるほどに、その歴史は古い[41]。貨幣経済の発達とともに監査行為は広く一般的に行われるようになり、監査手法も精緻化していくことになる。

一・三　内部統制のための監査

時は流れ一八四四年のイギリスにおいて、会社登記法が制定される。この法律を契機に、会社の取締役に「完全かつ真実」な貸借対照表の作成が義務づけられ、また、年次総会において選任された監査役による貸借対照表の監査が強制されることになった。

監査の義務付けは、自然に発生し、発達した企業社会の中で、幾多の変遷を経つつも一般投資家たる株主の保護が求められるようになったことの帰結といえるだろう。近代的な監査の制度化はここに始まるとされる[42]。日本においても、一八九〇年（明治二三年）には商法が制定された。そこでは、株主総会が監査役を選任し、監査役は企業の業務及び財務諸表の監査を行う旨が定められている。

発展する貨幣経済の中で、金銭の扱いは非常に重要な意味を持つようになる。国においてであれ会社においてであれ、組織を経営する立場の人間にとっては、金銭の扱いに自らの意思を的確に反映させ、また、その現状を把握することは、組織経営の観点から最も重要なことといえる。この実現のために監査という手法が生まれた。この意味において会計監査とは、本来的には組織内での内部統制のための手法と考えることができる。

もちろん、企業法制の中で制度化された監査役による監査は、古代からの監査、すなわち組織の主が自らの組織の経営を適切に行うとの視点からの監査とは、その考え方の上で一線を画すことができる。近代的な会社制度が誕生し、資本と経営の分離が進んだ。このような状況の中で株主の利益を守るために、株主が選任した監査役によって財務諸表の適切性の検証を行う。これはまさに株主利益の擁護の観点からの制度といえるだろう。

しかしながら、株主は会社の持ち主という意味においては、その組織にとっての完全な外部に位置しているわけではない。会社と株主との関係をこのように考えるのであれば、株主が選任した監査人による監査は、組織の所有者たる株主自らの利益の確保を図る観点からの行為と整理することが妥当だろう。

こうした見方からは、法律によって制度化された監査役による監査は、従来から行われていた組織の主による自らの内部統制のための監査と、本質的な意味においては、同様の位置付けにあると考えることができる。

一・四　初期の環境監査

環境監査についてはどうだろうか。一九七〇年代に入ると、組織内部での環境監査の実施が組織マネジメントの一つとして有効であるとの認識が、民間企業において広がってきた。ここでいう環境監査とは、この当時、主として企業が、事業の運営に際して求められる種々の環境関係法令遵守の状況を自らチェックする行為として理解され、また、実施されていった。

もちろん、こうした行為は一・二項に示したような厳格な意味での「監査」行為にあたるわけではない。また、その当時から「環境監査」という呼称のもとに実施されてきたわけでもない。企業内での公害防止のための業務「調査」が、行為開始当初の捉えられ方だったはずだ。

前章でも触れたように、社会の環境意識の高まりの中にあって、多くの環境関連法令が一九六〇年代、一九七〇年代を通じて整備されてきた。こうした環境関連の法令の遵守を怠れば、企業は行政当局によって罰金が科されるほか、操業の停止などの処罰、さらには環境法令を遵守しない企業と見なされることによって社会的にもたらされる種々の不利益をも被ることになる。

この不利益を避けるために、企業は自らの組織マネジメントの一環として、自社内での環境法令遵守状況を自ら厳しくチェックする必要に迫られたのだ。企業によるこのような行為は主としてアメリカにおいて一九七〇年代に開始され、一九八〇年代の後半には相当に一般化していった[43]。無論、このような監査行為は、法令上何ら義務づけられているものではない。企業が自らの経営のために、必要に迫られて実施したのだ。

一・五　会計監査とのアナロジー

このように登場した環境監査を、先に説明した会計監査とのアナロジーで考えてみよう。会計監査は、これが行われるようになった古の時代から近代における企業関連法制の策定初期段階に至るまで、組織の主が、自らの組織を適切に経営するための内部統制の手段として実施されてきたことは既に述べた。

ここで組織を企業に特化して考えてみる。企業が行っている様々な事業は、それぞれが利益をあげているのか、それとも損失が生じているのか。また、会計上、不正行為はなされていないのか。企業の経営者、そして所有者にとっては、行っている事業に関する正確な会計情報なくして経営はできない。すなわち会計監査は、企業経営にとって不可避の内部統制行為として行われていた。

一方で、環境監査はどうであったか。企業が、環境法令の遵守状況のチェックを自ら行うことを内容とする環境監査の目的は、環境法令違反による罰則の賦課を避けることだ。これは、罰則の賦課という損失を避けるという利益を得ること、すなわち自らの利益確保のために行われていたと解することができる。

もちろん、環境法令の遵守を図るのは、何もこのような消極的な理由だけからではない。操業に際しては環境に対しても十分な配慮を行う。このような積極的な理由も当然存在するはずだ。しかし、環境「法令」は、法令である以上守らなければならないものであり、だからこそ遵守を確実なものとするための内部統制手法として環境監査を採用している。この現実に鑑みれば、前述した考え方による整理が妥当性を失するということはないだろう。

金銭的な観点から内部統制として行われてきた会計監査と、環境法令の遵守を図るという内部統制の一環として行われる環境監査とは、組織の経営者が組織の利益を図るために実施する監査として、企業経営上は同様に位置づけることができる。事業を運営する企業が自らの必要性により正確な会計情報を欲したのと同様の視点からの必要性によって、環境監査は出発したのだ。

二　必要性の高まり

二・一　リスクの高まり

自社内の環境法令の遵守状況を把握し、法令違反といった事態に陥ることを防ぐために、環境監査という考え方の導入は徐々に進展していく。このような動きが、環境法令に違反することにより発生する損失の回避という企業経営上のリスクの低減を目指したものでもあったことは、前節で述べた通りだ。

このリスクの範囲が、アメリカでは大きく拡大していく。現在の企業行動が法令違反にあたり、その結果として何らかの罰則が科されるという直接的なリスクの回避だけを考えていたのでは、完全にはこうしたリスクを遮断することができなくなってきたのだ。

たとえ現行の環境法令を遵守していようとも、法令遵守した現在の企業行動が企業に対して将来何らかのリスクをもたらすことはあり得る。環境的側面からのこうした将来的な損失発生のリスクが、ある時期からアメリカでの企業経営にとって無視できない大きさにまで顕在化してきた。

このようなリスクの顕在化の背景には、一九七〇年代以降に徐々に導入が進められてきた一連の賠償責任法の存在が大きい。一九七六年に制定された資源保護回復法（Resource Conservation and Recovery Act of 1976：RCRA）、さらには以下で詳述する包括的環境対処・補償・責任法（Comprehensive Environmental Response, Compensation and Liability Act of 1980：CERCLA、通称

「スーパーファンド法」）の制定により、社会の中で種々の事業活動を行う企業にとって、現在の合法的な行動に起因し将来的に巨額の補償金を支払うに至る可能性が、法律的に存在することになったのだ。

二・二　ラブカナル

スーパーファンド法の成立の背景には、環境問題に関する具体的な事件があった。「ラブカナル事件」である。スーパーファンド法は事実上ラブカナル事件の発生により、このような事件を解決するための手段として策定された。スーパーファンド法の策定が企業における環境監査の導入を強力に推し進めることになるのだが、何故そうなったのかに触れる前に、まずはラブカナル事件を概観してみよう。

「ラブカナル」とは、ラブ運河という意味だ。ラブは、ウィリアム・T・ラブという事業家の名前からきている。ラブはニューヨーク州ナイアガラフォールズ市から大規模な水力発電事業の実施を委託され、その事業の一環として運河の掘削を開始した。一八九〇年代のことだ。

この当時は、電力の工業生産への利用が普及した時期だった。当時の技術では、発電した電力の送電は、直流によって行われていた。直流による長距離の送電は経済的ではなかったため、大電力を消費する工場の建設は発電所の近くで行うことが、競争上は有利であった。このような状況を背景に、ラブはこの地に水力発電による豊富な電力を用いた一大工業都市を建設するつもりだった。

やがて、アメリカは不況に陥った。さらに、一八九四年、ニコラ・テスラが長距離送電を経済的に実現できる交流電力システムを開発した。これらの状況変化の中で、ラブの計画は頓挫する。結果として、ナイアガラフォールズの南西の角に位置する、途中まで掘られた運河の跡地がそのままの形で残されたのだった。

二・三　事件の発生

時は流れ一九四二年、フッカー化学会社（Hooker Chemical and Plastics Corporation）は、ラブカナルの土地の所有者であった電力会社との契約により、この未完成の運河に産業廃棄物の投棄を開始した。一九四七年には、同社はラブカナルとその周辺の土地を買い取った。フッカー化学会社は、現在のオクシデンタル化学会社（Occidental Chemical Corporation）の一部にあたる。オクシデンタル化学会社は、国際的な石油企業であるオクシデンタル・ペトロリウム・コーポレーションの子会社だ。

一九四二年から一九五〇年代初頭に至るまでの間に、フッカー化学会社は二〇、〇〇〇トンを超える産業廃棄物をラブカナルに投棄した。投棄された廃棄物に含まれていた化学物質は二〇〇種を超え、その中には塩素系有機化合物も含まれていた。廃棄物は、主として金属製のドラム缶に入れて投棄されたとされる。

運河は粘土層を掘って作られていたことから、投棄した化学物質が地下水脈に漏出する可能性は低いと考えられていた。一九五三年には投棄を終え、投棄表面が粘土と土で覆われた。産業廃棄物のこのような投棄とそれに連なる一連の処置が、廃棄がなされたその当時の法令に違背していたというこ

フェンスで囲まれ、錆びたチェーンと錠で封鎖されたラブカナルの汚染地域（2003年7月撮影）（提供：UPI・サン・毎日新聞社）

とはなかった。

問題は、一九五三年にフッカー化学会社がこの土地をナイアガラフォールズの教育委員会に売却したことから始まる。この当時、戦後のベビーブームで生まれた子供たちの多くが学齢期を迎え、どこの地域でも学校用地が不足していた。ナイアガラフォールズも例外ではなく、地区の教育委員会にとって運河の跡地は、絶好の場所だった。

当初、フッカー化学会社は売却を拒否した。学校用地の確保が至上命題となっていた地区教育委員会は、フッカー化学会社に対し相当に強く売却を迫ったとされる。結局、土地は売却されることになった。売却価格が一ドルであったことから、事実上は寄付との位置付けだったのだろう。

売却に際してフッカー化学会社は、この

土地が持つ危険性に関し教育委員会に警告を行った。その上で、産業廃棄物がその土地に投棄されている旨の説明を譲渡者であるフッカー化学会社は譲受者である教育委員会に対して行った旨、譲受者はこの土地の使用によるリスクと責任の一切を引き受ける旨、さらに譲受者はこれらの産業廃棄物が引き起こす人の死をも含むいかなる損害に関しても譲渡者に対し訴訟そのほかの行動を起こさない旨の条項を、譲渡証に挿入している。

しかしながら、売却後、その土地の上には小学校が建設され、さらに、市街地としての開発がなされ、多くの人が住む場所となったのだ。開発が進む中で化学物質が漏出し、漏出した化学物質を原因とする周辺住民の健康被害の発生が、現にそこに住む人々の間で懸念され始めた。一九七六年頃からはこうした状況がマスコミで大きく取り上げられ始め、一九七八年にはニューヨーク州の保健局長が周辺住民の健康の緊急事態を宣言した。結果として住民達は、住んでいた場所から避難させられることになった(44)。

この時から「ラブカナル」は、化学物質による土壌汚染の象徴的問題として、アメリカ国内で大きく注目される存在となっていった。

二・四　スーパーファンド法―遡及適用の実現

ラブカナルでの有害廃棄物の漏出に関しては、住民たちの強制避難と、残された不動産の買い上げなどの補償が行われることになった。同時に、汚染された土壌の浄化もなされることになる。問題は、ラブカナルのような汚染された土壌がアメリカ全土に多く存在するのではないかという懸念と、こうした汚染土壌をいかに浄化するかということだった。さらには、この回復のためには膨大な費用が必要となり、これを誰が負担するのかということだった。

これらの問題に対する回答として、一九八〇年にスーパーファンド法が制定された。この法律は、まさにラブカナル事件を教訓とし、現に汚染されている土地をいかにして浄化するか、との視点から策定されたものだ。このため、それまでの法律に比べ幾つかの際だった特徴を有している。

最大のポイントは、過去における合法的な行為に起因する汚染に関しても、その行為者に対し浄化の責任を負わせることにある。もっとも、新たに策定された法律により過去に遡及してその当時は合法であった行為の責任を問うことができるか否かに関しては、大きな議論を呼ぶことになる。こうした遡及適用が、スーパーファンド法の立法によって自動的に認められたわけではなかった。

アメリカ政府は、汚染された土地に対して自らが行った浄化作業に要した費用を、過去にその土地を汚染した企業に浄化責任があるとして、当該企業に対してその支払いを求めた。支払いを求められた企業は、これが過去の合法的な行為に起因しての請求であることから、当然これに異議を唱える。結局、政府による汚染企業に対する浄化費用の支払い請求の適否は、アメリカ政府を原告に、汚染企業を被告とする裁判によって争われることになるのだった。

訴えられた企業は、スーパーファンド法の遡及適用が、法の適正な手続きによらず財産を奪われることはない旨を定めたアメリカ憲法修正第五条などに違反すると主張した。このような主張に対し裁判所は、立法過程でなされた議論を踏まえれば浄化責任を規定するスーパーファンド法の該当条項の遡及適用は可能と解釈すべきである、との判断を下した。

オクシデンタル化学会社も、アメリカ政府から浄化費用の返還請求訴訟を提起された。一九八八年に連邦裁判所は、オクシデンタル化学会社がスーパーファンド法上の浄化責任を有する旨の判決を下している。(45)

二・五　浄化責任を広く認定

スーパーファンド法上のもう一つの大きな特徴は、法律上の浄化責任を有する者の範囲を非常に広く規定したことにある。有害物質が廃棄された時点における当該廃棄された施設の所有者もしくは管理者であった者に加え、同施設の現時点での所有者もしくは管理者についても、スーパーファンド法上では浄化責任を有する者と規定している。

これにより、浄化責任の対象となる者の範囲は相当に広がる。対象が拡大されたことによる影響の典型例は次節で述べるが、自らは全く汚染の原因となる行為を行ってはおらず、例えば単に工場を買収しただけの企業であっても、スーパーファンド法上の汚染の浄化責任の当事者となる可能性が生じることになる。

このような事態が予定されるのは、汚染浄化の実現を達成すべき最大の目的に、スーパーファンド法が制定されたからだ。目的実現のためには、誰に浄化責任を負わせるかということを明確にするとともに、その範囲を極力広範にすることが必要とされた。

このため、汚染者が浄化の責任を負うという伝統的な考え方に縛られずに、誰に浄化の責任を負わせるかとの原理を新たに法律自体の中で規定している。同様の視点から、浄化責任を有する者の範囲を拡大することに加え、浄化責任に過失の有無を問わない厳格責任主義も導入している。

さらに、浄化責任を有する誰もが浄化のすべての責任を負うという、連帯責任主義も導入している。これは、その責任の程度に応じて浄化の責任を分担するというのではなく、いかなる程度にせよ浄化に責任を有しているのであれば、浄化に関する全責任を負うとの考え方だ。

もちろん、浄化に要した費用は、同様に責任を有する他の者に対し請求することができる。しかしながら、現実の問題として、そうした者に支払い能力があるとは限らず、結果として支払い能力のある者が浄化の全責任を負うことになる可能性が高い。

二・六　実効性を重んじた措置

誰が浄化の責任を負うべきか。土地の所有者が替わり、汚染者は現にその土地を所有している者ではない場合も多い。また、汚染者が特定できても、金銭的に浄化能力がない場合も当然想定される。このような様々な事態に対応し、現実に汚染された土壌が存在している以上、この土壌の浄化を結果的に実現するための制度がスーパーファンド法なのだ。

さらに、種々の方策によっていかに広い網をかぶせようとも浄化責任を有する者による土地の浄化が実現できない場合に備えて、スーパーファンド法では浄化を実施するための基金を積み立てることが規定されている。スーパーファンド法という通称は、この基金の俗称が「スーパーファンド」であることに由来する。

この基金は石油産業などに課される税金を原資とするが、このような基金の構築が法律に組み込まれていることからも、いかに浄化に実効性を持たせるかとの観点から立法されたのかということが理解できる。実際の浄化には資金が必要となる。資金的な裏付けを持たず、単に行政命令を下すということだけでは、現実の浄化は不可能なのだ。

一方で、スーパーファンド法が汚染土壌の浄化に果たした役割に関しては、制度として導入されて二十年余を経た今日においては、様々な見方が存在する。多くの資金が訴訟のために費やされたことから、政策の効率性という観点からは必ずしも優れたものではなかったとの意見も出されている(46)。

三　環境監査の普及

三・一　スーパーファンド法の影響

スーパーファンド法の制定により、様々な事業活動を展開する企業にとっては、自らの行為とは無関係に、予測することが困難な企業経営上のリスクが発生することになった。特に、過去に遡って、かつ、自らの排出行為とは無関係に過去に有害物質が排出された施設を現在所有していることによって、さらにはその汚染に対し過失がなくとも、連帯して浄化責任を負うことになるのだ。

実際の企業活動において、どのような場合にこうした浄化責任を負うことになるのかを想像してみよう。例えば、ある企業が工場用地として他の企業から不動産を購入する場合を考えてみる。このような買収は、通常の商行為として経済活動の中ではよくみられることだ。

ところが、買収した土地が実は汚染されていた。このため、土地の浄化が必要となった。さて、この場合には誰が浄化費用を負担するのだろうか。土地を購入した企業は、この土地が汚染されていることを購入前に知ることができなかったとしよう。すなわち、土地購入企業が善意の第三者の場合である。

自分以外の第三者の行為によって発生した汚染に関する免責条項は、スーパーファンド法にも規定されてはいる。しかし、現実の問題としてこのようなケースで、土地の購入企業が現に土地を所有している者としての浄化責任を免れることは、実は非常に難しい。

スーパーファンド法において、第三者の行為による免責の規定に該当するためには、例えば土地の購入に関してであるならば、その土地が有害物質で汚染されていないことに関しての十分な調査の実施が求められる。しかしながら、どれほどの調査を行えば十分であるのかが明確ではない。この免責条項により企業が完全に責任を免れたという例を見つけることは、実態上は困難なのである。(47)

三・二　金融機関にも波及

ある企業が、自社工場を担保に金融機関から融資を受けた場合を想定しよう。この企業が倒産した場合には、金融機関は債権回収のために担保権を設定した工場を取得することになる。また、そもそも融資、債券発行などの金融業務に伴い、金融機関が通常に操業されている事業所の形式上の所有者となることも十分にあり得る。(48)この場合、これらの金融機関が浄化責任を負うとの判決がアメリカの裁判所で実際に下されている。

スーパーファンド法では、金融機関などの債権者が債権者の行為として施設の所有者や管理者となる場合には、浄化責任が除外される旨の規定が設けられている。しかし、この規定の解釈が法文上は必ずしも明確ではなかった。このため、この解釈が裁判で争われることになった。

従来から、担保物件として保全している施設の運営への金融機関の関与の程度により除外規定の適用を受けるか否か、すなわちスーパーファンド法上の浄化責任を負うか否かが判断されてきている。先の裁判では、それまでの司法判断で示されていた基準よりも相当に低い程度の関与であったとしても、金融機関をスーパーファンド法上の浄化責任の当事者となる施設の管理者と認定したのだった。この判決により、金融機関がその業務にともなってスーパーファンド法上の浄化責任を負う可能性が相当に高まった。

三・三　残るリスク

一九九二年四月、一連の事態を憂慮したアメリカ環境保護庁（ＥＰＡ）は、スーパーファンド法における債権者の浄化責任該当除外規定の解釈を公表した[49]。先の裁判以前の一般的な司法判断だった、金融機関が当該施設の管理に関し実質的に高い関与を行っていない限りスーパーファンド法上の浄化責任を負わない、という内容の解釈だ。

しかしながらＥＰＡのこの解釈は、ＥＰＡには法律の解釈の変更権限はないという理由で、別の裁判の中で棄却される[50]。法律の策定は立法府が担い、その執行において争いが発生した場合には裁判所が法律に基づきその当否を判断する。行政府は法律の施行者であって、法律の解釈に変更を加えることは許されない。アメリカにおける行政庁と裁判所、そして立法府との関係をみる上での象徴的な事例ともいえるだろう。

こうした中、一九九六年九月に議会は、立法措置により問題の解決を図る。債権者のスーパーファンド法における施設の所有者や管理者としての位置付けを、EPAが一九九二年に公表し、一度は裁判によって棄却された解釈と同様の内容とするよう、法律[51]によって明確化したのだ。

金融機関に対するスーパーファンド法上の浄化責任の扱いは様々な変遷をたどってきた。債権者に関する除外規定の解釈の法律による明確化により、金融機関に対する一時のような拡大したリスクは、現時点では薄れているようにもみえる。その一方で、類似の州法の存在とも合わせて、金融機関がその業務の実施に際してスーパーファンド法上の浄化責任を負うリスクは依然として相当に存在していると考えられる。

スーパーファンド法の制定以降、企業は新たな工場用地の取得や他企業の買収に際して、また金融機関は企業への投資や融資に際して、将来的にスーパーファンド法上の浄化責任を負うか否かに関した事前の十分な審査を行うことが、将来におけるリスクの防止の観点から求められることになった。

三・四　「環境リスク」への対応—環境監査

スーパーファンド法の導入により企業は、環境に関連する事象に対し、単にその時点での環境法令を遵守するだけでなく、自らの事業活動が広く環境の保全を図るという観点からどのような結果をもたらすのかを常に意識して行動することが求められるようになった。

企業は個々の経営判断事項に対し、企業経営上のリスクを極小化するための判断を日常的に行っている。こうした判断を行う際の視点と全く同様に、企業経営に関するごく通常の視点からの経営判断によって環境に関する企業リスクの低減を図ることが、企業経営上の必須事項になってきたといえるだろう。このような経営環境の変化の中で、企業の経営層は、自社内での環境法令の遵守状況や環境に関した企業リスクの低減に大きな関心を払うことになっていった(52)。

この企業経営上のリスクは、「環境リスク」と呼ばれるようになる。そして、環境リスクを低減し、避けるための行為として、「環境監査」が企業経営上の行為として求められるようになっていく。環境監査の実施は、アメリカを中心としながらもヨーロッパにまで広がっていった。

アメリカにおいて環境監査が広く普及したのは、スーパーファンド法に代表される賠償責任法の存在というアメリカの法制度に強く影響されてのことである。金融機関は、スーパーファンド法上の予測し難い将来の損失の発生を避けるため、汚染の可能性が考えられるような産業に属する企業への融資を控えるなどの自衛策も講じるようになる。このような状況の中で、環境監査を行うことが金融機関から融資を受ける要件の一部ともなっていく。これも、環境監査が普及する上での大きな要因の一つになったといえるだろう。

三・五　監査の性格

スーパーファンド法の制定により、その実施が事実上強制されることになった環境監査での監査対象は、具体的には買収対象の企業、工場となる場合が主だ。買収対象の工場の敷地は後に浄化が必要となるような状態にあるのか否か。また、その工場はこれまでに環境法令に違反するような操業を行ってきてはいないか。このようなことが監査上の関心事項となる。

一九七〇年代以降にみられるようになった当初の環境監査では、自社の操業における環境法令の遵守状況の確認が、その主な内容だった。環境法令の非遵守が自社にもたらすであろう損失を未然に防止することがその目的である。スーパーファンド法の導入に対応して行われるようになってきた、将来の浄化責任者となるリスクを避けるための環境監査とは、当然のことながら監査の対象は異なる。

しかし、スーパーファンド法への対応から求められた環境監査も、突き詰めれば自社の環境リスクを避けるため監査だ。その意味では、自社の操業が環境法令に違反することによってもたらされる損失の発生という「環境リスク」の回避を狙う従来の環境監査とスーパーファンド法への対応から求められた環境監査とは、全く同質の監査ということができるだろう。

会計監査とのアナロジーで考えれば、企業経営に際して正確な会計情報が求められるという、企業自らの経営上の必要性に基づいて行う企業内の会計上の監査とスーパーファンド法に対応した環境監査とは、依然として同様の位置付けにある。

三・六　インセンティブの付与

EPAは、一九八六年に環境監査政策声明(53)と題する指針を発表する。この指針でEPAは、法令の規制下にある産業が環境規制の遵守を達成するために「環境監査」を実施することを強く推奨する。この指針の中で環境監査は、「環境基準の達成に関連した操業に対する、組織的、定期的、客観的な、文書化された審査」と定義されている。また、具体的な環境監査の事例として「環境基準への適合状況の検証」、「内部環境マネジメントシステムの効果の評価」、「規制下及び非規制下にある物質及び行為の持つリスクの見積もり」が同声明の中で挙げられている。

さらにEPAは、一九九五年には新たな指針[54]を公表する。そこでは、事業者が実施する環境監査によってその事業者の環境法令への違反が明らかになった場合に、自らすみやかに是正措置を講じるといった所定の条件を満たすのであれば、法令違反により科す罰則の程度を減じ、また、刑事告訴の実施を斟酌するとうインセンティブを付与するとしている。

アメリカ司法省もまた、一九九一年に環境監査に関する見解[55]を表明している。そこでは、環境法令違反があった場合に刑事告訴を行うか否かの判断要因が示されている。具体的には、自発的な違反事実の開示、協力の程度、防止手法と法令遵守のためのプログラム、遵守できなかった事由の説得性、内部規律確保のための行動、今後の法令遵守のための努力が判断要因として挙げられている。加えて、事業者自らによる環境監査の実施は、以上に示した判断要因に合致するとされる。

ここに示した様々なインセンティブ措置の実施ともあいまって、環境監査は普及していく。インセンティブ措置が機能し環境監査がより一層普及していくのは、提示されたインセンティブにも沿いつつ企業自らの利益を図る上で、環境監査の導入が有効だからである。インセンティブ措置の対象となる企業は、インセンティブ措置により自らにとっての何らかの利益を獲得することを目的に行動する。付与されるインセンティブはこの企業行動を誘発するためのいわば餌なのだ。

くどいようだが、このようなインセンティブに反応した行動は、企業経営上の環境リスクを低減させたいとする企業意志を前提にしている。この限りにおいて、環境監査による法令遵守違反などの環境リスクの低減を図るという企業行動と、インセンティブを求める企業行動とは、その本質において何ら差があるわけではない。同じ原理に基づく行動といえる。

三・七　行政セクターも対象に

アメリカでは、行政セクターにおいても環境監査的な手法の積極的な導入、普及が図られてきている。一九七六年の資源保護回復法（RCRA）の制定と、連邦行政機関に対しても環境法令への適合を求めるというアメリカ最高裁判所の判決[56]を受け、時のジミー・カーター大統領は必要な行政命令[57]を発した。

この行政命令は、連邦行政機関に対し、連邦、州、個別地域において求められるすべての環境基準に、内容的にも、また、手続き的にも適合することを求めるものだった。この結果、行政機関の長は、環境基準への適合に関する責任を自らが有することになるとともに、適合の可否が行政機関のパフォーマンスを計る尺度ともなった。

この責務を果たしていく上では、組織内での環境監査の実施は非常に効果的な手法と認識された。結果として、行政機関においても環境監査は普及していくことになる。また、同行政命令では、各連邦行政機関が環境基準に適合する上で必要となる支援の実施をEPAに対して求めている。以上を背景に、EPAは環境監査の導入を強力に推し進めていった。

もっとも、行政機関が自らの環境法令遵守状況を環境監査によってチェックするのは、法令遵守状況によって行政機関自らの活動のパフォーマンスが評価されるからに他ならない。自らに降りかかるリスク、この場合であればパフォーマンスが悪いと上位機関から評価され、これによって何らかのペナルティを課されるというリスクを避けるために環境監査が実施されていったのだ。

四　監査の進化―社会との関わり

四・一　会計監査の進化

話をいったん会計監査に戻そう。組織の主による自らの内部統制のための監査という、当初の会計監査の位置付けは、やがて大きく変わっていく。変わるきっかけは、一九三〇年代のアメリカだった。その当時のアメリカでは、既に投資家としての大衆が存在し、資本市場を経由して企業に資金を提供していた。

一九二九年、株式は大暴落する。これを契機に大恐慌が発生した。大恐慌は、証券取引所と、そこに参加する投資家をも恐慌状態に陥れた。株式の暴落によって財産を失った多くの人々にとって、証券取引所は怒りの対象となった。議会でも資本市場に対する調査が行われることになった。一九三二年三月から開始されたアメリカ議会上院銀行通貨委員会における調査では、目論見書に開示されている財務情報の貧弱さ、不実記載、役員の地位を利用した秘密情報の悪用などが明らかにされていく(58)。

このような事態を受け、一九三三年に証券法が、また、一九三四年には証券取引所法が制定された。両法に基づき、有価証券を発行しようとする者、また、有価証券を証券取引所に登録しようとする者は、会計士（証券法では「Independent Public Accountant」、証券取引所法では「Independent Public or Certified Accountant」）による監査を経た財務諸表の証券取引委員会（Securities and Exchange Commission：SEC）への提出と、一般への情報の開示が義務づけられた。

SECは、投資する者が投資意思を決定するのに必要十分、かつ、適正な情報を企業に提供させること、すなわち「投資家保護」の責任が負わされることになった[59]。投資家という外部社会の存在を考慮して適切な措置を講じなければ、証券取引市場の円滑な運営は困難となり、結果として企業の資金調達にも支障をきたすことになる。このような観点から取られた措置だった。

ここで取られた新たな措置は、監査という行為の位置付けに対して非常に大きな変更を求めることになったと筆者は感じる。会計監査という手順の中で、組織内部の正確な情報の組織外部への提供が、ここにきて初めて組織の外部との関係において義務づけられたと考えることができるからだ。この項の標題に「進化」という言葉を使った。まさに、会計監査は、外部環境たる社会の求めに応じて「進化」したのである。

日本で同様の制度が導入されたのは、一九四八年（昭和二三年）の証券取引法の制定によってだった。

四・二　環境マネジメントシステム監査

会計監査が、組織外部に組織内部の正確な情報を提供するという「進化」を遂げたように、環境監査に関しても、近年、従来にはなかった意味が付け加わることになった。世界的に議論され、確立されてきた「環境マネジメントシステム」という考え方の中に組み込まれている、組織の環境に対する取り組みの状況などを対象に組織の外部から実施される監査がそれだ。

典型的な例として、環境マネジメントシステムの国際規格であるＩＳＯ一四〇〇一をみてみよう。後の章で詳しく触れることからここで詳細に述べることはしないが、ＩＳＯ一四〇〇一を採用する組織によって現に実施されているマネジメントがＩＳＯ一四〇〇一によって定められる内容に適合しているか否かを外部機関によって監査することが、ＩＳＯ一四〇〇一では事実上想定されている(60)。定められた基準、この場合であればＩＳＯ一四〇〇一であるが、への第三者機関による適合性評価である。

環境マネジメントシステムの適合性に対する監査は、当然のことながら、環境マネジメントシステムという考え方の存在が前提となる。企業などの組織が環境マネジメントシステムを採用しているとの前提で、現に実施されている環境マネジメントシステムが本来想定されている実施手順、内容に沿うものであるか否かを組織外部から検証し、その結果を外部に対して明らかにする。

これが環境マネジメントシステム監査と呼ばれる環境監査だ。この監査では、これまで述べてきたような組織自らに降りかかる環境リスクの低減を直接的な目的とはしていない。環境法令の遵守状況のチェックなど企業自らにとっての環境リスクを低減させることを目的に内部統制の手法として行われてきた環境監査とは、その性格が大きく異なることになる。

四・三　これまでの環境監査との相違

環境マネジメントシステム監査の性格をどう考えたらいいだろうか。この問いは、結局のところ環境マネジメントシステムをどう考えるかという問題に帰着する。さらにいえば、これこそが、本書のテーマでもある。

以降の章でこの点を明らかにしていくのだが、環境マネジメントシステムの導入は、社会で活発に活動する企業などの組織がその活動にともなって発生させている環境への様々な影響、さらにはこのような影響を発生させている組織がこれに対してどのような取り組みを行っているかということに社会が関心を強めたことへの、これら組織の対応と考えることができる。このような文脈の中で環境マネジメントシステム監査の性格を考えれば、環境に対する組織の取り組みの適切性の、外部社会との関係においての検証と位置づけることができる。

再度、会計監査に話しを戻す。社会一般に開かれた金融市場から資金を調達する企業は、外部の監査人から、企業が発表する会計の状態が会計基準に照らして正確に示されているか否かの監査を受ける。環境マネジメントシステム監査も、環境マネジメントシステムの存在を前提に、組織のマネジメントシステムがこれに正確に合致しているか否かを示す監査なのだ。

環境マネジメントシステム監査は会計監査と異なり、その実施が法令により義務づけられているわけではない。しかし、組織内部の環境に対する取り組みの適切性を外部からの監査によって検証するという環境監査は、上場企業に求められる会計監査と同様の意義を持つ制度と位置づけることができる。

自らの利益のためでなく、外部社会との関係において求められる監査といえる。会計監査と同様に、環境監査も「進化」しているのである。そして、会計監査が一〇〇年単位の時を経て進化してきたのに対し、環境監査がこれに要したのは僅か一〇年単位の時の流れだった。

四・四　背景―企業に対する社会の意識

環境監査という行為が、社会的に導入され、普及していく様をみてきた。一九七〇年前後からの環境関連法令の整備、さらには特にアメリカにおける賠償責任法の導入が大きな要因であったことは、これまで述べてきた通りである。確かに、これらの規制的な制度の存在は、環境監査の普及を強力に後押しした。

しかし、それだけではなかった。規制的な制度の存在に加え、そのさらに底流から静かに湧き上がる社会の中での環境意識の高揚も、環境監査の普及を支えた大きな要因ではないかと筆者は感じている。そして、社会の中での環境意識の高揚を支え、また、この高揚の発露でもあったのが、一九六〇年代後半から一九七〇年代にかけて隆盛をみせた環境運動といえるだろう。社会における環境意識の存在は、企業による環境監査導入の背景として絶対に見逃すことができない。

環境運動は、他の様々な社会運動とも相互に影響を与え合いながら、大企業の存在を批判的に捉えるようになる。このことは第二章で触れた。社会において行われる大企業の活動が時として反社会的な側面を持つのではないかという認識が、大企業に対する批判的な捉え方の根底にはあった。

企業の事業活動が反社会的な側面を実際に有するか、または有すると見なされた場合には、企業は致命的な打撃を受けることになる。打撃を受けるに至るハードルは年を追うごとに低くなっており、企業はこうした事態を避けるために、その行動に細心の注意を払う必要が強く求められるようになってきている。環境汚染、さらには人々の健康、生命に対して被害を及ぼすような事態の発生により、ハードルはいとも簡単に越えられてしまう。いったんハードルが越えられた場合には、企業はその存続が許されなくなるという事態にまで至ることも想定される。

製造業の中でも、その事業活動に伴い環境を汚染する度合いが高いと見なされていた鉱業を営む企業は、一九七〇年代から一九八〇年代にかけての環境運動の盛り上がりの中で、周辺住民、環境運動グループから激しく指弾される。また、規制当局からも、敵対的な扱いを受けるようになった。その結果、企業が操業停止に追い込まれる事態も発生している。(61)

四・五　社会に対する立証

環境運動がもたらした汚染防止という視点からの企業活動に対する批判の高まりに対応し、批判を和らげる意味からも、大企業は自社に対する環境監査を開始した。このような背景から登場し、社会に浸透していった環境監査は、もともとは企業内における環境関連法令の遵守状況を企業自らがチェックするとともに、操業に際しての種々の危険を減らすためのものだった。

このような行為は、何も「環境監査」という新しい概念の導入を図るまでもなく、企業活動を行う上で、その実施者たる企業が本来的に実施すべきものといえる。それが、その必要性がことさらに強調され、導入が進められていったのは、これまで述べてきたような環境問題に対する社会の意識の高まりを背景に、企業が社会に対して自らの姿勢をアピールする必要性に迫られたことが大きな要因だろう。

自らが環境問題、安全問題に対して真摯に努力をしており、自社の環境、安全に関する水準は高いということを、周辺住民を中心とした公衆に示す。企業によるこの対応こそが、自らの存続を図る上では重要なことと考えられるようになってきたのだ。

「企業の社会的責任」という言葉は、現在の社会においては一般的に使われている。実はこの言葉は、一九七〇年のアメリカで既に使われている。[62] 企業がその事業活動を円滑に実施していく上では、「企業の社会的責任」という言葉に象徴される責任を社会的に果たすことが求められる。現在においても議論され続けているこのような考え方が明確に登場したのも、今から三〇年以上も前の、環境監査が登場しはじめた一九七〇年前後のことだった。

五　「環境監査」の意味

五・一　環境マネジメントシステムの原型

これまで本章で述べてきた内容を振り返りながら、環境監査の意味をもう少し深く考えてみよう。

一九六〇年代以降の環境運動の盛り上がりの中で環境関連の法規制が多数策定され、また、環境監査の実施に対する政府の積極的な奨励策をも背景に、環境監査は政府機関、民間企業を問わず導入され、社会的に普及していった。また、その過程では社会自身も、このような動きを強く後押しした。

このようにして開始された環境監査は、これまで説明してきたように、組織内における内部統制、すなわち組織内におけるマネジメントシステムとして導入された。その目的は、法令違反、事故の発生などにより被るかもしれない損失の未然の防止であり、また、環境問題に対して熱心でないと社会から思われることで被るかもしれない損失の未然の防止だった。

このような行為として理解される環境監査は、企業という組織体が事業活動に伴って必然的に有することになる環境リスクの低減を目的に、組織内での環境に関連する行動を律するための手法と位置づけることができる。

組織が持つマネジメントシステムとは、組織内の行動原理を定め、行動を誘導し、そして組織としての目的を達成させるための組織統治の手法である。環境マネジメントシステムを環境に関し組織が直面する様々な事象に対する組織のマネジメントシステムと考えれば、先のように位置づけられる環境監査の実施は、まぎれもなく環境マネジメントシステムの実現と考えることが可能だ。

今ここで触れた一九七〇年代に開始された環境監査は、環境に関し組織が直面する事象に対する組織マネジメントの手法というその行為の性格においては、本書で組上に載せる「環境マネジメントシステム」の原型として理解することができるのだ。

五・二　誰のための「リスク」か

今日においても、特に環境対策に熱心な企業では、自らの社内に監査セクションをおき、社内における法令遵守が徹底されるよう、常に細心の注意を払っている。[63] これは、環境マネジメントシステム導入の一環として行われている場合もあれば、環境マネジメントシステムとは特段の関係付けを有さずに行われている場合もある。

環境問題に限らず、法令遵守を果たさなかったこと故に会社の経営に大きなリスクがもたらされることは、臨界事故による放射線被曝被害をもたらしたジェー・シー・オー（JCO）、輸入牛肉を国産牛肉と偽装した雪印食品の例をみるまでもなく明らかだ。この両者の場合には、会社が存続できなくなるという最も大きなリスクが、結果的に顕在化することになった。

さて、ここでいうリスクとは、一体誰にとってのリスクなのだろうか。環境法令を遵守しなかったことによって行政当局から罰則を科され、これによって損失を被るというリスク。企業は、このリスクの回避を目的に環境監査を行うことになる。とすれば回避したいリスクとは、環境監査を実施している企業などの組織体自らにとってのリスクであることは明らかだろう。

自らにとってのリスクである環境リスクの低減を図るために、企業は、自らが自らの活動に対して監査を実施する。監査は自社内での活動を対象に行うこともあれば、一連の賠償責任法の適用を考慮して投資物件を対象に行う場合もある。監査の実施により環境リスクの低減を図り、自社の企業活動の円滑な実施を促進する。また、環境リスクが顕在化しない企業は、環境に対し立派な振る舞いをする企業と社会から認識される。

前節で、「環境監査も進化してきている」と述べた。一九七〇年代から広く取り組みが始められた主として環境法令遵守の徹底を図るためのそれまでの環境監査に対し、環境マネジメントシステムの適合性評価のための監査が近年新たに実施されるようになってきたことを指しての言及だ。なぜ「進化」なのか。それは、従来の環境監査が組織内での内部統制を図るためのものであることに対し、環境マネジメントシステム監査たる環境監査は組織体の環境に関する取り組みの姿勢の社会への開示として捉えることができるからだ。

同じ環境監査といっても従来からの環境監査と環境マネジメントシステム監査とでは、このような捉え方から明らかなように、監査という行為の性格が大きく異なることに注意して欲しい。前者が自らの求めに応じてなされる行為であるのに対し、後者は社会からの求めに応じた行為として理解することが可能なのだ。

社会的な存在である組織が社会の求めに応じて行う監査と、自らに降りかかるリスクを削減するために自ら求めて行う監査とでは、その間に非常に大きな相違が存在するといわざるを得ないだろう。従来からの環境監査を「環境マネジメントシステム」の原型と先に表現した。しかし、自らの求めに応じた行為という点を斟酌して、ここに言葉を付け加えたい。すなわち、従来型の環境監査は「『消極的な』環境マネジメントシステム」といい表すことが適当だろう。

五・三　地球環境に対するリスクへ

やがて、これまでに述べてきたような環境問題への対応の発想を大きく変えていく、もしくは変えていかざるを得ないような事象が発生する。地球環境問題の顕在化だ。それ以前から続いてきた環境運動の流れは、地球環境問題の顕在化にともない社会自身がこの問題の解決に向けて大きな役割を果たすことを求めるようになる。そして社会は、社会の大きな構成要素である企業という組織に対し、地球環境問題の解決に向けた積極的な取り組みを要求し始めたのだ。

地球環境問題の顕在化以降、地球に対するリスク、もしくは地球というほどに大上段に構えないまでも、ある地域や社会に対する環境側面からのリスクに関し、これを軽減し避けるための行動を社会は企業に対して要求するようになる。定められた環境法令の遵守だけではなく、法令の求めを超えて自らの行動の環境適合度を可能な限り高めることが求められるようになったのだ。

企業などの組織は、こうした社会からの求めに応じた、自らの行動を環境側面から律する組織マネジメントとして、環境マネジメントシステムの導入を迫られることになる。ここで必要とされた環境マネジメントシステムでは、自らのリスクの低減を目指すのではなく、地球環境に対するリスクの低減を目指すことが求められるのだ。

自らのリスクの低減を目指す「消極的な環境マネジメントシステム」に対置して、地球環境に対するリスクの低減を目指す環境マネジメントシステムは、「『積極的な』環境マネジメントシステム」といい表すことができるだろう。

環境関連法令の遵守が地球環境に対するリスクの低減に寄与することはいうまでもない。その上でなお、法令遵守の義務を越えた行動を自主的に起こすことが、地球環境問題の解決のために求められたのだ。次章以降で詳しくみていくが、「積極的な環境マネジメントシステム」が求められたのは、地球環境問題とはそのような対応を行わない限り解決できない問題であり、また、社会自身もそう認識したからによる。

ボパールで見られる、事故を起こした企業を批難する掲示
（2000 年 10 月撮影）（提供：毎日新聞社）

五・四　ボパールでの事故

環境監査の導入、普及に極めて大きな影響を与えた事故の発生と、それに関連した筆者の経験に触れて、本章を終えよう。

事故は、インドのほぼ中央、内陸部に位置する都市ボパールで、一九八四年に発生した。アメリカの化学企業であるユニオンカーバイド社のインド子会社の農薬製造工場から有毒ガスが漏洩したのである。この結果、周辺住民数千人が死亡した。

数千人という死亡者数は、化学工場の事故としては驚異的に大きい数字だ。この数字からも分かる通り、事故は非常に大きな衝撃を世界にもたらした。インドでは無論のこと、インド以外の多くの国においても、危険物を扱っている化学工場の周辺住民は非常な不安におそわれることになる。そして、こうした事件が再び発生することのない厳格な管理体制の構築を企業に対して強く求めた。このような状況の中で、管理体制が機能しているか否かの監査手法が開発され、実施されていった。

事故が起きた一九八四年は、筆者が当時の通商産業省に入省した一年目であり、化学産業を担当する課に勤務していた。事故で漏洩した化学物質はイソシアン酸メチルだったのだが、化学工場の周辺に住む人々、消費者運動を行っている人々、そして環境運動を行っている人々から、同物質の日本での生産の状況に関する問い合わせを多数受けたことを昨日のことのように思い出す。

自分の住む町にある化学工場は大丈夫なのだろうか。問い合わせの多くは、そうした素朴な疑問に基づくものであった。このような事故が起きることによって、事故による直接の被害を通しての影響だけでなく、被害とは直接的には関係のない人々、地域に対しても様々な影響がもたらされる。

このような直接、間接の影響の中で、企業に対しては従来と同様の操業を維持していくために様々な努力が求められることになる。環境監査、さらにはこれを含む概念としての環境マネジメントシステムの導入もそうした努力の一つといえるのだろう。

第四章　地球環境問題の登場

一 問題の捉え方

一・一 地球環境問題とは

地球環境問題とは一体、どのような問題なのだろうか。この問いに対して答えを出すことは、簡単ではない。それは何も大上段に振りかぶって、地球環境問題に対する科学的に微に入り細にわたった定義を求めているからではない。地球環境問題をどのような性格の問題として認識するか、という問題の認識に関する視座を定めなければ、適切な定義ができないからなのだ。

逆にいえば、問題認識に関する視座の定め方により、地球環境問題の定義は大きく異なることになる。そして、定義が異なれば、問題を解決するための取り組みのあり方に関しても、当然のこととして相応の差が生じるはずだ。

無論、認識の仕方は一様ではない。様々な認識が存在するだろう。一般的には、地球環境問題を事象的に捉えて定義することが多いようだ。物理的な現象面だけを捉えれば、その内容は比較的容易に定義することができる。

環境白書に地球環境問題という語が登場するのは、昭和六三年（一九八八年）版からだ。そこでは、「環境問題には、その影響が一国内にとどまらず地球的規模に及び、あるいは国境を越えて地域的に広がっているものがある。また、開発途上国においても、大気汚染、水質汚濁等の公害問題が顕在化している(64)」と地球環境問題を紹介する。

その上で同白書は、温室効果による地球の温暖化、成層圏のオゾンの破壊、海洋生態系の破壊、熱帯林の減少、砂漠化や土壌浸食等の土壌悪化、野生生物の種の減少、酸性雨、地域海等の汚染、有害廃棄物の越境移動、そして開発途上国の公害問題という一〇種類の具体的な事象を地球環境問題として提示している。現在では、「海洋生態系の破壊」と「地域海等の汚染」を「海洋汚染」という概念で括り九分類とすることが多いが、やはり地球環境問題を具体的な事象として定義することが一般的だ。

一・二　物理的な事象としてではなく

前記の提示は、物理的な現象として地球環境問題を認識したものだ。本書では、こうした認識の仕方は敢えてとらない。

環境マネジメントシステムは、地球環境問題が顕在化しその解決を世界が目指す中で、解決のための一つの考え方として生まれ明確化されてきた。このような理解を前提に第一章では、提示した問いに対する議論の切り口として地球環境問題を挙げた。地球環境問題を、その解決のために従来とは根本的に異なる対応を社会に要求する環境問題と位置づけてのことだ。

この切り口によって議論を展開する上では、環境マネジメントシステムが解決策の一つとなるような問題として地球環境問題を捉える必要がある。それは、個々具体的な物理的事象の集合体として地球環境問題を捉えることでは決してない。ではどのような認識に基づきその性格を把握すべきか。この点を明らかにするために、まずは地球環境問題が何故、近年「顕在化」したのかという疑問の答えを追うことから始めよう。

ここで、地球環境問題の「発生」とせず「顕在化」としたのは、地球環境問題として議論の俎上に載せられる個々の物理的な現象は、何も最近になって急に発生したのではないからだ。数十年以上も前から、事象としては存在し続けているのである。

一・三　社会の認識として

数十年以上も前から発生してきたこうした事象に対し、科学的な知見に基づく警告もやはり相当に以前から発せられてきた。したがって、近年になっての地球環境問題の登場とは、過去から発せられ続けてきた警告を背景に、既に存在していた事象に対しこれを解決が求められるべき問題として社会が認識したことに他ならない。社会がそのように認識したことによって、地球環境問題は「問題」として顕在化することになったのだ。

一九八〇年代も終わりになってはじめて、社会はこれら事象に対して解決が求められる問題であるとの位置付けを与えた。では、何故社会はこの時期に、地球環境問題に対してこのような位置付けを与えたのだろうか。さらにいえば、地球環境問題をどのように解決すべき問題として位置づけたのだろうか。

本章では、社会において地球環境問題が認識され、顕在化していくプロセスを丹念に追うことで、社会がそのプロセスの中でどのように問題を認識し、また、その解決にどのような対応を求めたのかを明らかにしたい。結果としてみれば、こうして求められた対応の一つが、環境マネジメントシステムという考え方だったことが理解できるだろう。

一・四　科学の役割

地球環境問題が、問題として社会に認識される過程では、「科学」が非常に大きな役割を果たしている。地球環境問題という物理的な事象に関する科学的な知見の充実と、その知見に基づく科学の世界からの社会への働きかけなくして、地球環境問題の顕在化はあり得なかった。

地球環境問題の顕在化は社会の認識の変化の結果である旨を述べた。このような変化に科学が大きな役割を果たすことからは、地球環境問題の性格にはっきりとした特質が与えられる。社会が地球環境問題をどのように認識するに至ったかを追う際には、この特質、すなわち科学が大きな役割を果たし得る問題としての地球環境問題の性格を十分に意識する必要がある。

どのような特質だろうか。地球環境問題として議論され、解決が求められた事象は、その事象による被害が必ずしも明確に認識されるものではない。地球温暖化問題、オゾン層破壊の問題を思い浮かべれば、このことがすぐに理解できるだろう。今この瞬間、これらの事象による、それと分かる具体的な被害が確固として存在しているわけではない。

これに対して、従来の公害問題はどうだろうか。川や湖が汚染されることにより、そこに棲む魚が死ぬ。大気が汚染されることによりスモッグが発生し、周辺住民が喘息に苦しむ。これらの場合、被害は目に見える形で明確に存在する。こうした被害の原因に関しても、一般的には明確な因果関係が直感的に理解し得る形で存在する。

地球環境問題では、科学的な知見に基づく想定として将来的な被害が予想されているにすぎず、また、その予想には常に不確実性がつきまとう。具体的な被害の代わりに、科学者からの将来的な被害に関する警告が存在するだけだ。地球環境問題とは、そういう問題なのだ。

二　科学の世界からの指摘

二・一　初期の認識

地球環境問題の中でも地球温暖化問題に関していえば、科学の世界からの警告の歴史は古い。アイルランドの物理学者であったジョン・ティンダルは、一九世紀の半ばには水蒸気や二酸化炭素に温室効果があることを見出し、こうした気体の大気中の濃度が気候変動に深く関係するとの考えに到達していた。

さらに一九世紀の末から二〇世紀の初頭にかけて、スウェーデンの化学者であるスヴェント・アレニウスは、二酸化炭素などの気体の存在が地球表面の気温を高めていることを、「Hot-House Theory」として示した(65)。アレニウスは一九〇三年に、電気化学分野での業績によりノーベル化学賞を受賞している。

アレニウスは、二酸化炭素の濃度の増加による気温上昇の程度も計算している。彼の計算は、二酸化炭素の濃度が当時のレベルに対し二・五～三倍に増加した場合、北極地方の気温は摂氏で八から九度上昇するというものだった[66]。

もっとも、こうした研究成果が当時の社会で議論を巻き起こし、何らかの対策を講ずべき問題であるとの認識に至ることはなかった。アレニウス自身も同様の考えだった。産業化の進展により人為起源の二酸化炭素の放出が急激に増加する中で大気中の二酸化炭素濃度も増加し、これによって地球の温度が上昇することの可能性にまで思いを至らせてはいた。

しかしながら彼は、このような予想される変化に関し、警告を発するというよりは望ましい事態として捉えていたようだ。気候の温暖化は、特に寒冷な地域にとっては快適に過ごせる時代をもたらす。また、地球全体での作物の収量も増加するであろうことから、急激に増加している人口への対応という観点からも有益なことではないか[67]。

アレニウスのこのような感じ方は、当時の人々にとっては、特段違和感のあることではなかったはずだ。もちろん、アレニウスがスウェーデンという寒い国の人間であったことも影響はしていただろう。

二・二　一九七二年当時

実際、一九六〇年代までは、世界の平均気温が低下傾向で推移していたこともあり、多くの科学者は、人間活動に起因した地球の温度上昇などということに対し、深刻に考えはしなかった。

第二章で「成長の限界」という本に触れた。一九七二年にローマクラブから発表された報告書だ。実は同書では、地球温暖化に関する言及もみられるのである。そこで記述された内容を以下に引用する。

「大気中で測定された炭酸ガス（二酸化炭素）の量は幾何級数的に増加していて、明らかに、年約〇・二パーセントの上昇を示している。（中略）もし人間に必要なエネルギーが、いつの日か化石燃料のかわりに原子力によって供給されるようになれば、大気中の炭酸ガスの増加は結局とまるであろうし、炭酸ガスがなんらかの測定しうるような生態学的、気象学的影響をもたらす前にそうなることが期待される(68)」。

地球の有限性とそれに起因する成長に対する制約を指摘した「成長の限界」の示す内容は、今でも高く評価することができる。同書で貫かれている思想を前提にすれば、人類社会が対応すべき典型的な事象として地球温暖化問題を位置づけ、対策実施の必要性を鋭く指摘する。このような主張が「成長の限界」で展開されても何ら不思議ではない。いや、むしろそうされていないことが奇異に感ずるくらいである。しかしながら、実際には先に示した記述にとどまる。

この記述からは、地球温暖化問題が差し迫った問題であるとの印象は全く受けない。地球の有限性と人間活動に起因する汚染に関して相当な知識と問題意識を有していた人々にとってでさえ、地球温暖化問題は、同書が発表された一九七二年当時では、早急な対応が必要な、顕在化した問題としては捉えられていなかったのだ。

二・三　変わりはじめた認識

一九七七年、アメリカのジミー・カーター大統領は環境諮問委員会（Council on Environmental

Quality：CEQ）及び国務省に対し、長期的な政策決定の指針とするべく、世界が直面するであろう人口及び環境問題に関し、西暦二〇〇〇年までをも見通した報告書の作成を求めた。

ＣＥＱとは、環境運動が社会運動としての大きな流れを形づくっていった一九七〇年の冒頭に、ニクソン大統領がサインして発効した国家環境政策法（ＮＥＰＡ）に基づいて設置された組織である。環境政策の企画、立案に関し、アメリカ連邦政府内の調整を行うことを主な任務として、大統領府の中におかれている。

カーター大統領から求められた報告書の作成の過程で、ＣＥＱの議長であったジェームス・スペスは、アメリカの著名な科学者であるゴードン・マクドナルドと有力な環境保護団体である地球の友（Friends of the Earth）の代表であったラフェ・ポメランスからの接触を受ける。彼らの接触の目的は、気候変動問題への対応の必要性を世に訴えるためにスペスの力を貸して欲しいというものだった。

スペスは気候変動問題に関する信頼に足る科学的な文書の提出があれば、この問題を政府部内で取り上げることを約束する。(69) 間もなく、スペスは四人のアメリカの科学者、ゴードン・マクドナルド、デヴィッド・キーリング、ロジャー・レヴェレ、ジョージ・ウッドウェルから、気候変動の発生を強く警告するレポートを受け取ることになった。

一九七九年に提出されたこのレポートは、「温暖化は今後二〇年以内には、明確に認識される問題になるだろう」とし、「化石燃料と森林の管理に関する的確な政策の実施により気候変動を避けるか遅らせることが可能であるが、こうした対策を実施すべき適切な時期は過ぎ去りつつある」として、必要な対策を早期に実施することを強く求める内容だった。

スペスはこのレポートを、大統領を含め時の政権の主要メンバーに示す。エネルギー省は、このレポートに否定的に反応し、反論文書を作成したとされる。レポートの提出を受けてカーター政権は、国立科学アカデミー（National Academy of Science：NAS）に対し、人為起源の気候変動の科学的根拠に関する評価を求めることにした。

マサチューセッツ工科大学のジュール・シャルネイを中心にＮＡＳのレビューはなされ、一九七九年に報告書[70]が取りまとめられた。この報告書は通常、「シャルネイ・レポート（Charney Report）」と呼ばれる。シャルネイ・レポートの内容は、スペスが四人の科学者から受け取ったレポートの内容をサポートするものだった。さらにシャルネイ・レポートでは、大気中の二酸化炭素の量が二倍になった場合に、摂氏で一・五から四・五度の範囲で地球は温暖化する旨の指摘も行っている。[71]

二・四　科学の世界から顕在化

同じ一九七九年の二月には、スイスのジュネーブで、第一回世界気候会議が開催された。この会議は、気候変動という問題に関して議論された最初の世界的な会合と位置づけられる。会議自体は世界気象機関（World Meteorological Organization：WMO）が主催者だったこともあり、科学的な議論が中心となった。出席した人々も科学者が中心だった。

人為起源の気候変動が発生し、これが人類の福祉に反する可能性があることから、世界各国の政府は気候変動を予知し防ぐことが必要だ。これが同会議で採択された宣言の概要だ。このような動きも受け、気候変動を防ぐための対策の必要性に関し、この頃から世界横断的な科学者コミュニティ内での言及がなされ始めた。

化石燃料の燃焼に起因して大気中に放出される二酸化炭素により地球の気候は温暖化し、その結果として人類の生活に悪影響を及ぼす可能性が高い。したがって、気候変動を防止するための何らかの対策をとることが必要ではないか。一九七〇年代も終わりの時期には、このような内容が気候変動に関する科学者の間でのコンセンサスになりつつあった。

ただし、世界気候会議で採択された宣言の文言をみれば明らかなのだが、現在にみられるような、切迫感をもって対策の実施を迫るような緊張感は存在していない。一九八〇年には、先のアメリカ政府の報告書[72]が完成し、世界的に二酸化炭素の放出を追跡し調節することの必要性が指摘された[73]。しかし、同年の大統領選挙でカーター大統領が再選されることはなく、また、結果として、気候変動に関する具体的措置が講じられることもなかった。

二・五 フィラッハ会議

科学の世界でのコンセンサスを決定付けたのは、一九八五年一〇月にオーストリアのフィラッハで開催された、通称「フィラッハ会議(The International Conference on the Assessment of the Role of Carbon Dioxide and Other Greenhouse Gases in Climate Variations and Assorted Impacts)」と呼ばれる科学者達の会議だった。同会議は、WMO、国連環境計画(UNEP)、国際学術連合(International Council of Scientific Unions: ICSU)の共催で開催された。科学者たちの組織に加

え、国連組織が名を連ねていることに注意して欲しい。

二九ヶ国の科学者が参集したこの会議は、二酸化炭素などの温室効果ガスが世界の気候に与える影響のアセスメントを目的とする、科学者間での議論の場というのが基本的な性格だった。そこでのコンセンサスは、不確実性は残るものの、何らかの対策を講じるに足る気候変動に関する十分な科学的理解は得られている、というものだった。(74)

フィラッハ会議では、同会議の結果のフォローアップを行うために、近い将来における二つのワークショップの開催を求めた。会議ではワークショップでフォローアップすべき内容に関しても言及がなされたのだが、その中では気候条約（Climate Treaty）策定の可能性の検討についても触れられていた。一九八七年には、この二つのワークショップが開催された。一つは同じフィラッハで科学的な議論を行うための会議として、もう一方は政策決定者を参加対象にイタリアのベラジオで、それぞれ九月と一一月のことだった。

この一連の会議が、その後の地球温暖化問題の帰趨に非常に大きな影響を与えることになった。ただし、開催された当時は、社会的、政治的な意味においては、この会議が世界的に大きな注目を集めたとはいえなかった。(75、76)

同じ一九八七年には、過去十数万年にわたる大気中の二酸化炭素濃度と気温との間に高い正の相関関係が存在することが南極で採取した氷柱の分析結果から見出され、(77)その後の地球温暖化を巡る議論に大きな影響を与えていった。この時期を境に、地球の温暖化は科学的な事実であるとの認識が急速に確立していくことになる。

一方で、やはり科学的な立場から、地球温暖化には明確な根拠がないとの批判的な論文もまた発表される。いずれにせよ科学の世界では、地球温暖化問題は一大関心事となり、活発な議論の対象となっていった。

三　社会の中での顕在化

三・一　ハンセン証言

科学の世界では、一九七〇年代の末から一九八〇年代にかけて地球温暖化問題に関する研究の成果が着実に積み上げられていった。これらの蓄積を背景に、先に述べたフィラッハ会議を契機に一九八五年には一つの転換点を迎えたといえるのだが、社会での転換点はいつだったのだろうか。一般社会での地球温暖化問題への関心が大きく高まるのは、一九八八年の夏、アメリカでのある証言がきっかけだった。

この年の六月に、アメリカ航空宇宙局（National Aeronautics and Space Administration：NASA）のゴッダード宇宙研究所（Goddard Institute for Space Studies：GISS）のジェームズ・ハンセンが、アメリカ議会上院エネルギー資源委員会で、地球の温暖化に関して証言を行った。ハンセンの議会での証言は、センセーショナルな内容だった。

彼の主張は以下の三点に要約される。まず、一〇年単位の時間スケールでみて、地球は九九パーセントの確からしさで温暖化している。次いで、地球の温暖化は、相当に高い確からしさで、増大する温室効果との間に因果関係がある。そして三番目として、自分（ハンセン）たちの気候モデルによれば、熱波と干ばつの発生する頻度とその激しさは、地球の温暖化にともない増大する傾向にある、というものだった。

科学の世界では既にコンセンサスとなりつつあった地球温暖化に対する見方をベースとした証言内容ではあった。しかし同時に、これまでの科学の世界から発信されていた地球温暖化に関する情報を、事象発生の原因と結果の関係付けの程度に関して大きく踏み越えていたこともまた事実だった。

地球温暖化という事象はその事柄の性格上、リアルタイムでの、もしくはそれに近い時間軸での検証は不可能である。科学的な知見に基づいて導き出される予想が本当に現実のものとなるのか。それは誰も保証できない。また、それを確かめることもできない。予想は予想でしかないのだ。それ故、科学の世界からの発信は、不確実性の衣を身にまとってなされるのが常だ。

ハンセンが行った証言は、無論、確定的ないい方を避けてはいる。しかし、従来の科学の世界からの発信に比べれば、断定ともとれるほどの明確さで、地球温暖化という事象と、その影響を表現したといえるだろう。ハンセンの議会での証言に対しては、科学的な事実を拡大解釈するものだとして、その内容を批判する科学者の声も多数出てくることになった。

三・二　社会的事象に

ハンセンの議会での証言は、地球温暖化問題を世に訴えかけるべく、かつてＣＥＱ議長のスペスへの働きかけを行った地球の友代表のラフェ・ポメランスによってアレンジされたとされる。また、証言の時期に関しても、温暖化という事象に対する社会の注目を集めやすい時期である暑い夏を、意図して選んだともされる。(78) ハンセンの証言は、地球温暖化問題に関しての社会的な関心を喚起し、有効な対策を政府にとらせるべく、有力な環境保護団体との連携のもと、周到な準備の末に実施されたものであることが窺えるのだ。

一九八八年の夏は、アメリカにとっては異常な夏だった。実際、この年のアメリカは、異常な熱波と干ばつに見舞われ、「異常気象」という言葉が頻繁にマスコミを賑わせていた。地球環境に異変が起きている、といってもおかしくはない状況にあったのだ。このような社会的な雰囲気の中、ハンセンは議会での証言を行った。

「異常気象」に対し何らかの原因を求めていた人々に対し、ハンセンの証言は格好の答えを提供することになった。ハンセンらの意図は、まさに成功したといえる。ハンセンの証言は、ニュースとなって世界を駆け回った。地球は人為的に温暖化しているのだと。

それ以来、世界中が地球温暖化に強い関心を持つようになり、また、何らかの対策を講じることを求めるようになる。こうした動きは、燎原の火のごとく世界中の環境団体に広がっていった。このような状況の中で、一般市民の関心も急速に高まっていくことになる。地球温暖化問題が「顕在化」した瞬間だった。

一九八八年の夏以降、各国の政府、外交官、政治家、マスコミ、環境NGO、そして一般市民と、世界中のあらゆる場所で、あらゆる人々が、地球環境問題を語るようになる。それはいわば、「地球環境ブーム」とでもいうべきものだった。

三・三　世界の中心課題に

フィラッハ会議以降一九九二年の国連環境開発会議（UNCED）開催に至るまでの、地球温暖化問題に関する重要な会議の開催状況を【表4-1】に示す。この表からも、特に一九八八年以降、地球温暖化問題が国際政治の場で大きく取り上げられるようになっていった様が明確にみてとれる。

国際政治は、各国の政治のぶつかり合いの結果として方向性が見出され、物事が決されていく。各国の政治は、現代にあっては各国の社会の意志を無視しては決し得ない。国際政治といえども、結果的にはその当時の各国の社会の意志が反映されることによって進められていったと考えるべきだろう。

一九八九年一一月には、気候変動に関する政府間パネル（Intergovernmental Panel on Climate Change：IPCC）の第一回会合が開催される。百花繚乱の趣のあった地球温暖化に関する科学的なアセスメントは、これ以降はIPCCの場での議論に収斂されていくことになる。

この場での議論の主役は科学者達だ。もちろん、なされた議論が政治から完全に独立していたわけではない。しかし、このような場での議論においては、仮に政治が望んだからといって、参加する科学者の多数が首を傾げるような議論を押し通すことは、困難だったはずだ。

一方で、科学的なアセスメントの結果に基づいた対策に関しても、国際間の様々な議論の場で、徐々に方向性が見出されていく。地球の温暖化が動かし難い事実と認識されていく過程で、この事象への対応として国際条約に基づき二酸化炭素などの温室効果ガスの排出量の削減を図ることが、事実上国際的なコンセンサスとなっていった。

やがて、気候変動枠組み条約に関する政府間交渉委員会（Intergovernmental Negotiating Committee：INC）が設置される。INCの第一回会合が開催されたのは、一九九一年二月のことだ。国際条約の策定は議論の前提となり、地球温暖化問題への具体的な対応策は、条約の内容をどのようなものとするかという議論におき換えられたのだった。議論の場は、無論、INCに収斂することになる。

議論は妥結し、同条約は各国の合意を得て採択された。「気候変動枠組み条約」の誕生である。一九九二年六月に開催されたUNCEDの場で、気候変動枠組み条約は署名のために各国に開放されることになる。IPCC、INC、そしてそのほかの地球環境問題に関する全世界のおおよそすべての議論は、UNCEDへとつながっていったのだった。

三・四　日本の状況

日本でも、地球温暖化問題を中心とする地球環境問題の盛り上がりは大変なものだった。【図4-1】に、「地球環境問題」及び「地球温暖化」をキーワードに記事検索を行いヒットした記事の、年ごとの件数を示す。この結果からも、一九八八年を境に、日本での関心が急速に高まっていった様子が理解できるだろう。

なお、「地球環境問題」もしくは「地球温暖化」というそれぞれの言葉の登場頻度の経年推移をみ

年	月	会　　議	概　　要
1989	9	地球環境保全に関する東京会議	地球環境問題に関する最新の科学的知見を集約し、今後の対応のあり方を取りまとめ。
	11	ノルトヴェイク会合	先進国は、できる限り早期にIPCC等で考慮される水準での温室効果ガスの排出量の安定化を達成すべき。
1990	4	地球温暖化に関するホワイトハウス会議	不確実性を減少させるべく科学的知見の充実を求めるアメリカと、温室効果ガスの削減の早期実施を求めるヨーロッパが対立。
	7	ヒューストンサミット	気候変動に関する枠組み条約を1992年までに策定することを確認。
	8	IPCC第四回会合	第一次評価報告書の完成。
	11	第二回世界気候会議	地球温暖化を巡る認識と対応策の必要性に関するこれまでの国際的な議論の総括。
	12	国連総会	気候変動枠組み条約の策定と、そのための政府間交渉委員会（INC）の設置を決議。
1991	2	第一回INC	議長、副議長の選出等。
	6	第二回INC	参加各国が意見を表明。
	9	第三回INC	各国の提案を取りまとめた議長案を議論。
	12	第四回INC	各国の意見の相違が大きい中で議論を継続。
1992	2	第五回INC	意見の集約作業。
	5	第五回INC再開会合	気候変動枠組み条約の採択。
	6	UNCED	地球環境問題の解決のための広範な取り組みに関し国際的に合意、気候変動枠組み条約を署名のために開放。

出所：各種資料に基づき筆者が作成。

【表4-1】　フィラッハ会議以降UNCEDまでの地球温暖化に関する主な会議

年	月	会　議	概　要
1985	10	フィラッハ会議	地球温暖化問題に関し科学者間で議論、地球温暖化の可能性に関し一定の合意。
1987	11	ベラジオ会議	気候変動に関する科学的知見を踏まえ、対応の必要性に関し議論、科学者と政策決定者との間で気候変動に関する認識を共有。
1988	6	WMO執行委員会	IPCCの設置を決定。
		トロントサミット	地球環境問題に一層の行動を取ることを合意。
		ハンセン証言	米国議会で地球温暖化に関しハンセンが証言。
		トロント会合	先進国の二酸化炭素排出量を2005年までに1988年レベルから2割削減することを提案。
	9	シュワルナゼ演説　於国連総会	地球規模での環境保全の必要性とそのための国連の役割に言及、1992年のUNCED開催を示唆。
	11	「気候変動と開発」に関する世界大会　於ハンブルグ	気候変動に関する行動の実施、その方向性等に関して議論。
		IPCC第一回会合	気候変動に関し、科学者も交え、政府間で議論。
	12	国連総会	1992年のUNCEDの開催を決定、IPCCの設置を歓迎するとともに、UNEP/WMOに対しIPCCを利用し気候に関する国際条約の検討開始を要請。
1989	3	ハーグ環境首脳会議	地球温暖化対策実施のための強力な機能の整備等を宣言。
	5	OECD閣僚理事会	地球環境問題への取り組みに関し議論。
	7	アルシュサミット	地球環境問題を重要な議題として取り上げ、経済宣言の3分の1強を環境にあてる。

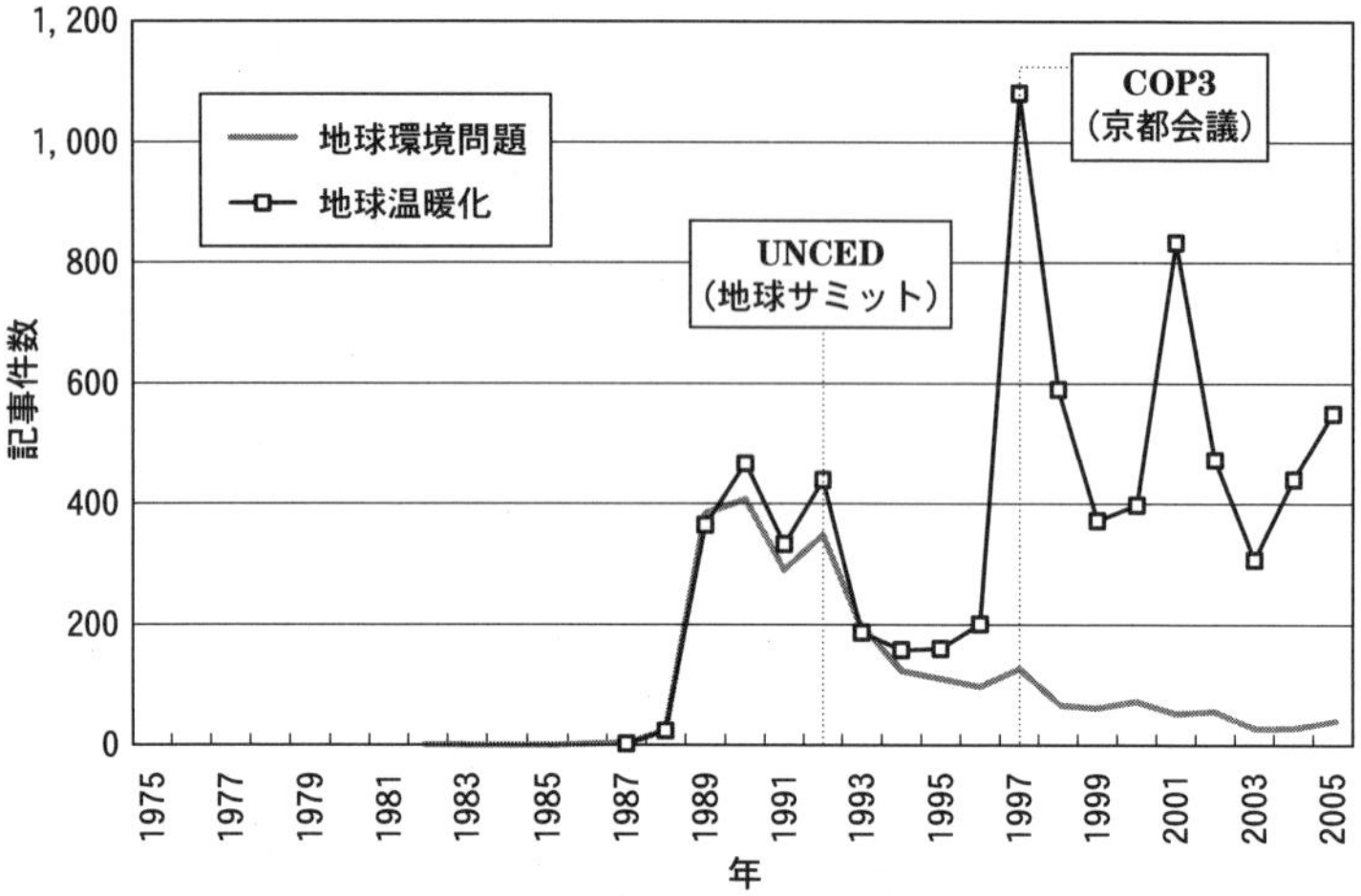

出所：日経テレコン21のデータに基づき筆者が作成。

【図4-1】　地球温暖化問題関連記事件数推移

ることがこの図の目的であることに注意していただきたい。二つの言葉の間での登場頻度の比較には意味がない。「地球温暖化」を「地球温暖化問題」として検索をかければ、その登場頻度はぐっと減る。「地球環境」にだけ「問題」という語を足して検索を行ったのは、「地球環境」だけでは環境一般を指すようなより広い意味で使われている可能性を排除できないと考えたからだ。

昭和六三年版から「地球環境問題」という言葉が環境白書に登場することは先に触れた。そこでは白書の総説部分を構成する三つの章のうちの一章を割いて、地球環境問題にあてている。「地球環境問題と我が国の貢献」という標題のもとでの記載なのだが、この時期に書かれた内容としては比較的詳細な記述で、地球環境問題の概要と日本の役割を論じている。以降の白書でも地球環境問題に関しては相当の分量での記述がなされていくのだが、昭和六三年版白書の出版が一九八八年の五月であったことを考えれば、この時期にこれだけの位置付けで地球環境問題を登場させたことは評価できる。

筆者は、一九九一年の冒頭からUNCEDが開催された一九九二年六月までの間、当時の通商産業省で、地球環境問題を担当する部署に勤務する機会を得た。その時には、世界全体があたかも地球環境問題をテーマに、UNCEDに向けてお祭り騒ぎをしているかのような感覚に捉われた。とにかく、日本中、そして世界中で、地球環境に関するありとあらゆる会議が開催され、どのように対応すべきかとの議論がなされていた。

四　政治と科学の重なり

四・一　国際政治の問題として

さて、これまで述べてきたように、地球温暖化問題は長い間、「潜在的」な問題だった。それが、科学的な知見の蓄積があったからにせよ、一九八八年を境に、解決すべき問題としての位置付けが与えられる。

ハンセン証言は確かにその契機ではあった。しかし、地球温暖化問題は何も、証言がなされたアメリカ一国での国内問題として登場したわけではない。全世界において地球的な規模で解決すべき課題として認識され、各国政府は何らかの対策の必要性が求められることになったのだ。何故、これほどまで急激に、地球環境問題は世界の政治の中心課題になったのだろうか。

地球環境問題は、科学的な問題である。ここで科学的といったのは、問題それ自体は地球上で発生している物理的な事象だからだ。事象の発生それ自体と、事象の発生が我々人類の生存に対してどのような影響を及ぼすかということは、優れて科学的な認識の問題となる。したがって、先に述べたようにまずは科学者社会からの警告として、問題の所在が世に発信されてきた。

一方で、地球環境問題は優れて政治的な問題でもある。事象に関する事実認識を踏まえ、何らかの意志決定と、それに基づく行動とが強く求められるからだ。この時、意志決定の主体は、基本的には主権国家だ。問題がその名の通り地球規模であることから、意志決定も地球規模、少なくとも複数国家間に跨る。すなわち、国際政治上の問題として扱われることになる。

四・二　冷戦構造の終焉と環境安全保障

地球環境問題が顕在化した時期、一九八〇年代の後半における国際政治上の最も大きな出来事は何だっただろうか。これはいうまでもなく、ソビエト連邦の崩壊による冷戦構造の終焉である。この、国際政治上の一大事件は、同じく国際政治上の問題としても捉えられる地球環境問題の帰趨に対して、非常に大きな影響を与えることとなった。

一九八九年のソビエト連邦の崩壊を受け、第二次世界大戦以降続いてきた冷戦が終わった。主権国家にとっての達成すべき最も重要な課題は、自国の生存の確保、すなわち安全保障の確立である(79)。具体的には、自国の領土、主権、そして自国民の生命や安全を守ることだ。何から守るのか。アメリカとソ連という二大国を頂点とする東西両陣営が形成され、冷戦が激化する国際情勢の中では、互いの軍事的な脅威からだった。

冷戦が終結したことにより、軍事的な意味での安全保障の確立の必要性、逆にいえば軍事的意味からの安全保障に対する危険性は相対的には減少した。その一方で、従来の軍事中心の伝統的な安全保障の概念は拡大をみせることになる。こうした、新しい安全保障概念の一つとして、環境安全保障という考え方が登場してくる。[80]

地球温暖化やオゾン層の破壊、さらには資源の枯渇といった問題が国家や個人、ひいては人類総体の生存にとっての脅威となってきているのではないか。したがって、この脅威を取り除くことが安全保障を確保する上で必要なのではないか。このような主張がその内容である。これらの問題は、一国の国内問題としての解決が困難だ。脅威を取り除くためには、国際的に何らかの枠組みを構築することが必要となる。この実現には、国家間での交渉と合意が求められる。

こうした問題の属性から、これまでの安全保障という概念の拡大を図ることで、地球環境問題をこれに包含させ、国際政治上の解決を図るべき課題として位置づける。このような考え方は、国際政治の舞台で徐々に広がっていった。軍事的な脅威が減少したことにより空いた国際政治の舞台を、地球環境問題が新たに埋めたのだ。[81、82、83]

ただし、地球環境問題はなにも無条件に国際政治の舞台の穴を埋めたわけではない。これまでに本章で述べてきたような科学の世界での地道な知識の積み上げと、それに基づく研究成果の社会への発信があったからこそ、舞台が空いたその時に登場できたのだ。

四・三　「科学」の位置付け

地球環境問題の顕在化に科学が果たしてきた役割の大きさを、筆者は強調してきた。国際政治のプロセスの中では、この顕在化から始まり、その事象が解決すべき問題として国際間での議論の俎上に載り、様々な交渉を経て最終的に何らかの合意に達する。もちろん、合意に達しない事態も存在する。この長大なプロセスは、時として一〇年を優に超える。

このプロセス全体の中で科学が果たした役割に関しては、様々な見方が存在する。条約などの具体的な対応策を国際間で取り決める際には、さらにいえば現実的な条件交渉の段階では、政治的な「交渉」が主となり、科学の影響力は微々たるものだった、という見方も存在する。

一九七二年のストックホルム会議以来、環境問題への対応として締結されたほとんどの条約を分析してみると、科学的知見は、問題の定義、実態調査、交渉、取引き、あるいは条約の強化などにおいて、驚くほど小さな役割しか演じてこなかったという[84]。交渉の現場を思い描くとき、行政官としてそうした現場に関与した筆者の経験に照らしてみても、現実は確かにそうだった。

しかし、これはある意味で当然のことではないかとも感じる。何故なら、問題解決のためには、利害の対立する国家間での合意を得ることが必要なのだ。そして、こうした交渉が合意に至る過程は、政治プロセス以外の何物でもない。科学的知見に基づいて一意に解決点が見出される、というような性格のものでは決してないのである。そもそも事象に対して不確実性が伴うからこそ、予測の提示という形で「科学」はその役割を果たしてきているのだ。

四・四　果たした役割

では、科学の役割をどう評価すべきか。酸性雨、オゾン層の破壊、地球温暖化の各問題は、国際的な政治による解決の場に現実に提起された。とにもかくにも、国際的な政治プロセスの議題に載ったのである。筆者は、このこと自体が特筆すべきことではないかと考えている。

国際政治のプロセスに載る過程では、科学は大きな役割を果たしているのだ。これは、地球温暖化問題で詳しく触れた科学の役割の描写からも理解できるだろう。国際場裡での議論の俎上に載ったからこそ解決策の策定に関する交渉がなされ、国際的な解決の枠組みが現実に構築されるに至ったのだ。酸性雨、オゾン層の破壊という、やはり一国では解決できない環境問題に関しても、この点では全く同じだ。

関係国間の利害が複雑に絡み合う地球環境問題の解決を目指す過程の中で、問題解決に向けて科学からもたらされた成果が極めて大きな影響を与えた象徴的な事例として、南極におけるオゾンホール発生の指摘が挙げられる。一九八五年、南極上空の成層圏におけるオゾンの濃度は、一九六〇年代と比較し約五〇パーセントも減少しているとの調査結果をイギリスの科学者が発表した(85)。

南極上空のオゾンホールの発生は、オゾン層保護に対する社会の注目を、特にアメリカにおいて、強く集めた(86)。この事実が発見された時点で、当時行われていたオゾン層破壊物質の排出削減を定める議定書の規制強化に関する議論に直接影響を与えたかといえば、必ずしもそうではない(87)。各国の主権を拘束するような、条約に規定する個別の条件に関する交渉それ自体に対し、このような科学的な事実が直接影響を与えることは、現実的には難しいことだった。

しかし、オゾン層保護に関するその後の交渉過程をみれば、このような科学的知見が事象に対する明確な危機意識を確立させ、解決に向けての科学の必要性を認識させる貴重な要因になったと考えられる[88]。オゾン層に穴があいたという明々白々な事実が社会の危機意識を強く醸成し、社会の危機意識の中で各国政府は交渉を加速させていった。以下で簡単に触れるが、この結果として、オゾン層破壊物質の排出削減の国際的な取り決めは幾度となく改訂され、その実施が前倒しされていくのだ。

四・五　オゾン層保護の先例

地球温暖化問題に対する国際的な対応としては、まず枠組み条約が策定された。この条約が気候変動枠組み条約（United Nations Framework Convention on Climate Change：UNFCCC）であり、先にも述べたように一九九二年に採択されている。さらに、条約策定の後に議定書を定め、これによって国ごとの温室効果ガスの具体的な削減義務量を決定する。この議定書が京都議定書（Kyoto Protocol to The United Nations Framework Convention on Climate Change）であり、採択は一九九七年のことだ。

対応策の講じ方に関する基本的な考え方は、一九九〇年一一月に開催された第二回世界気候会議で合意されている。将来にわたる取り決めの傘となるような、問題解決の考え方と理念を謳いあげる枠組み条約をまずは策定し、その後に加盟国の具体的な行動を枠組み条約に基づく議定書で規定する。実はこの考え方は、明らかにオゾン層破壊の問題に対して講じられてきた対応策の影響を受けている。

オゾン層破壊問題の例をみてみよう。フロンの使用に起因して地球を覆っているオゾン層が破壊され、結果として地表に到達する紫外線の量が増加することにより皮膚ガンの発生が増える。このような懸念から、オゾン層破壊の原因物質となる各種フロンの使用を削減、禁止する国際的な枠組みが構築されている。この枠組みのもととなっているのが、オゾン層保護に関するウィーン条約（The Vienna Convention for the Protection of the Ozone Layer）であり、一九八五年に採択されている。これが、地球温暖化問題における気候変動枠組み条約に相当する。

ウィーン条約のもとで、一九八七年にモントリオール議定書（The Montreal Protocol on Substances that Deplete the Ozone Layer）が採択され、各種フロン類の中でもオゾン層の破壊効果の高いクロロフルオロカーボンに関する具体的な規制措置が構築されることになる。同議定書は、一九八九年に発効した。

その後も規制内容に関する国際的な議論は継続され、対象物質の拡大と規制時期の前倒しなど、より厳しい措置を規定した議定書の導入が図られることになる。一九八七年のモントリオール議定書の採択以降、一九九〇年にはロンドン改正が、一九九二年にはコペンハーゲン改正が、一九九五年にはウィーン改正が、一九九七年にはモントリオール改正が、そして一九九九年には北京改正が合意され、規制対象物質の追加、削減量の拡大、削減達成時期の前倒しが図られている。

四・六　酸性雨問題での経験

オゾン層破壊の問題に対して講じられてきた対応策は、これよりもさらに遡って講じられてきている酸性雨防止のための対応策の影響を受けている。二酸化硫黄や窒素酸化物などの酸性雨の原因となる大気汚染物質は国境を越えて移動する。このため、全地球的ではないものの、原因となる大気汚染物質の発生国と、汚染物質が移動して酸性雨を降らせることになる相手先国とが共に参加する国際的な枠組みの構築が、酸性雨の発生の防止のためには求められた。

この枠組みとして一九七九年に長距離越境大気汚染条約（The Convention on Long-range Transboundary Air Pollution、以下「LRTAP条約」）が締結され、一九八三年に発効している。これが、いわば枠組み条約にあたる。この条約のもとで、一九八五年にヘルシンキ議定書（The 1985 Helsinki Protocol on the Reduction of Sulphur Emissions or their Transboundary Fluxes by at least 30 per cent）が採択され、一九八七年に発効した。議定書の英文名からも明らかなのだが、酸性雨の原因物質の三〇パーセント以上の削減を求める内容だ。

LRTAP条約下での議定書の締結は、ヘルシンキ議定書が最初ではない。一九八四年に、ジュネーブ議定書（The 1984 Geneva Protocol on Long-term Financing of the Cooperative Programme for Monitoring and Evaluation of the Long-range Transmission of Air Pollutants in Europe）が採択され、一九八八年に発効している。ジュネーブ議定書では、汚染物質の削減を規定するのではなく、汚染物質のモニタリングと評価に関する事項を取り決めた。科学的に積み重ねられた知見の存在なしには、その実施に痛みをともなう酸性雨原因物質の排出削減に関し国際的合意を得ることは、困難だったはずだ。科学的な知見を積み重ねようとの意志の存在が強く窺える。

LRTAP条約下でも、より広範な物質を対象に、より厳しい措置を講ずべく、累次にわたり新しい議定書の導入がなされていく。一九八四年締結のジュネーブ議定書から、一九九九年締結のゴーセンブルグ（Gothenburg）議定書までを合わせて、八つの議定書が締結されている。

地球温暖化問題への対応に至るまでに、主要国はここに示したような国際的な環境問題に直面し、これらに対し一応の解決策を構築してきた。その過程では、地球温暖化問題と同様に、科学的な知見の充実と、そこから導き出される因果関係の証明及び将来の予測とが、相当の推進力として働いているのだ。

地球温暖化問題に対してなされている現下の対応に際しても、これまで詳しくみてきたように科学が相当の役割を果たしてきている。しかし、今みてきたように、これは何も地球温暖化問題で初めて試みられたことではない。科学という手段をも活用し、国家間を跨った環境問題を解決に導くためになされてきた取り組みの積み重ねが、地球温暖化問題を巡る議論の背景には存在するのだ。

五　社会による対応

五・一　社会の介在

政治プロセスへの科学的知見の反映に関してこれまで詳しくみてきた。科学が大きな役割を担ったとも述べてきた。しかし、科学的知見の存在だけで現実の世界が動かないことも、ここで強調しておきたい。なにやらこれまでの議論と矛盾するようだが、そうではない。科学は現実を動かす力を持っている。ただし、そこには社会の介在が必要になるのだ。

LRTAP条約という枠組みの構築に際しても、科学的知見の蓄積は重要な役割を果たしている。ただ、これだけではない。酸性雨の被害国であったスウェーデンは、この問題を大きく持ち上げるために様々な努力をする。一九七二年の国連人間環境会議はスウェーデンで開催された。これはなにも偶然ではない。国境を跨ぐ汚染問題を国際的な関心を集める重要な議題とするために、スウェーデンが会議の主催を自ら申し出た結果でもある(89)。

もちろん、交渉を支配したのは、最終的には政治であったことはいうまでもない。しかし、科学からもたらされる知見を受け、酸性雨による被害が現に存在するとともにその原因が国境を越えて飛来する大気汚染物質であることが明確化され、これを看過できない問題として防止すべきであると社会が反応したからこそ、条約という対応策が、複雑な政治プロセスを経て構築された。

スウェーデンは、あらゆる機会を捉え、科学の力も最大限利用することによって、目的を徐々にではあるが達成していったのである。

第二章、第三章で環境問題に関する歴史的な流れを概観してきた。一九六〇年代に激しく勃興した環境運動の流れは、一九七〇年代、一九八〇年代を通して、確実に社会に根付いてきた。一九七〇年代には、グリーンピースや地球の友という従来の自然保護団体とは一線を画した、行動主義を標榜するNGOが出現した。彼らの活動は、社会的にも一定の支持を得ている。

地球環境問題の解決に関する交渉に際しては、環境NGOと呼ばれるこれら組織の活動が目につくようになってきている。カーター大統領の指示により作成されることになった報告書に地球温暖化問題を取り上げるよう求め、また、ハンセンの議会証言をアレンジした地球の友代表のポメランスの行動は、既に触れた。こうした精力的な行動は、行動する環境ＮＧＯの活動の典型例だろう。そして、これもまた、社会の反応の一形態なのだ。

五・二　社会の役割の拡大

行動するのは何もＮＧＯだけではない。積極的であるか否か、能動的であるか否かの違いはあっても、社会の中で普通の生活を営む消費者たる市民が、環境問題に対し自らの意志を通常の消費活動を通した行動によって示すようになる。一九七〇年代からの環境監査の導入は、アメリカにおける賠償責任法の導入が大きな背景として存在するものの、同時に、環境法令の遵守など環境問題において適切な配慮を行っている企業であると社会から認識されることによる利益の享受をも念頭になされてきている。

このような利益が存在するのは、一般の市民がその消費行動などを通して、そうでない企業に対して不利益を提供することになるからだ。一般市民による自らの意志を示す明確な行動の帰結といえる。このような市民の行動は、環境ＮＧＯの行動のような派手さはないものの、結果として社会的には非常に大きな影響をもたらす。

製品を第三者機関が環境的な視点から審査・認証する環境認証制度、いわゆるエコラベルに関しても、これが社会から受け入れられ、機能するためには、消費者自らの意志に基づく購買行動の存在が前提となる。現在、特に先進国においては相当に一般化してきた制度だ。この制度が開始されたのも

Blue Angel のロゴ
（提供：Umweltbundesamt）

一九七〇年代である。一九七六年、ドイツ政府の主導のもとで、エコラベル制度の草分け的な存在ともいえる「ブルー・エンジェル（Blue Angel）」制度が開始されている。[90] こうした取り組みが年を追って拡大し、先進国の社会を中心に定着していった。

地球環境問題はこれまでの環境問題に比べ、問題の認識から具体的な対応策の策定に至るまで、科学が格段に重要な役割を果たしてきている。同時に、科学が重要な役割を果たし得たのは、科学から発信される情報に反応する社会の環境意識の高まりと、そうした環境意識に基づいた人々の行動があったからこそといえる。

これは結局のところ、地球環境問題の顕在化以前から営々と脈打ってきた市民社会における環境意識の高まりと、やはり同様に営々と積み重ねられてきた科学的な知見の存在とがあいまった結果と理解できる。

酸性雨、オゾン層の破壊、そして地球の温暖化、これらの問題を認識し、必要な対応策を講じる。このような行為は、政治が科学を動かすことが通例である中にあって、科学が世界レベルで政治を動かした稀有の例ではないか。地球規模での環境破壊の発生はまぎれもない事実であることが、科学の世界によって明確にされる。こうした現実の前で、科学から発せられる警告を検討し、何らかの対応策を講じる必要性を受け入れるまでに人類社会が成熟してきたとも理解できるのだろう。

エクソン・ヴァルディーズ号から流出した原油の除去を行う作業員（1989年4月撮影）（提供：UPI・サン・毎日新聞社）

五・三　新たな対応の求め

地球環境問題が顕在化しそれへの対応が強く求められる中、また、社会における環境意識の高まりの中で、地球環境問題の解決に向けた市民社会からの新たな行動がみられるようになる。

こうした行動の発生には、やはり契機となる事件が存在した。一九八九年三月、巨大な石油企業であるエクソン（現エクソンモービル）の子会社が運行する石油タンカーのエクソン・ヴァルディーズ号がアラスカ沿岸で座礁し、積んでいた原油を大量に海上に流出させるという事故が発生する。

この原油流出事故は、アラスカ沿岸地域の海洋生態系に対して非常に大きな影響を及ぼすことになった。事態の重大性に対応し、この事故に対する社会的な反響は極めて大きかった。生態系に対する影響を少しでも軽減するために、多くの市民がボランティアとして、被害を受けた野生生物の保護や沿岸に流れ着く原油の汲み取り作業に参加した。

ハンセン証言が、地球温暖化問題を一挙に顕在化させた。インド、ボパールでのユニオンカーバイドの子会社による有毒ガスの漏出事故が環境監査の導入に拍車をかけた。これらの出来事と同様に、エクソン・ヴァルディーズ号の事故は、環境に対する企業の社会的責任を、社会がより厳しく問う契機になったと筆者は認識している。

五・四　企業の責任

地球環境問題という文脈の中での環境に対する企業の社会的責任とは、一体どのように考えるべきものなのだろうか。企業、特に大企業、さらにいえばエクソンのような巨大企業は、数多くの国に跨って、全地球的に事業を展開している。その事業規模もまた巨大だ。その巨大な事業にともなって発生する環境に対する悪影響、すなわち環境負荷もまた膨大なものとなる。

エクソン・ヴァルディーズ号の座礁による原油の流出は、これが意図せざる事故だったとはいえ、事業活動にともなって発生する環境負荷の最たる例といえるだろう。もちろん、環境負荷はこれだけにとどまらない。事業活動のあらゆる側面で、意図するとしないとに関わらず、環境負荷は発生している。

地球上で活発な活動を展開する企業などの組織体は、このような実態から、地球環境に対して大きな影響を与える存在として認識される。この巨大な組織に対し、環境という側面からそのあり方を問う声は、必然的に高まった。[91] その声は、法令を遵守しさえすればいいというのではなく、自らに降りかかるリスクの低減という視点を超え、積極的に環境に対して適切に行動することを求める、というものだった。

巨大な組織に対する社会からのこうした求めは、これまでの環境を巡る社会の流れに照らせば、自然な動きと考えることができる。エクソンは、アラスカ沿岸への石油の流出事故の結果として巨額の賠償金を支払うとともに、海洋学者を取締役に選任し、事故後の環境保全対策を講じていくことになった。

六　枠組みの提示

六・一　セリーズ原則

自らに降りかかるリスクの低減という視点を超え、環境に対して積極的に行動する。地球環境問題が顕在化する中で、社会は巨大な環境負荷を発生させている企業などの組織体に対し、こうした行為の実現を強く求めることになる。この求めが、エクソン・ヴァルディーズ号の事故を契機に具体的な形となって現れる。環境問題に対する企業としての積極的な取り組みを求めるための憲章、セリーズ原則（The CERES Princi ples）[92]だ。

セリーズ原則は、一九八九年に設立されたセリーズ（The Coalition for Environmentally Responsible Economics：CERES）という組織がその年の九月に発表したものだ。セリーズは、企業による環境報告の実施、環境マネジメントシステムの企業への導入の促進などの分野で、現在でも主導的な役割を果たしているアメリカのNGOだ。

一九八九年三月のエクソン・ヴァルディーズ号の事故は、環境保護に強い関心を抱く人々やそれらの人々の存在を背景にした投資家たちのコミュニティが、環境や社会の持続可能性に対する企業の責任に関してより高い基準を求めるきっかけにもなった。このような雰囲気の中でセリーズは生まれた。投資家を組織構成の中に含め、企業の環境に対する姿勢を投資判断の一つの要素とすることで、企業の姿勢の誘導を図る。アメリカ的といえばアメリカ的な発想ではある。

セリーズが設立されてまず取り組んだのが、セリーズ原則の策定であった。先に述べたセリーズ設立と原則策定の経緯から、当初同原則はヴァルディーズ原則（The Valdez Principles）と呼ばれた。原則の策定後、セリーズは原則を支持しこれに示される内容を実行するよう、多くの企業と交渉を行った。セリーズ原則を支持するということは、企業の環境に関する様々な取り組みとその結果を定期的に公表するなどの義務の履行を意味することから、当初は企業の支持を得ることは簡単ではなかったようだ。

現在では、フォーチュン五〇〇にも登場するような大企業も含め、多くの企業がセリーズ原則の支持を表明している。[93]

六・二　原則の構成

セリーズ原則は、「生物環境圏の保護」や「資源の持続可能な使用」、さらには「一般公衆への情報の伝達」や「経営層による約束」などを標題とする一〇の項目で構成されており、全文は単語数で五〇〇にも満たない。だが、内容は奥深い。

原則に記された内容が企業行動にとってどのような意味を持つのかを、筆者なりに考えてみる。企業は「環境に関する組織の行動規範」に則り、「行動規範に沿った具体的な環境行動目標」を実現するための行動を約束する。さらに、「約束した行動を担保するための組織内の手法」を実施することで、約束内容実現の実効性を高める。最後に「約束した行動を実施していることの外部への証明」を行うことで、原則の履行状況を外部に示す。カギ括弧で括ったこれら四つの要素を企業自らが定め、実行する。セリーズ原則は、このことの実現を意図する。

すなわち企業は、セリーズ原則を支持しその内容を実施することで、このようなサイクルの企業行動を実現する。セリーズ原則の実施により、結果的に企業は、環境に適切に行動するよう自らを律することになる。セリーズ原則の実施が環境マネジメントシステムの導入に相当するように原則自身が構成されている、と考えることができる。

セリーズ原則の内容を、若干具体的にみてみよう。環境に対する積極的な取り組みとして、環境に害を与える物質の放出をなくすことに向け継続的前進を図る旨を規定する。これは、企業がその活動の結果として外部環境に与える負荷の程度、すなわち企業の環境パフォーマンスを継続的に改善させていくことを約束するものと解釈することができる。

		セリーズ原則	ICC ビジネス憲章	経団連地球環境憲章
約束した行動を担保するための組織内の手法		Management Commitment の項で、「経営層への環境問題に関する必要な情報の伝達を確実にするとともに、経営層を選ぶ要素として環境問題に対する取り組み実績を考慮する」旨記載。	第 2 原則（Integrated management）で、「方針、計画、手順を基本的なマネジメントの要素として、各事業ごとに構成する」旨記載。 第 16 原則（Compliance and reporting）で、「環境監査及び適合性評価に関し適切な情報を定期的に取締役会、株主、従業員（中略）に提供する」旨記載。 以下の項で、必要な内容を記載。 ・4. Employee education	行動指針の中の、社内体制の項で、「環境問題担当役員を任命する等社内体制を整備する」旨記載。
約束した行動を実施していることの外部への証明	**監査の実施**	Audits and Reports の項で、「本原則実施の進捗に関し毎年自己評価するとともに、一般的に受け入れられている環境監査手順の策定を推奨する」旨記載。	第 16 原則（Compliance and reporting）で、「環境パフォーマンスを計るために定期的な環境監査を実施するとともに、企業要求事項、法律要求事項及び本憲章への適合性に関し評価する」旨記載。	行動指針の中の、社内体制の項で、「自社の環境関連規定等の遵守状況について、少なくとも年 1 回以上の内部監査を行う」旨記載。
	一般公衆への情報公開	Audits and Reports の項で、「報告（CERES Report）を毎年作成し、一般に公開する」旨記載。	第 15 原則（Openness to concerns）で、「企業活動がもたらすであろう環境影響に関し従業員及び一般公衆への公開と対話の促進を図る」旨記載。 第 16 原則（Compliance and reporting）の中で、「環境監査及び適合性評価に関し適切な情報を定期的に（中略）一般公衆に提供する」旨記載。	行動指針の中の、社会との共生の項で、「事業活動上の諸問題について社会各層との対話を促進し、相互理解と協力関係の強化に努める」旨記載。

注：セリーズのホームページに掲載される現時点のセリーズ原則では、序文は示されていない。
出所：各枠組みに関する資料に基づき筆者が作成。

【表 4-2】 各憲章の構成要素の比較

		セリーズ原則	ICC ビジネス憲章	経団連地球環境憲章
環境に関する組織の行動規範		序文で、「企業は環境に責任を有し、企業活動の全ての側面で、地球環境を保護すべく行動せねばならない」旨記載。(注)	第 1 原則（Corporate priority）で、「環境マネジメントは企業にとって最も優先度が高く、持続可能な発展のための最重要課題と認識する」旨記載。	基本理念で、「環境問題への取り組みが自らの存在と活動に必須の要件であることを認識する」旨記載。
	規範に沿った包括的約束	Protection of the Biosphere の項で、「環境に有害ないかなる物質に関してもその排出を減じ、最終的には排出を無くすべく継続的な進展を図る」旨記載。	第 3 原則（Progress of improvement）で、「企業の方針、計画、環境パフォーマンスの改善を継続する」旨記載。	行動指針の中の、環境問題に関する経営方針の項で、「全ての事業活動において、全地球的な環境保全、生態系への配慮等に努める」旨記載。
規範に沿った具体的な環境行動目標	目標の策定		第 1 原則（Corporate priority）で、「環境に適切な運営を行うための方針、計画、手順を確立する」旨記載。	行動指針の中の、社内体制の項で、「環境負荷要因の削減等に関する目標を示すことが望ましい」旨記載。同環境影響への配慮の項で、「必要に応じて自主基準を策定して環境保全に努める」旨記載。
	目標の内容	以下の各項で、達成をコミットする具体的内容を定性的に記載。 ・Sustainable Use of Natural Resources ・Reduction and Disposal of Wastes ・Energy Conservation ・Risk Reduction ・Safe Products and Services ・Environmental Restoration	以下の各項で、達成をコミットする具体的内容を定性的に記載。 ・5. Prior assessment ・6. Products and services ・7. Customer advice ・8. Facilities and operations ・9. Research ・10. Precautionary approach ・11. Contractors and suppliers ・13. Transfer of technology ・14. Contributing to the common effort	行動指針の中の、以下の各項で、達成をコミットする具体的内容を定性的に記載。 ・環境影響への配慮 ・技術開発等 ・技術移転

また、約束した内容の実現を促すため、セリーズ原則の実施に関する進捗状況を毎年自己評価する旨を規定している。これは、内部監査を実施するという約束に相当する。さらに、その企業の活動により健康、安全及び環境への影響を被る誰に対しても適宜情報を提供する旨の、一般公衆への情報提供に関しても必要な規定をおいている。

セリーズ原則の具体的内容を、先にカギ括弧で括った四つの要素に分解、整理した結果を【表4-2】に示す。

六・三　同様の憲章の発表

地球環境問題に対する関心の高まりの中で、セリーズ原則以外にも、様々な主体から、環境に対する企業としての理念、行動規範を定めた憲章が発表される。その代表例として、「持続可能な開発のためのビジネス憲章（The Business Charter for Sustainable Development、以下「ＩＣＣビジネス憲章」）(94)」及び「経団連地球環境憲章(95)」を取り上げ、その内容を簡単にみてみよう。

ＩＣＣビジネス憲章は、一九九一年四月に開催された環境管理に関する第二回世界産業会議（The Second World Industry Conference on Environmental Management：WICEM II）のために、国際商業会議所（International Chamber of Commerce：ICC）が一九九〇年に策定したものだ。企業に対して環境に健全な方針（Policy）、計画（Programme）、実施手法（Practice）の確立を求めるとともに、その中では環境パフォーマンスの継続的な改善の約束までをも求めていると理解することができる。

また、環境パフォーマンスを測定し、企業が自ら定めた要求事項に合致しているか否かの定期的な環境監査を実施する旨も規定している。さらに、企業活動に基づく環境影響の一般公衆への公開と対話の涵養を求めるとともに、定期的に適切な情報を一般公衆に提供する旨も規定している。

経団連地球環境憲章は、一九九一年四月に経済団体連合会（現日本経済団体連合会）が発表したものだ。環境に対する取り組みとして、「自社の活動に関する環境関連規定を策定し、これを遵守する。なお、社内規定においては、環境負荷要因の削減等に関する目標を示すことが望ましい」旨規定しており、環境パフォーマンスに関する目標設定をいわば努力義務とする。

また監査に関しては、「自社の環境関連規定等の遵守状況について、少なくとも年一回以上の内部監査を行う」旨規定している。一般公衆への情報提供に関しては、「事業活動上の諸問題について社会各層との対話を促進し、相互理解と協力関係の強化に努める」旨規定しており、一般公衆との対話促進をやはり努力義務としている。なお、環境パフォーマンスの継続的改善という概念はみられない。

ICCビジネス憲章と経団連地球環境憲章に関しても、セリーズ原則と同様にその内容を先の四つの要素に分解、整理し、【表4-2】に並べて示す。

六・四　共通の枠組み

四つの要素に分解、整理し得たことからも分かる通り、これら三つの憲章の構造を吟味すれば、「環境に関する組織の行動規範を採択し、この規範に沿った具体的な環境行動目標を設定し、設定し

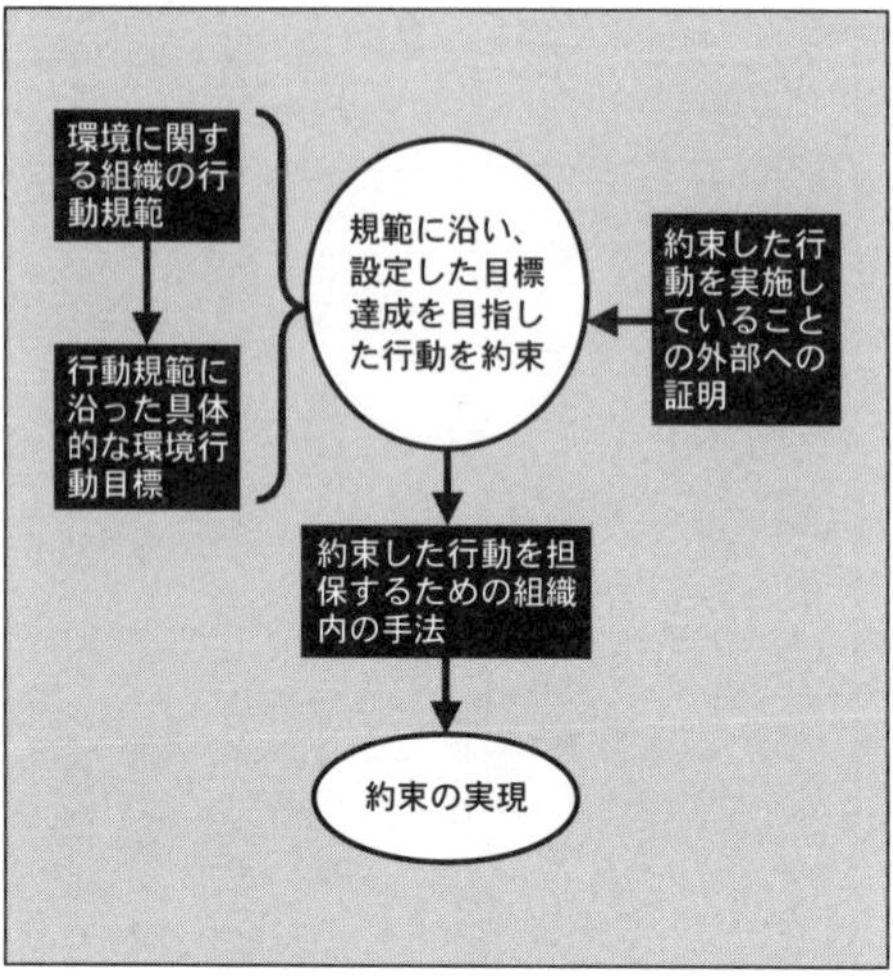

注：図中、黒地に白抜き文字のブロックは枠組みを構成する個別要素。
出所：自らの理解に基づき筆者が作成。

【図4-2】　各憲章共通の枠組み

た目標の達成を目指して行動することを約束し、約束した行動を確かに実施していることを組織の外部に対して証明する枠組み」として理解できる。

この枠組みとしての理解を【図4-2】に示す。この理解において監査の実施及び一般公衆への情報公開は、「約束した行動を実施していることの外部への証明」のための具体的な方法論として捉えている。

このように整理することによって、三つの憲章を同じ表の中で比較対照することができる。一見、当たり前のようにも感じるが、筆者は、これを凄いことだと感じている。もちろん、三つの憲章を個々の具体的な内容で比較すれば、同じ要素に分類される内容であっても、【表4-2】に示すように相違点は存在する。しかし、何よりも注目すべきは、三つの憲章を、同様の構造を持つ枠組みとして理解することができるということだ。

それぞれの憲章の策定主体間で事前の相談があったわけではない。無論、こうした憲章を策定する際には、先に策定されている類似の目的の憲章の内容を吟味したであろうことは想像に難くない。いずれにせよ、これら三つの憲章はそれぞれが同様の構成要素を持ち、基本的に同じ枠組みとして構成されている。

環境に関する組織としての行動規範及び規範に則った具体的環境行動目標などを定め、定められた規範及び目標などを達成するための組織内の方法論を持ち、さらにこれらに基づく行動が確実になされていることを外部に対して証明するための監査及び一般公衆への情報公開に関する規定を合わせ持つ枠組みとして、これら三つの憲章を共通に説明できるのである。

六・五　「積極的な環境マネジメントシステム」として

地球環境問題の顕在化とは、問題とされる事象を個別の汚染問題として捉えた対応をとるのではなく、地球環境問題としての対応が求められることをもって顕在化した、といい表すことができるのではないか。何やら禅問答のような表現になってしまったが、ここで「地球環境問題としての対応」が求められるとは、環境法令を定め、社会での活動主体に対しその遵守を求めるという従来型の対応策ではなく、これを超えた対応が求められるとの意味だ。

先の三つの憲章は、環境法令の遵守だけにとどまらず、組織として環境に対する積極的な取り組みを約束し、約束した内容を実現するための枠組みとして捉えることができる。第三章において、環境監査の導入に関して詳述した。そこでは、自らのリスクの低減によって利益の確保を図るための環境監査を、「消極的な環境マネジメントシステム」といい表すことができる旨述べた。

一方で、自らのリスクの低減を目指すのではなく、地球環境に対するリスクの低減を目指すことを目的になされるマネジメントシステムを、「積極的な環境マネジメントシステム」とした。三つの憲章に体現される枠組みは、まさにこの「積極的な環境マネジメントシステム」として位置づけるべき性格のものだ。

環境問題に対して連綿と続いてきた社会の環境意識の高まりが地球環境問題を顕在化させ、さらに、その解決策として環境マネジメントシステムを消極的な内容から積極的な内容へと変質させることを求めた。実際、積極的な環境マネジメントシステムともいい表せる憲章が相次いで発表される一九九〇年の前後から、これら憲章で謳われるような組織における環境問題への包括的な取り組みを「環境マネジメントシステム」と呼ぶことが一般化してきた。

社会が示した地球環境問題への解決策として、環境マネジメントシステムという考え方が明確に登場することになったのである。地球環境問題への解決策として認識され始めた環境マネジメントシステムという考え方は、UNCEDにおいても議論されることとなる。さらに、そうした議論を経て、ISOでの規格策定へとつながっていくのである。

第III部　環境マネジメントシステムの制度化

第五章　UNCEDでの議論

一　UNCEDとは何だったのか

一・一　ストックホルム会議で明らかとなった相違

本書でこれまでにも幾度となく言及してきた国連環境開発会議（UNCED）を軸にしばらく議論を進める。UNCEDは、地球環境問題について語るときに必ず登場する、地球環境問題の解決のあり方に対して非常に大きな影響を与えた国連主催のイベントだ。一九九二年六月、ブラジルのリオデジャネイロで開催された。

UNCEDの開催に遡ること二〇年、一九七二年にスウェーデンのストックホルムで、やはり国連の主催による環境に関する会議が開催されている。第二章で詳しくみた国連人間環境会議（ストックホルム会議）である。UNCEDは、ストックホルム会議から二〇年の経過という時期的な節目を一つの契機として、その開催が決定されている。

同じ国連が、同じ環境をテーマに開催した会議だったのだが、二〇年の歳月はこの二つの会議の位置付けを全く異なるものに変えてしまった。それは、ストックホルム会議とUNCEDそれぞれの会議が開催された時点での、環境問題を巡る世界の状況が大きく変化していたからに他ならない。

一九七二年に開催されたストックホルム会議では、貧困や低開発といった構造的な問題の指摘を行いはしたが、環境の破壊を抑え、回復を図るための具体的措置を構築することはできなかった。会議を開催し、人々が集まり、環境に関して議論を行った。そこには先進国からも発展途上国からも、参加者がいた。そのような会議の開催という事実自体に意義を見出す会議であったともいわれる所以である。実効面では何ら成果がなかったとはいえ、ストックホルム会議の開催は、主として先進国の中での運動だったそれまでの環境運動に、発展途上国の関与を求める契機になったことは確かだろう。筆者はこのこと自体が非常に意味のあることだと考えている。

発展途上国の参加は、環境問題の解決に関する政策的な優先順位に関し、先進国と発展途上国との間に存在する大きな相違を白日のもとに晒すこととなった。こうした相違は何に由来するのだろうか。北に位置する国と南に位置する国との間に厳然として存在する豊かさの格差。豊かさを実現するために大量の資源を消費する北と、ただ単に資源の提供者の地位に甘んじざるを得ない南。このような置かれた立場の相違が環境問題の解決に対する北と南での優先順位の差となって現れたのが、ストックホルム会議だった。

地球環境問題は、その解決に全地球規模での取り組みが求められる。このため、地球環境問題の顕在化は、この相違がもたらす問題解決の困難さを従来の環境問題に比べ際立たすことになった。ストックホルム会議において、環境破壊の防止のための具体的な取り組み構築に立ちはだかったこの相違は、地球環境問題の解決に際してはさらに厚い壁となって立ちはだかることになる。

一・二　持続可能な開発

この壁を乗り越えるためにはどうしたらいいのだろうか。環境問題は人類にとって解決すべき大きな課題である。この問題の解決なくして人類の持続的な発展は望めない。地球環境問題では、なおさらだ。他方で、発展途上国の立場からは、経済的な発展なくしては環境問題の解決もないのだ。この事実を象徴したのが、第二章でも触れた「貧困は最大の汚染者である」というストックホルム会議でのガンジーの言葉だろう。

「環境」と「開発」の二者択一では、解を見出すことはできない。この両立場を合わせ尊重するという考え方が、ストックホルム会議で明らかとなった「相違」を克服するために、世界が二〇年をかけて導き出した答といえるだろう。この考え方は、「Sustainable Development（持続可能な開発）」という言葉でいい表されるようになる。

ストックホルム会議以降二〇年を経て、同じく環境をテーマとしたＵＮＣＥＤを同じ国連が主催しつつも、ＵＮＣＥＤではストックホルム会議が真正面から取り上げることのなかった「開発」を議論の俎上に載せた。このような会議運営がＵＮＣＥＤでなされたことの背景には、持続可能な開発という考え方が地球環境問題を解決する上では非常に重要である、との認識が世界的に共有されるに至ったことが挙げられる。

持続可能な開発という概念は、古くはトーマス・Ｒ・マルサスの「人口論[96]」においても、問題意識として提示されている。「持続可能な開発」という言葉自体に関しては、国際自然保護連合（International Union for the Conservation of Nature and Natural Resources：IUCN）が国連環境計画（ＵＮＥＰ）や世界野生生物基金（World Wildlife Fund：WWF）などの協力のもとで一九八〇年に策定した「World Conservation Strategy（世界保全戦略）」において登場し、そこで具体的な定義が与えられている[i]。

しかし、持続可能な開発という概念が広く世に認識されるようになったのは、「環境と開発に関する世界委員会（World Commission on Environment and Development：WCED）」が一九八七年に発表した報告書[97]の中に登場することによってだ。同報告書では持続可能な開発を、「将来の世代のニーズを満たす能力を損なうことがないような形で、現在の世代のニーズも満足させるような開発[ii]」と定義する。

同報告書によれば、持続可能な開発は鍵となる二つの概念を含むとされる。一つは、「何にも増して優先されるべき世界の貧しい人々にとって不可欠な『必要物』としての概念であり、もう一つは「技術・社会的組織のあり方によって規定される、現在及び将来の世代の欲求を満たせるだけの環境の能力の限界」についての概念だ[98]。すなわち、現に貧しい人々にとっては、持続可能な「開発」が他のすべてに優先して必要であることを明確に示している。

一般に、持続可能な開発という言葉が語られる場合には、この二つの概念のうちの後者に限定した意味で用いられることが多いようだ。しかし、持続可能な開発という考え方が導き出された背景を考慮に入れれば、前者の概念を外しては意味をなさない。この二つを合わせた内容として、持続可能な

（i） "For development to be sustainable, it must take account of social and ecological factors, as well as economic ones ; of the living and non-living resource base ; and of the long-term as well as short-term advantages and disadvantages of alternative action."

（ii） "Economic and social development that meets the needs of the current generation without undermining the ability of future generations to meet their own needs."

開発という考え方は、先進国とともに発展途上国においても受け入れられていく。

一・三　WCEDの性格

WCEDは一九八三年の国連総会の決議により設立が決められ、一九八四年には発足し、議論を開始している。委員個人が自由な立場で討議を行う、「賢人会議」的な委員会として位置づけられている。議長に就任したのはノルウェーの首相経験者であるグロ・ハルレム・ブルントラントだった。このため、WCEDはブルントラント委員会とも通称される。

設立が決められる前年の一九八二年に、ストックホルム会議の開催一〇周年を記念しUNEPの管理理事会特別会合が開催された。その場において日本政府代表の原文兵衛環境庁長官（当時）は、地球の環境保全に関する諸施策を長期的かつ総合的な視点から検討し、二一世紀の地球環境の理想像を模索するとともに、これを実現するための戦略を策定するため、高い識見と深い洞察力を有する世界有数の学識経験者を構成員とする特別委員会を国連に新設することを提案した(99)。日本政府は、WCEDがこの日本政府の提案に基づき設立されたとの位置付けのもと、WCEDの活動に対して資金面など多大な支援を実施している。結果として、WCEDは最終会合を一九八七年二月に東京で開催し、そこで報告書を取りまとめた。

WCEDのメンバーは議長のブルントラントを入れて二三人だった。その出身国の内訳をみると、発展途上国から一二人、西側先進国から七人、社会主義諸国から四人という構成になっている。議長こそ西側先進国に属するノルウェーのブルントラントが務めたわけだが、総勢二三人のメンバーのうち過半数の一二人が発展途上国に割り当てられている点が注目される。この点からも、WCEDの位置付けが理解できるだろう。

日本からも、ローマクラブのメンバーとして「成長の限界」の取りまとめに携わった大来佐武郎が参加した。興味深いのは、西側先進国からのメンバーの一人としてカナダのモーリス・ストロングが参加していることだ。彼はストックホルム会議の事務局長を務め、また同会議の成果として設立されたUNEPの初代事務局長も務めた人物だ。さらに、後年はUNCEDの事務局長に就任し、UNCEDを成功に導くために手腕を発揮することになる。

一・四 UNCEDの開催

一九八七年、WCEDからの報告が国連総会に対してなされると、国連総会はこれを歓迎する意を直ちに示す(100)。その後、国連総会は国連事務総長に対し、ストックホルム会議から二〇年を経過した地球の環境を評価するための会合の開催を検討することを求めた。最終的には、一九八九年の一二月の国連総会の決議により、UNCEDの開催は決定された(101)。

国連総会でのUNCED開催の正式決定を受け、先にも述べたようにモーリス・ストロングを長にUNCED事務局が発足する。会議の準備過程で特徴的だったのは、プレプコム（Preparatory Committee）と称される準備会合を数週間にも及ぶ大がかりな形で累次にわたって開催し、これへの参加を各国政府だけではなく、程度の差こそあれ、科学者コミュニティ、産業界、そしてNGOに対しても積極的に開放したことだった。

1992年6月、世界の首脳が参加して国連環境開発会議が開催された
(提供：毎日新聞社)

UNCEDの開催に向け、全世界を巻き込んでの入念な準備作業が行われた。こうした一連の準備プロセスが奏功し、世界は一九九二年の六月に向け、異様ともいえるほどの盛り上がりをみせるようになっていく。世界中のあらゆる場所で、あらゆる主体が、UNCEDへの反映を目指し、環境問題に関する熱い議論を展開した。これら議論の主体は、政府であり、企業であり、そしてNGOであった。

一九九二年六月、UNCEDは開催された。そのとき、ブラジル、リオデジャネイロには、世界の一八〇を超える国の政府代表団が集まった。さらに、そのうちの一〇〇を超える国では、元首もしくは国の首脳が直接リオデジャネイロにまで足を運んだのだ。二〇年前のストックホルム会議での元首級の参加がわずか二ヶ国であったことを振り返れば、まさに隔世の感がある。

NGOの参加も、UNCEDはストックホルム会議と比較すれば、桁違いだった。非政府という意味では、産業界のUNCEDを念頭においた行動も、非常に活発だった。これらはすべて、社会の関心の高さの反映でもあり、また、こうした行動に対するマスメディアのカバー率の高さも特筆される。すべてのことが、二〇年前とは比較にならなかった。

一・五　二〇年の変化とその後

第二章で筆者は、「ストックホルム会議の開催は、先進国に住む豊かな人々の素朴な感性を原点に出発した環境運動の流れを、地球全体の政治課題として初めて議論の俎上に載せることとなった」と評した。ストックホルム会議では、まさに俎上に載せたことが成果だったのであり、これは解決の道筋を具体化するまでには至らなかったことの裏返しでもある。

ストックホルム会議が開催された一九七二年からの二〇年間は、世界の環境問題を巡る状況に大きな変化をもたらした。地球環境問題の顕在化などのこうした変化は、これまでの本書での議論でみた通りだ。この変化を背景にした世界の環境意識の高まりの頂点がUNCEDの開催だった。そして、二〇年前の会議のタイトルが「人間の環境（Human Environment）」だったのに対し、UNCEDではそれを「環境と開発（Environment and Development）」とおいた。こうすることで、先進国だけでなく、発展途上国をも含む全世界に対し普遍性を持つ議題の設定に成功したのだ。

UNCED開催のさらに一〇年後にあたる二〇〇二年、南アフリカのヨハネスブルクで、やはり国連の主催による会議が開催された。持続可能な開発に関する世界首脳会議（World Summit on Sus-

2002年6月、持続可能な開発に関する世界首脳会議（WSSD）で演説する小泉首相（提供：ロイター・サン）

tainable Development：WSSD）だ。UNCEDで議論された結果の実施の促進やその後に生じた課題に関し、ハイレベルで議論することを目的に開催された会議だった。

一九〇を超える国が参加し、国家首脳の参加も一〇〇ヶ国を上回った。UNCEDでは当時の宮沢喜一首相がビデオテープの映像で参加したのだったが、WSSDでは小泉純一郎首相がヨハネスブルクの会議場にまで遠路直接足を運び、スピーチを行っている。会議の規模でWSSDは、UNCEDに勝るとも劣らないのだ。

WSSDでは、そのタイトルを「持続可能な開発（Sustainable Development）」とおいたわけだ。タイトルからは、とうとう「環境」という言葉が

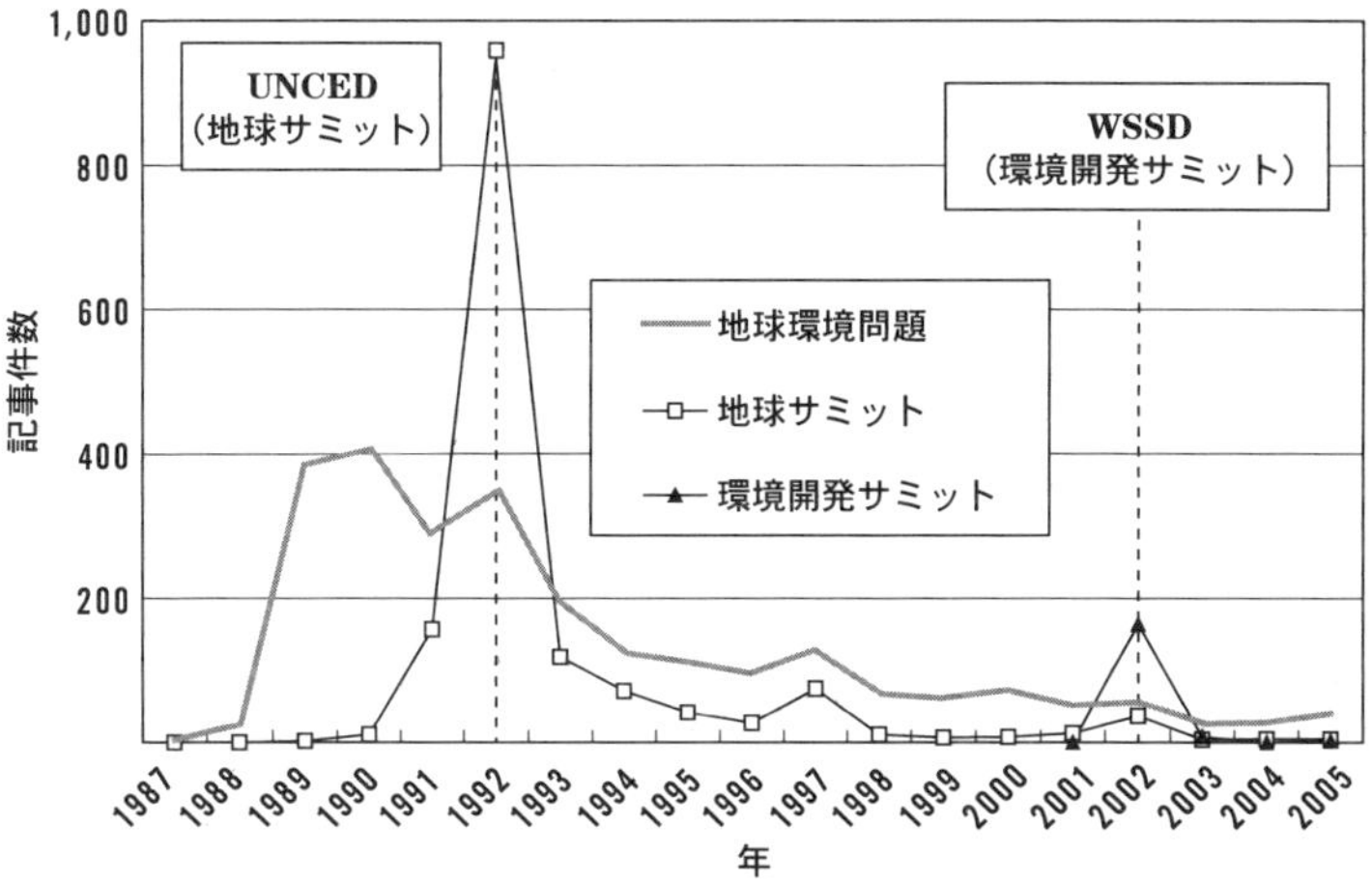

出所：日経テレコン21のデータに基づき筆者が作成。

【図5-1】 UNCED及びWSSD関連記事件数推移

消えてしまった。この会議が成功だったのか、失敗だったのか。筆者は、現時点では評価を下すことはできない。ただ、UNCEDの開催に至るあの時点での、あのほとばしるような熱気を社会が持つには至らなかったと感じている。

【図5-1】に「地球サミット」及び「環境開発サミット」をキーワードに記事検索を行いヒットした記事の、年ごとの件数を示す。少なくとも日本での新聞報道のされ方をみる限りにおいては、筆者の感覚が裏づけられるだろう。

一九九二年以降の一〇年間で、地球環境に対する脅威が減少したとは思えない。一九九二年、まさに冷戦が終了し、軍事的な脅威に代わって地球環境問題の脅威が顕在化した。あの時期だったからこそ、国際政治のアジェンダとして環境問題を非常に高い優先度で設定し得る雰囲気があった。UNCEDの成功は、そのような雰囲気の存在なくしてはなし得ないことだった。

二　環境マネジメントシステムへの言及

二・一　UNCEDの成果

UNCEDでは、「気候変動枠組み条約」と、「生物多様性条約（Convention on Biological Diversity：CBD）」という、二つの条約が採択されている。

気候変動枠組み条約の策定は、UNCEDプロセスの中での一つのハイライトだった。条約の策定をUNCEDの開催に間に合わせるために、国際場裡では合意に向けて多大な努力が払われる。UNCED開催の直前の一九九二年五月、気候変動枠組み条約に関する政府間交渉委員会（INC）第五回会合の再開会合において条約の内容についての関係国間での合意が成立し、条約は採択されたのだった。

気候変動枠組み条約は、国際的な環境問題解決のために策定されてきたこれまでの条約と同様、その名の通り枠組み条約の体裁をとっている。したがって、地球温暖化を防止するために加盟各国に対して課される具体的な義務の内容は、その後の交渉によって定められる議定書において決せられることになる。この構造は、第四章でも述べた通りだ。

地球温暖化問題では、この議定書の策定にさらに五年を要することになった。一九九七年、日本の京都で開催された気候変動枠組み条約第三回締約国会議（The Third Session of the Conference of the Parties to the United Nations Framework Convention on Climate Change：COP3）において、議定書は採択された。京都議定書である。名前は、もちろん京都で採択されたことに由来する。

京都議定書では、地球温暖化問題の原因となる温室効果ガスの、加盟各国ごとの排出削減の程度を具体的に取り決めている。一九九〇年を基準年に、二〇〇八年から二〇一二年までの目標期間における温室効果ガスの排出量を、日本は基準年比で六パーセント、アメリカは七パーセント、ヨーロッパ連合（ＥＵ）は八パーセント減らすことが義務づけられた。また、議定書の発効要件としては、五五ヶ国以上の批准に加え、条約上排出削減義務を負う国の温室効果ガス排出量のうち批准国によってその総量の五五パーセント以上のカバーが求められている。

採択後にアメリカが議定書の批准から離脱したことなどから発効が危ぶまれたが、ロシアが批准したことにより二〇〇五年二月一六日に京都議定書は発効した。日本という国の立場からは、この議定書の内容に関しては、肯定的なものから否定的なものまで様々な意見が存在する。こうした立場を離れ、これを制度として俯瞰的にみた場合には、筆者は気候変動枠組み条約の締結とそれに基づく京都議定書の採択とは、地球環境問題を考える上では特筆すべきことと考えている。

この制度に参加し、京都議定書を批准した国、中でも温室効果ガスの排出削減を具体的な義務として課された先進国は、様々な思惑があるにせよ主権国家としての自らの行動に一定の制限が課されることに同意したのだ。このような枠組みができたことそれ自体が、大きな驚きだ。

二・二　アジェンダ21

またUNCEDでは、二つの条約に加え、「アジェンダ21（Agenda 21）」、「環境と開発に関するリオ宣言（Rio Declaration on Environment and Development、通称「リオ宣言」）」、「すべての種類の森林の経営、保全及び持続可能な開発に関する世界的合意のための法的拘束力のない権威ある原則声明（Non-Legally Binding Authoritative Statement of Principles for a Global Consensus on the Management, Conservation and Sustainable Development of all Types of Forests）、通称「森林原則声明」）」という三つの宣言が採択されている。

条約はその批准国に対し、法的拘束力を持つ。その一方で、宣言には特別の法的な位置付けは存在しない。しかし、UNCEDで採択された宣言は、世界中の政府関係者、非政府関係者による長大な議論の結果として採択されたものであり、その位置付けは相当に重い。

特に、アジェンダ21は、UNCEDに関係した様々な利益主体の意見を取り込んだ包括的な文書として成立している。このため、UNCED以降の環境に関する様々な議論の場においては、アジェンダ21が引用されるケースが非常に多い。また、アジェンダ21に記された内容の実施状況に関しては、以下に記すようにUNCED後のフォローアップ体制が存在している。このことが、現在に至るまでの、引用の多さも含めたアジェンダ21の存在感の大きさの一つの要因となっている。

アジェンダ21は、そこに記された内容の実現を図るための国別行動計画の策定を要請している(102)。これを受け、一九九二年七月のミュンヘンサミット及び翌一九九三年七月の東京サミットで先進七ヶ国は、一九九三年末までに国別の行動計画を作成し、公表することに合意した。この合意も受け、日本は一九九三年一二月に「アジェンダ21行動計画」を地球環境保全に関する関係閣僚会議において決定し、これを国連に提出している。このような行動計画の策定は、現在では国レベルにとどまらず、各地方レベルにまで及んできている。(103)

国連の場としても、アジェンダ21を中心とするＵＮＣＥＤの成果の達成状況のフォローアップを行う目的で、ＵＮＣＥＤの開催からわずか半年後の一九九二年一二月には、持続可能な開発委員会(Commission on Sustainable Development : CSD)を設置した。ここでは、ＵＮＣＥＤの成果の進捗状況の定期的なレビューを行うとされている。二〇〇二年、ＵＮＣＥＤ開催一〇年を契機に開催されたＷＳＳＤは、ＣＳＤによるこのレビューの一環という性格も有している。ＷＳＳＤの場では、アジェンダ21の完全な実施が再確認されている。

アジェンダ21は、その策定後も、環境を標榜する人々や組織により、ＵＮＣＥＤの大切な成果として育てられていったとの感が強い。アジェンダ21が現在においても非常に影響力の大きな文書として存在しているのは、アジェンダ21に対して世界中の人々が持つこのような気持ちの表れといえるだろう。

環境マネジメントシステムは、このアジェンダ21の中でその必要性が触れられることになった。

二・三　ＵＮＣＥＤ文書での扱い

ＵＮＣＥＤは地球環境問題に対する国際的な関心の隆盛を背景に、環境、特に地球環境問題に関する一大イベントと認識された。ＵＮＣＥＤ開催に至る過程では、ＵＮＣＥＤへの反映を目指し、環境に関する多くの検討が世界中のあらゆる場所で行われた。これは既述した通りだ。こうした検討の中には、環境マネジメントシステムに関して行われたものも多く存在した。

ＵＮＣＥＤを念頭において行われた事前の検討の存在も踏まえ、ＵＮＣＥＤの場における議論では、環境マネジメントシステムにも触れられることになる。この結果として、アジェンダ21及びリオ宣言というＵＮＣＥＤの成果文書の中では、環境マネジメントシステムに関しても言及がなされた。

アジェンダ21では、環境マネジメントシステムをＵＮＣＥＤのテーマである持続可能な開発を実現していく上で不可欠な概念として位置づけ、産業界に対して環境マネジメントシステムの導入と環境対策に向けた行動規範の採択及びその実施状況の報告を求める旨が記載された[104]。リオ宣言においても、環境問題を適切に扱う上では環境問題に関心を有するすべての市民の参加及び環境関連情報の公開が必要である旨が記載されている[105]。

この言及の具体的な文言を【表５-１】に示す。日本語に訳すとどうしても原文のイメージを損なってしまうので、大変申し訳ないが英文のままでの掲載をご容赦いただきたい。

ＵＮＣＥＤで採択された二つの宣言はどちらも法的拘束力はないが、ＵＮＣＥＤのプロセスに参加した政府機関、非政府機関を問わずすべての主体の主張が凝縮されたものといえる。その中で、環境マネジメントシステムについて触れられている部分は、必ずしも多くはない。そもそもアジェンダ21は、様々な主張を取り込んだ膨大な量の文書となっており、文書全体の分量からみれば環境マネジメントシステムに触れた箇所は非常に少ない。しかし、そこに記されたことが、環境マネジメントシステムに関するＵＮＣＥＤでの議論のエッセンスであり、帰結なのだ。

【表5-1】 UNCED文書での環境マネジメントシステムへの言及

Agenda 21		Rio Declaration on Environment and Development
Chapter 30: Strengthening the Role of Business and Industry		**Principle 10**
Introduction 3. Business and industry, including transnational corporations, should recognize environmental management as among the highest corporate priorities and as a key determinant to sustainable development.	**Activities** 10. Business and industry, including transnational corporations, should be encouraged: a. To report annually on their environmental records, as well as on their use of energy and natural resources; b. To adopt and report on the implementation of codes of conduct promoting the best environmental practice, such as the Business Charter on Sustainable Development of the International Chamber of Commerce (ICC) and the chemical industry's responsible care initiative.	Environmental issues are best handled with the participation of all concerned citizens, at the relevant level. At the national level, each individual shall have appropriate access to information concerning the environment that is held by public authorities, including information on hazardous materials and activities in their communities, and the opportunity to participate in decision-making processes.

地球環境問題の解決の方策の一つとして、環境マネジメントシステムという概念がＵＮＣＥＤでの議論の俎上に載せられ、その成果文書の中で明確に位置づけられた。これにより環境マネジメントシステムに対する社会的な認知は広がっていったといえるだろう。

二・四　三つの憲章との比較

さて、ＵＮＣＥＤ文書で言及された環境マネジメントシステムの内容であるが、これをどのように解釈したらいいだろうか。凝縮された主張のエッセンスは、「持続可能な開発を達成するためには企業が環境マネジメントシステムを採用することが必要であり、同時に企業は環境に関する行動規範を採択し、その実施結果を市民に公開すること」と解することができるだろう。

このエッセンスを反芻して欲しい。その上で、第四章で示した「セリーズ原則」、「ＩＣＣビジネス憲章」、「経団連地球環境憲章」という三つの憲章に共通する枠組みと比較して欲しい。この共通する枠組みを、「環境に関する組織の行動規範を採択し、この規範に沿った具体的な環境行動目標を設定し、設定した目標の達成を目指して行動することを約束し、約束した行動を確かに実施していることを組織の外部に対して証明する枠組み」と先に理解した。これと、ＵＮＣＥＤで示された環境マネジメントシステムのエッセンスとは、ほぼ重ね合わせることができるのではないだろうか。

ＵＮＣＥＤ文書の中では、環境マネジメントシステムに関して、微に入り細にわたった説明を行っているわけではない。しかし、三つの憲章共通の枠組みの中では、「約束した行動を実施していることの外部への証明」の具体的な内容を、監査の実施及び一般公衆への情報公開として捉えていることも考え合わせれば、UNCEDでの言及の内容はこの枠組みの中に完全に含まれ、何ら違背を生じることはない。

UNCEDで言及された環境マネジメントシステムは、まさに三つの憲章に共通する枠組みと同様と見なすことが可能なのだ。これは、偶然にそうなったのではない。UNCED開催以前からの環境マネジメントシステムに関してなされてきた多くの議論と取り組みが、見事なまでにUNCEDの場で結実したことの結果なのだ。

【表5-1】に示したように、アジェンダ21の第三〇章パラグラフ一〇では、採択すべき行動規範の例として国際商工会議所が策定したICCビジネス憲章を引用している。このことからは、ICCが行ってきた様々な活動もUNCEDに向けたものであったことが窺える。もっとも、当時の地球環境問題に対する社会的関心の高さと、その中でのUNCEDの位置付けを考え合わせれば、ICCがUNCEDへの反映を念頭に活動することは当然だったともいえる。

三　発展途上国の主張

三・一　発展する権利

ここで、UNCEDの場で大きな存在感を示した発展途上国の主張を追ってみよう。環境マネジメントシステムとは、地球環境問題を解決するための考え方として登場してきたものだ。地球環境問題の解決は、それが全地球的な問題であるからこそ、この地球上で合意し、普遍的に適用できる考え方に基づく必要がある。この観点からは、発展途上国が地球環境問題に対してどのように考えていたかを知ることには大きな意味がある。

地球環境問題解決のための大きな議論の場となったUNCEDは、地球環境問題という全世界レベルでの取り組みが求められる問題の解決のために、全世界からの参加が求められた会議でもあった。実際、先進国、発展途上国、市場経済移行国（旧社会主義諸国）と、全世界をカバーする各国が参加した。

参加はあったものの、環境問題に関する先進国と発展途上国との間の対立は根深かった。第二章でも述べた通り、環境問題が先進国、発展途上国双方が参加する場での議論の俎上に世界的なイシューとして載った初めての機会は、一九七二年開催のストックホルム会議だった。しかしながら議論の俎上に載っただけであって、ストックホルム会議からは問題の解決に至る道筋が見出されることはなかった。会議の場で発展途上国が特にこだわったのは、「発展する権利」とでもいうべき考え方だ。

ストックホルム会議の開催と同じ一九七二年、ローマクラブによる検討の報告書として「成長の限界」が発表されたことは既に触れた。そこで示された「均衡」という考え方に対し発展途上国は激しく反発した。既に豊かな国はいい。しかし、今この時点で貧しい国にとっては、この考え方によれば豊かになる途が永遠に閉ざされてしまう。「発展する権利」という考え方に照らせば、豊かさの配分の固定化につながる「均衡」という考え方を発展途上国が受け入れないことは明らかだろう。

三・二　共通だが差異のある責任

やがて世界は、地球環境問題の解決に向け先進国、途上国双方が受け入れ可能な回答として、「持続可能な開発」という考え方に到達する。これは先に述べた通りだ。しかし、どのような回答を用意しようと、地球の有限性は厳として存在する。このことは動かし難い事実だ。この現実の中で、地球全体の持続可能性を維持しつつ自らの成長を実現する上で発展途上国が主張したのが、「共通だが差異のある責任」という考え方だった。

「共通だが差異のある責任」とは、リオ宣言の第七原則「各国は、地球の生態系の健全性及び完全性を、保全、保護及び修復するグローバル・パートナーシップの精神に則り、協力しなければならない。地球環境の悪化への異なった寄与という観点から、各国は共通のしかし差異のある責任を有する。先進諸国は、彼らの社会が地球環境へかけている圧力及び彼らの支配している技術及び財源の観点から、持続可能な開発の国際的な追求において有している責任を認識する[i]」で示される内容を指す。

この考え方は、グループ77が、UNCEDの準備会合であったプレプコムの第四回会合の場で、リ

(i) "States shall cooperate in a spirit of global partnership to conserve, protect and restore the health and integrity of the Earth's ecosystem. In view of the different contributions to global environmental degradation, States have common but differentiated responsibilities. The developed countries acknowledge the responsibility that they bear in the international pursuit of sustainable development in view of the pressures their societies place on the global environment and of the technologies and financial resources they command."

オ宣言の草案に含めるべき事項として提示し、その採択を求めたものだ。グループ77とは、国際場裡において発展途上国が先進国相手に結束し対抗する場合に形成する、いわば発展途上国連合とでもいうべき組織だ。

第四回プレプコムは、UNCEDを控えての最後の準備会合であり、UNCEDでの採択を予定するリオ宣言の草案を何としてでもまとめ上げなければならない会議だった。グループ77は、「共通だが差異のある責任」に加え、「環境空間の平等な原則による配分」という考え方も草案に含めるべく同時に示す。一方で先進国は、これらの内容を受け入れ難いものとする。その結果、プレプコムでは膠着状態が続くことになった[106]。

三・三　UNCEDに向けての決着

「環境空間の平等な原則による配分」という考え方は結果としてリオ宣言の草案には取り上げられなかったことから、その内容に関して国際間で合意された定義が存在しているわけではない。しかし、「環境空間の平等な原則による配分」という標題自体からは、なかなか刺激的な考え方を想像することができる。地球環境そのものを、本来平等に配分されるべき環境空間と捉えるのであれば、その利用も平等となるはずだ。一方で、二酸化炭素をはじめとする各種物質の環境中への排出という観点からは、先進国が圧倒的に多くの環境空間を使っているという現実が存在する。とすれば、原則に違背する現実に関し、何らかの補償措置を要求する素地が生まれることになる。先進国にとってみれば、容認し難い要求だっただろう。

第四回プレプコムの会期も終盤に近づいてきた。最終的には、プレプコム議長トミー・コーの卓越した手腕にも助けられ、「共通だが差異のある責任」は残す一方、「環境空間の平等な原則による配分」に関しては草案から取り下げることで、発展途上国側は同意した。他方アメリカは、「共通だが差異のある責任」に関しても、最後までその受け入れを拒否した。

草案に賛成しない国々に対しコーは、UNCEDの場で草案の交渉をさらに行うことを約束し、最終的には草案をカギ括弧なしでUNCEDに送ることへの同意を各国から取り付けた。国際会議で草案をまとめる際には、最後の最後まで様々な意見の相違が存在するのが普通だ。こうした、埋めきれなかった意見の相違については、通常は草案の該当箇所にカギ括弧を付して、その存在を示す。カギ括弧が存在しなかったということは、各国は草案に対し留保を付さなかったことを意味する。アメリカも、「共通だが差異のある責任」をはじめとする幾つかの同意できない原則を残しながらも、リオ宣言の草案をUNCEDに送ることに最終的には合意した。

筆者自身は、トミー・コーの議事を目の当たりにするという経験を持ってはいないのだが、通商産業省で地球環境問題を担当していた時の上司がプレプコムに出席し、コーの議事を実体験している。コーの議事の見事さにいたく感じ入ったとの感想を、プレプコム出席のための出張から帰ったばかりのその上司が、若干の興奮を持って話してくれたことを思い出す。

UNCEDで採択されたリオ宣言には、草案通りにその第七原則として「共通だが差異のある責任」という考え方が含まれることになった。トミー・コー議長は、実際にはUNCEDの場での再交渉を実施する意志はなかったとされる(105)。微妙なバランスの上に構築された草案の文章を再度交渉の俎上に載せたならば、会議自体が相当に混乱したであろうことは容易に想像できる。UNCEDの場では、草案はそのままの形で採択された。

このような原則的な考え方に関するUNCEDでの最終的な決着を振り返れば、これは地球環境問題への対応として発展途上国にも受け入れ可能な「持続可能な開発」という考え方を導入し、「発展する権利」に配慮したことの帰結であり、また、先進国と発展途上国との間での妥協の産物だったともいえるだろう。

三・四　条約での書き振り

さて、「共通だが差異のある責任」という原則は、地球環境の保全に関しすべての国が共通の責任を有する、とする。一方でその重さに関しては、字義通り、地球環境の悪化への寄与に応じた差異がある、とするのだ。

他方同時に、同じリオ宣言第七原則の後段では、「先進諸国は、(中略)彼らの支配している技術及び財源の観点から、持続可能な開発の国際的な追求において有している責任を認識する」と記されている。この記述からも明らかなように、「共通だが差異のある責任」という考え方は、先進国は持続可能な開発の実現に向け発展途上国を技術的、財源的に支援する責任を有するという理解をも含む。

このような考え方は、気候変動枠組み条約の中にも反映されることになる。同条約第四条は締約国のコミットメントを示す条項なのだが、同条では「すべての締約国は、それぞれ共通に有しているが差異のある責任、各国及び地域に特有の開発の優先順位並びに各国特有の目的及び事情を考慮して、次のことを行う」との前文のもと、締約国に対して求められるコミットメントが記される。

その内容は、条約の附属書Ⅰに記される国々すなわち先進国及び市場経済移行国と、そうでない国々すなわち発展途上国とでは、大きく異なる。第四条では、まずすべての締約国が実施すべきことを定める。定められたその内容は、具体的には温室効果ガスの削減に関する情報の提供であり、計画の策定であり、また、国際間での協力の実施といったものだ。温室効果ガスの削減という、締約国にとっての苦い薬は処方されていない。

さらに第四条では、附属書Ⅰの締約国を対象に一つの項を設けている。そこでは、温室効果ガスの人為的な排出を抑制するための政策に沿った措置をとる旨が記されている。すべての締約国を対象とした項とでは、明らかに求める内容が変わるのだ。もっとも、枠組み条約の段階では、定量的な削減が義務づけられるまでに至ってはいない。

三・五　「原則」の影響

温室効果ガスの排出削減の定量的な義務付けは、京都議定書においてなされた。議定書では、課される義務に関する先進国と発展途上国の位置付けの差がさらに明確になる。同議定書第三条が締約国に対して温室効果ガスの排出削減義務を課すのだが、その対象は附属書Ⅰに記される国々、すなわち先進国及び市場経済移行国に限られる。

先進国は温室効果ガスの排出削減義務を負うが、発展途上国はこの義務を負わない。このことが京都議定書では明確にされた。「義務」を「責任」に応じたものと捉え、先進国と発展途上国とでは責任に差異があるという理解を前提にすれば、義務にも差異が生ずることは当然との考え方によるのだろう。

このような論理展開の極みが同議定書の第一〇条である。そこでは、「締約国は、それぞれ共通に有しているが差異のある責任並びに各国及び地域に特有の開発の優先順位並びに各国特有の目的及び事情を考慮し、非附属書Ⅰの締約国についていかなる新たな約束も導入しないが、条約第四条の規定に基づく既存の約束を再確認し、（以下略）」との条文がおかれている。まさに、発展途上国は差異のある責任からいかなる新たな義務も負わない、と記されているのだ。

「共通だが差異のある責任」原則は前記の例からも分かる通り、温室効果ガスの削減などの地球温暖化問題の解決に向けた何らかの行動、義務に関し、発展途上国がこれを忌避することの正当性を主張するための根拠として、度々利用されるようになっていった。(106)

四　求められる普遍性

四・一　国ごとの差異

地球環境問題の解決に大きな影響を与えるもう一つの考え方が、やはりリオ宣言に盛り込まれている。「各国は、効果的な環境法を制定しなくてはならない。環境基準、管理目的及び優先度は、適用される環境と開発の状況を反映するものとすべきである。一部の国が適用した基準は、他の国、特に発展途上国にとっては不適切であり、不当な経済的及び社会的な費用をもたらすかもしれない[i]」との第一一原則だ。

「共通だが差異のある責任」という考え方が、国際的な枠組みの中での義務に関し先進国と発展途上国との間での差異を認める上での論拠となり、現実に差異のある義務の設定が既定事実化している。現在、アメリカは京都議定書の枠組みから離脱している。その理由の一つとして、京都議定書では発展途上国に対し、温室効果ガスの削減義務を課していないことを挙げている[109]。

「共通だが差異のある責任」原則の受け入れを最後まで留保したアメリカの行動を思い出して欲しい。この原則が発展途上国に対する温室効果ガスの削減義務の免除に結びついたことを考え合わせると、皮肉にも京都議定書からの離脱というアメリカの行動は、同原則の留保に最後までこだわったＵＮＣＥＤ時点での行動と、結果的には整合性のとれたものとなっている。

一方で、この第一一原則は、国際間の関係というよりは、各国の国内政策のあり方に深く関連する内容といえる。各国が、自国内の環境に関する枠組みの中でどのような義務を課すかに関しても、国による差異を認めるべきとの内容だ。これを政策に引き直して具体的に解釈すれば、設定される環境基準などの国による相違は容認されるべき、という主張になる。

(i) "States shall enact effective environmental legislation. Environmental standards, management objectives and priorities should reflect the environmental and development context to which they apply. Standards applied by some countries may be inappropriate and of unwarranted economic and social cost to other countries, in particular developing countries."

四・二　環境マネジメントシステムの構築を図る上で

リオ宣言に盛り込まれたこの二つの考え方は、環境マネジメントシステムのあり方を考える上で、非常に大きな影響を与える。環境基準が国家により定められ、国家主権が及ぶ範囲の中だけでの有効性が求められる場合には、これらの考え方から何ら問題が生じることはない。しかし、国を跨って守るべき環境基準の設定を考える場合には、リオ宣言に記された二つの原則は大きな障害となることが予想されるからだ。

環境マネジメントシステムという考え方を制度として具体化し、社会に普及させていく上では、そもそも地球環境問題への対応という観点から環境マネジメントシステムを考える以上、国際的に普遍性を持つ制度として全世界への導入を図ることが必須といえるだろう。国際的な普遍性は、国ごとの差異をなくすことから始まる。

一方で、この二つの考え方からは、国際的な制度としても、また、国内的な制度としても、何らかの義務、達成すべき環境基準の設定を求める場合には、先進国と発展途上国の間での国による差異の容認が求められることになる。この相矛盾する二つの要件を満たし、国際的に普遍性を持つ制度として環境マネジメントシステムを構築、普及させるためには、一体どのようにしたらいいのだろうか。

一つの回答は、達成を求める環境基準、すなわち環境パフォーマンスのレベルに関する基準の設定を、その制度の中では行わないということだ。逆のいい方をすれば、二つの要件を満たすためには、規準の設定は行い得ない、ということになる。

現在、国際的に最も普及した環境マネジメントシステムの制度としては、ＩＳＯが策定した国際規格であるＩＳＯ一四〇〇一が挙げられる。その詳細は以降の章で述べるが、環境パフォーマンスのレベルに関しＩＳＯ一四〇〇一では何ら基準の設定を行ってはいない。

四・三　対立と協調の結果として

先進国と発展途上国との関係は、ＵＮＣＥＤにおける大きな論点だった。「国連環境開発会議」であるＵＮＣＥＤの、「環境」の部分と「開発」の部分を巡るせめぎ合いとでもいい表すことができるだろう。一九七二年に開催された「国連人間環境会議」であったストックホルム会議に比べ、「開発」の意味合いを強く含むことになったＵＮＣＥＤは、そうした性格を有しての開催自体が、発展途上国を地球環境問題解決のための土俵にあげる上で強い普遍性が求められたことの証左でもあった。もっとも、これは当然のことかもしれない。ストックホルム会議から二〇年を経て開催されたＵＮＣＥＤでのコンセンサスは、前述したように持続可能な開発の推進だった。地球環境問題が文字通り地球全体の環境問題である以上、その解決に関しても地球上に存在するすべての人々にとって普遍性を有する考え方を適用しない限り、その解決を求めることはできない。「地球」環境問題であるが故に、全世界をカバーする普遍性なくしては、現実的な解決策の提示は困難なのだ。

このような認識に立てば、会議での議論には全世界をカバーし得る普遍性が求められることになる。この普遍性を巡って、先進国と発展途上国が鋭く対立したことはこれまで繰り返し述べてきた。ＵＮＣＥＤでの議論の成果は、この普遍性を求めて先進国と発展途上国とが対立と協調を繰り返した末に得られた結果なのだ。ＵＮＣＥＤでの成果の内容を理解する上では、この対立と協調の関係を十分に念頭におく必要がある。

筆者は幸運にも、UNCEDの後、気候変動枠組み条約の実施をどう進めていくかという国連における締約国間での交渉の場に、日本政府代表団の一員として出席する機会を数回得ている。その議論の場で強く印象に残ったのは、惜しみなく環境を使い豊かになった後にそうでない者に対し同様の発展をしてはいけないと主張する先進国に対する非難と、先進国のそうした主張を若干なりとも受け入れる見返りとしての支援の要求、この二つに象徴される発展途上国の声だ。

この非難の部分が、取り下げられたとはいえ発展途上国が一時はリオ宣言への記載を求めた「環境空間の平等な原則による配分」という考え方をベースとしていることは明らかだろう。同時に、支援の要求は「共通だが差異のある責任」という考え方に基づくものともいえるだろう。

地球環境問題を考える上で、先進国と発展途上国との関係をどう整理するかということは、避けて通ることができない。その整理の中では、発展途上国をも含む全世界が合意し得る普遍性の存在が不可欠なのである。環境マネジメントシステムという考え方を具体化する制度の構築を図る上では、「共通だが差異のある責任」、「国ごとの差異の容認」という考え方が発展途上国から主張された背景を踏まえ、そこで求められる普遍性とは何かを十分に考慮することが強く求められる。

五　地球環境問題をどう理解するか

五・一　地球の有限性

さて、ここで今一度、持続可能な開発という考え方が生み出された背景をみておこう。繰り返すまでもなく、この考え方の前提には地球の有限性という概念が存在する。無論、ここでいう有限性とは、地球上で営まれる我々人間の活動の舞台として地球を捉え、その舞台の大きさには限りがあるということを指しての言葉だ。

地球の有限性に関しては、これまでに多くの指摘が存在している。古典的な指摘として最も有名なのは、前述したマルサスの「人口論」だろう。マルサスは、人口の増加とその人口を養う手段、すなわち食糧生産の増加とを比べ、前者が後者を必ず上回る傾向があるとの考え方を示した。したがって、農業の生産性を向上させることにより食糧の増産を図ったとしても、その増分は人口の増加によって吸収されてしまうことから、社会の底辺に位置する人々の悲惨な状態は変わらないとの議論を展開した。

マルサスの主張は、必ずしも直接的に地球の有限性に触れたわけではない。しかし、人口の多寡は地球上での人間活動の大小そのものを示すともいえる。増え続ける人口を満たすだけの食糧の供給は、「人口論」が著された一七九八年の時点では耕作可能な土地という資源に大きく依存していたことを考え合わせれば、今日的な意味での地球の有限性とその中での人間活動の限界の存在という問題設定に通じるものがあるだろう。

マルサス以降も、その時々で、人口の増加とそれが引き起こすだろう諸問題を論じる主張は、数多くなされている。これらの主張ではやがて、人口の増加に対し、食糧だけではなく種々の資源供給の面からの制約の存在が強調され始める。このような主張の中で比較的注目を集めたのが、第二章で言及したオズボーンとヴォーグトの著作である。一九六〇年代以降の新たな環境運動の中でも、この論題はやはり主張されることになる[110,111]。

さらに、地球の有限性との文脈の中で、従来からの人口増加やこれに対する食料、資源の供給の不足に加えて、新たな制約要因が提示されることになる。現代の科学技術の発展に伴う環境汚染の拡大だ。これが我々人間の地球上での生存に対する大きな制約要因として、議論の俎上に新たに載せられるようになってきた[112]。「成長の限界」も同様の文脈の中で、「汚染」を取り上げている。

地球の有限性という問題の設定に大きく影響を与えたものに、「宇宙船地球号」という考え方がある。一九六〇年代の半ばに表現として登場してきた。一九六五年七月の国連経済社会理事会において、アメリカの国連大使であったアドライ・スティーブンソンは、地球を宇宙船に喩えることで人間の生存の基盤であるこの地球に対する配慮を訴えた[i]。さらに、一九六六年にケネス・ボールディングは、地球の有限性という視点を明確に打ち出すために「宇宙船地球号（Spaceship Earth）」という表現を用い、量に頼る経済のあり方に警鐘を鳴らした[113]。

「宇宙船地球号」という論題は、当時の環境問題を巡る人々の不安な心を捉えることになる。わずか数年のうちにボールディングの論文は頻繁に引用されるようになり、環境問題の古典的文献になっていく[114]。同時に、地球の有限性に対する認識は、環境問題を考える上での前提ともなっていった。

五・二　人間活動の大きさ

地球の有限性を前提に、人間活動が拡大していく現状を考えれば、必然的に辿り着くのは人間活動の拡大の限界、すなわち成長の限界だろう。人間活動の拡大には、人口の増加も無論その主要な要素として含まれるが、むしろそれだけではない。技術の急激な発達により、人間の行為のあらゆる側面にわたって、その活動は活発化している。この活発化した活動のすべてが、何らかの形で地球環境に対して影響を与えている。

人間活動の結果として地球に対してもたらされる影響、これが有限な地球の容量、すなわち地球環境に対し十分に大きくなってしまっている。人間活動の大きさと地球環境の関係に関するこうした捉え方は、事実として急速に進む人間活動の拡大の中で、マルサスの人口論に指摘される食糧供給の確保という人々の福祉の向上を図るとの視点を越え、地球という一個の惑星を対象に、認識されるようになっていく。

(i)　"We travel together, passengers on a little spaceship, dependent upon its vulnerable reserves of air and soil, all committed for our safety to its security and peace, preserved from annihilation only by the care, the work, and I will say the love we give our fragile craft. We cannot maintain it half-fortunate, half-miserable, and half-free in the liberation of resources undreamed of until this day. No craft, no crew can travel safely with such vast contradictions. On their resolution depends the survival of us all."

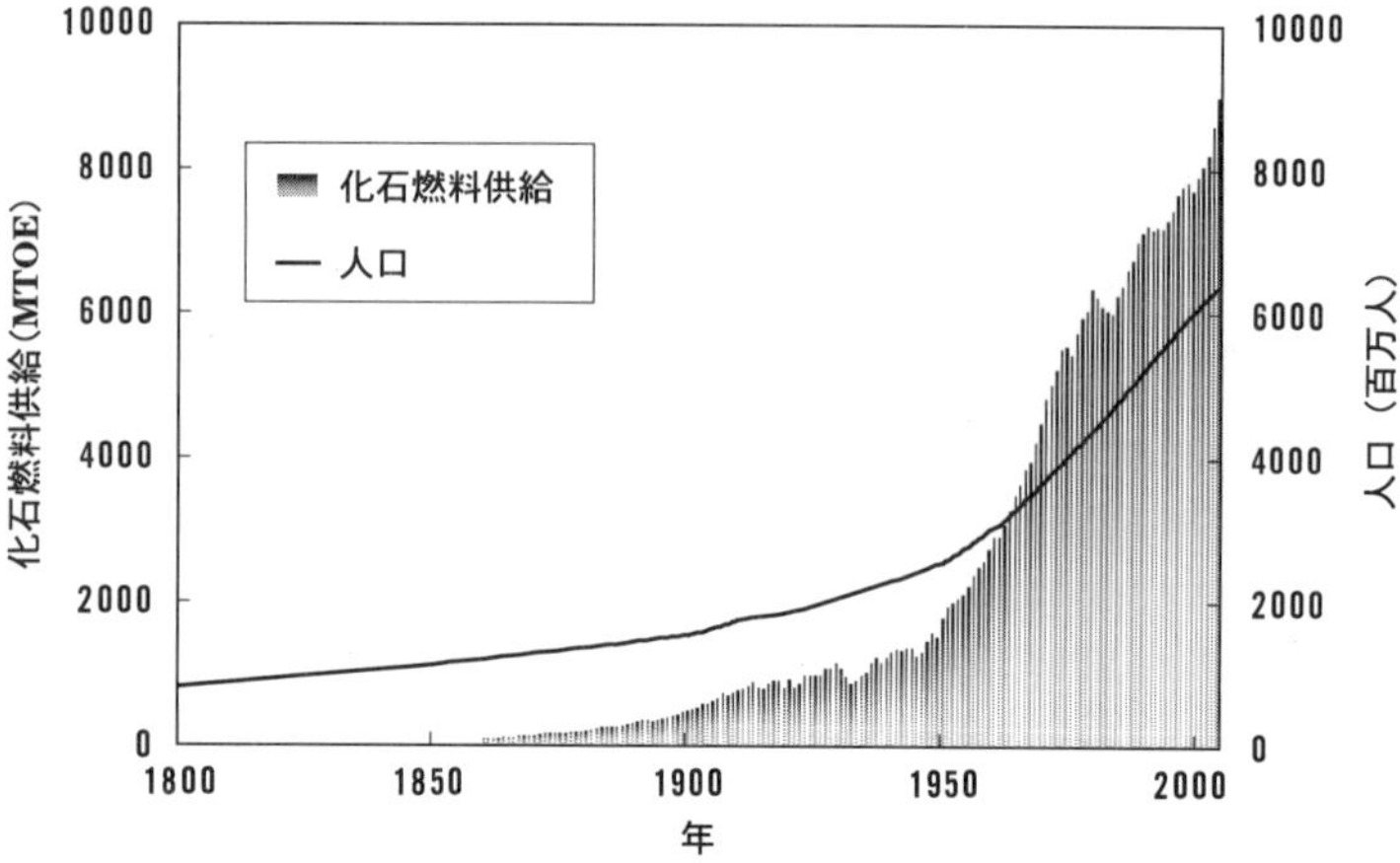

出所：U.S. Census Bureau, Population Division、BP統計、World Energy Supplies、Energy Statistic Yearbookなどの資料に基づき筆者が作成。

【図5-2】 世界の人口及び化石燃料供給の推移

実際、人間活動の大きさは、例えば【図5-2】に示す世界人口の推移や化石燃料の供給量の推移からも明らかなように、マルサスが人口論を著した一八〇〇年頃の世界とは、比較にならない規模にまで拡大している。

やがて、地球環境の容量を越えてしまった人間活動に起因して発生しているのではないかと考えられる様々な事象が、現実に観測されるようになる。さらに、これらの観測の結果が予測する事態は、地球環境とそこで生存する人類に対し、深刻な被害をもたらす可能性を示す。ここにきて、地球環境問題は顕在化し、問題解決のための具体的な対策の構築が、世界的に、真剣に求められるようになった。

ここに至って、従来は「汚染」とは考えられていなかった二酸化炭素などの温室効果ガスの排出自体が、地球環境への耐え難い負荷の原因とされ、その削減が求められることになる。二酸化炭素の排出が人間活動にともない不可避である現状に鑑みれば、汚染物質の排出というこれまでの環境破壊の要因とは全く異なって、人間の活動それ自体が地球環境に対し大きな負荷を与えていると認識され、その削減が求められることになったのだ。

五・三　解決に向けて

第四章の冒頭で、地球環境問題をどう捉えるかということに関し、問題としての捉え方の視座とでもいったものを示した。物理的な事象というよりも、社会的な認識との観点から、地球環境問題の発生、すなわち顕在化の過程を追ってきた。その過程の中で、地球環境問題とはどのような問題として理解することができるのだろうか。

以上の検討を踏まえれば、地球環境問題とは、この地球上における人間活動の規模が、地球が我々に提供し得る環境に比べて十分に大きくなったことに端を発する問題と考えることができる。我々の活動の結果が地球環境に与えている負荷は、地球環境そのものの大きさに対し十分に大きくなってしまい、もはや地球環境が我々の活動を許容し得ない水準にまで達している。

我々の活動すべてが、何らかの形で地球環境に対し負荷を与えているとの認識に立てば、地球環境問題解決のためには、我々人間の活動のある特定の一側面を捉え、それに起因する個別限定的な事象に関した対策を講じていくということだけではなく、我々の活動すべてにわたり地球環境に対する負荷を減じるとの観点からの行動が必要になるのではないか(115)。

人間活動のすべてにわたり、その行動をある方向性に沿うように律する。このようなことは、どのようにして実現できるのだろうか。例えば個別特定の事象に関し、守るべき基準を法令などにより定めこれを遵守する。これは一つの手法ではある。しかし、我々の活動すべてを対象にするのであれば、個別特定の事象だけにとどまらない我々のすべての行為に関し環境負荷を低減するという規範に沿った行動をとることが求められる。

しかしながら、我々の行動すべてに個別具体的な行動様式、例えば行動に際し満たさなければならないような具体的基準を定めることは、事実上不可能だ。また、仮に定め得たとしても、我々の行動すべてがそのような規準に従ってなされるといった事態は、決して望ましいことではない。

五・四　求められる新たな枠組み

では、どうしたらいいのか。個々の行動に対して従うべき具体的な基準を設けるのではない。我々の行動すべてに関し、環境負荷を極力減じるという観点からの行動を自らの意志においてとる。こうした行動様式を強力に誘導するような取り組みが求められるのではないだろうか。

従来の公害問題は、特定の行為を法的強制力に基づいて規制することで解決を図ってきた。これに対し地球環境問題の本質を、人間活動の規模が地球環境に比べて十分に大きくなってしまったこと、すなわち現在の我々の地球上における存在そのものに起因する問題と捉えるならば、従来の規制的手法だけでの解決は困難なのだ。問題解決のためには、特定の行為を規制するだけではなく、地球環境に対する負荷を低減するという規範に沿って我々の行動全般を誘導する枠組みが必要となる。

UNCEDに向けてなされてきた、環境に対する企業倫理や憲章などを確立するための多くの取り

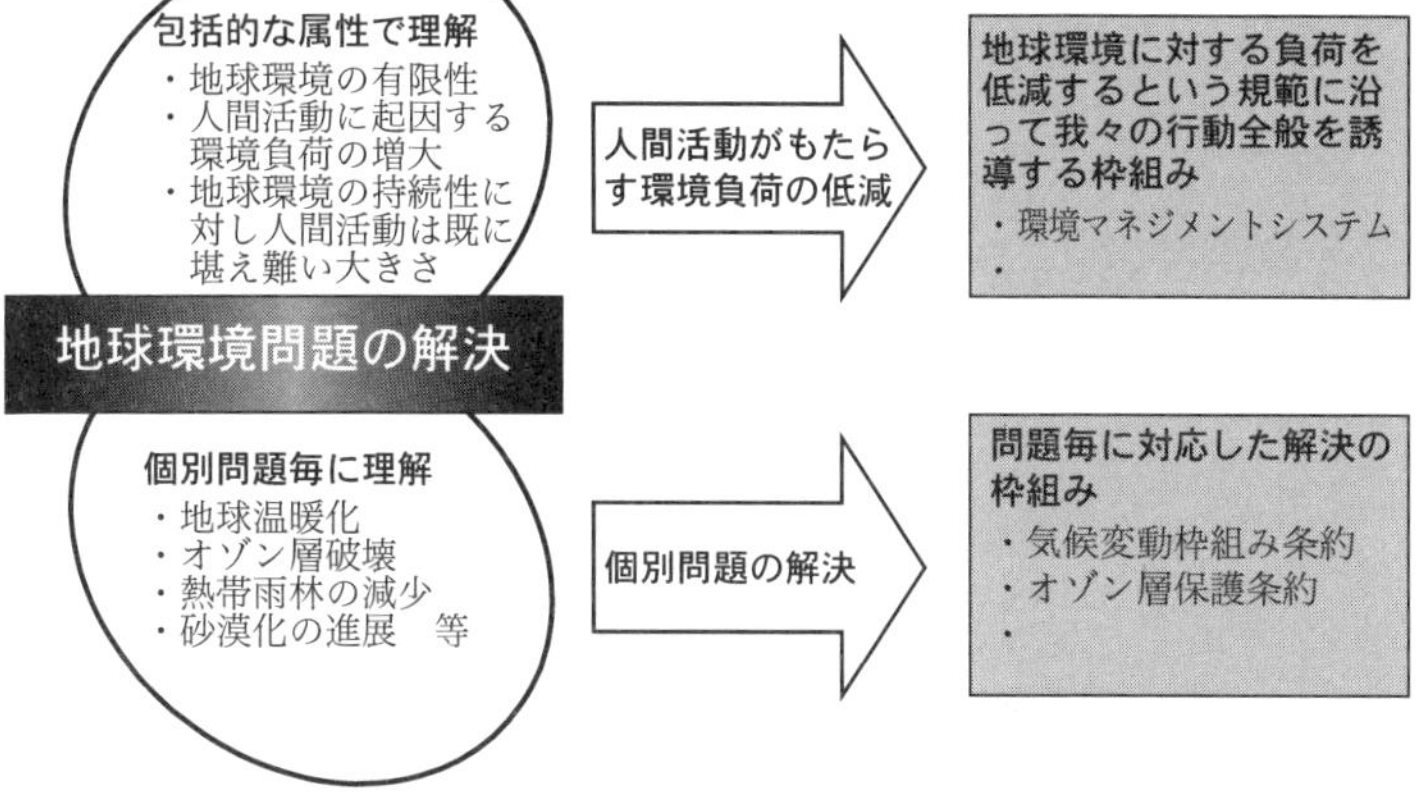

出所：自らの理解に基づき筆者が作成。

【図 5-3】 地球環境問題に対する環境マネジメントシステムの理解

組みは、地球上で大きな環境負荷を発生させているセクターである企業を主な対象に、こうした理解に基づいた新たな枠組みの導入を目指してなされてきたものとして捉えることができる。そして、このような取り組みが、環境マネジメントシステムという名のもとで、UNCEDの成果文書に反映されたのだ。

なお、このように考えるときに留意しておくべきことがある。それは、こうした枠組みは決して従来型の規制的手法を代替する関係にはないということだ。気候変動枠組み条約及びオゾン層保護のためのウィーン条約は、地球温暖化やオゾン層破壊という地球環境問題の中でも主要な問題の解決に大きな役割を果たす、もしくは果たすと期待されている。

同時にこれらの枠組みは、それぞれの条約に基づいて策定された議定書によって、主権国家間の条約として加盟国を拘束し、加盟国は自国に課された義務の履行のために国内で必要な法的措置を採ることが求められる。これは国家主権による規制的措置、すなわち従来型の枠組みとして捉えることができる。

ここで気候変動枠組み条約を従来型の規制的措置と位置づけるのは、同条約が国ごとに温室効果ガスの削減量を義務づける枠組みである点を捉えてのことだ。国ごとに割り当てられた温室効果ガスの削減を達成するための具体的な手法としては、経済的措置、自主的措置、規制的措置それぞれに分類される多くの手法が提案されている。

温室効果ガスの排出の削減や特定フロンの排出の削減などのある特定された目的を達成するためには、その特定行為を規制する従来型の枠組みは有効な手法といえる。このような規制的な手法と、地球環境に対する負荷を低減するという規範に沿って我々の行動全般を誘導する手法とは、相互補完的な関係にあると認識すべきなのだ。無論、環境マネジメントシステムは後者に属する手法だ。【図5-3】に、このような理解に基づく地球環境問題と環境マネジメントシステムとの関係を示す。

六　UNCEDからISOへ

六・一　産業界からの貢献

産業界もUNCEDに対しては非常に大きな関心を持って、その準備段階から注目していた。一九九一年四月にオランダのロッテルダムで、世界中の巨大企業が参集する会議が開催された。会議の名は、環境管理に関する第二回世界産業会議（The Second World Industry Conference on Environmental Management：WICEM II）という。地球環境問題の解決に関する産業界の積極的な貢献をUNCEDに向けて発信することが目的の会議だった。

もちろん、産業界によるこの取り組みは、UNCED事務局との密接な連携のもとになされている。WICEMIIにおいて産業界は、持続可能な開発という考え方に対する支持を強く打ち出す。産業界の取り組みの代表例といえるICCビジネス憲章に関しても、憲章に含まれる内容の実施を広く世界の産業界で確保していくために、WICEMIIの場で真剣な議論が繰り広げられた。アジェンダ21での同憲章への言及は、このような取り組みの成果の好例だろう。

また、化学産業界が提唱している「レスポンシブル・ケア（Responsible Care）」も、ICCビジネス憲章と並んで同様の文脈により、アジェンダ21で言及されている[116]。レスポンシブル・ケアとは、一九八四年にインド、ボパールで発生した農薬製造工場からの化学物質漏出事故を受け、カナダ化学製造者協会（The Canadian Chemical Producers' Association：CCPA）が化学産業に対する社会の信頼を増大させるために、一九八五年に開始した活動だ。

具体的には、化学物質を扱うそれぞれの企業が化学物質の開発から製造、物流、使用、最終消費を経て廃棄に至るまで、自主的に「環境・安全・健康」を確保し、活動の成果を公表し、社会との対話・コミュニケーションを行なうことを、その内容とする[117]。筆者は、環境マネジメントシステムという考え方を社会に実際に適用するために制度化された具体例の一つとしてレスポンシブル・ケアを捉えることができると考えている。

一九九〇年には国際化学工業協会協議会（International Council of Chemical Associations：ICCA）が設立され、レスポンシブル・ケアの世界的な普及に向けた活動を開始する。ＩＣＣＡはＷＩＣＥＭⅡの開催に際しての主要なメンバーであり、また、ＩＣＩ（Imperial Chemical Industries）、ダウ、バイエルといった主要な化学企業がＷＩＣＥＭⅡに参加している。ＷＩＣＥＭⅡの成果として発出された宣言では、化学産業の環境問題に対する取り組みとしてレスポンシブル・ケアを支持する旨も書き込まれている[118]。

さらにいえば、こうした自主的な取り組みにおいて企業が達成を目指す環境パフォーマンスのレベルは自己規制によって決すべきだ、という内容もＷＩＣＥＭⅡでの議論の結果として宣言の中に採択されている[119]。これは、レスポンシブル・ケアの中でも取り入れられている考え方であり、政府による規制を好まない産業界にとって非常に重要な意味を持つ考え方でもあるだろう。レスポンシブル・ケアのアジェンダ21への引用は、化学産業界によるこのような一連の取り組みの成果でもあり、また、背景にある自己規制という考え方は、その後の環境マネジメントシステムのあり方にもつながっていった。

結果としてＵＮＣＥＤは、環境マネジメントシステムに関する議論の大きな節目となった。ＵＮＣＥＤの開催を前提に、環境マネジメントシステムの主として理念に関する多くの検討がなされ、このような努力の成果として、環境マネジメントシステムを構成する概念がアジェンダ21及びリオ宣言に反映されたといえるだろう。

六・二　規格策定の依頼

ＵＮＣＥＤへの反映を目指して産業界が行った検討の一つに、持続可能な開発のための経済人会議（Business Council for Sustainable Development：BCSD）での検討がある。ＵＮＣＥＤの事務局長となったモーリス・ストロングは、持続可能な開発に対する世界の産業界の意見を集約するとともに産業界としてＵＮＣＥＤへ参画し貢献することを、一九九〇年の半ばにスイス人の実業家であるステファン・シュミッドハイニーに依頼した[120]。

これを受け、シュミッドハイニーは世界の主だった財界人によって構成されるＢＣＳＤを組織し、必要な検討を行った。ＢＣＳＤには日本からも、稲盛和夫（京セラ株式会社代表取締役会長（当時、以下同じ））、河合三良（社団法人経済同友会副代表幹事・専務理事）、河毛二郎（王子製紙株式会社代表取締役会長）、久米豊（日産自動車株式会社代表取締役社長）、三鬼彰（新日本製鐵株式会社代表取締役会長）、諸橋晋六（三菱商事株式会社代表取締役社長）及び山口敏明（東ソー株式会社代表取締役社長）の七名がメンバーとして参加している。第一章で触れた地球環境問題に関する経済同友会の提言を取りまとめたのが山口敏明であったことが思い起こされる。

ＢＣＳＤにおける検討では、環境に関する国際規格策定の必要性についても議論がなされる。議論の結果としてＢＣＳＤはＩＳＯに対し、環境分野での必要な規格化に取り組むよう要請を行った[121]。その際には、国際環境規格の策定をＵＮＣＥＤの席上で公表することまでを含めてＩＳＯに求めたようだ[122]。

環境に関する規格策定の要請をＢＣＳＤから受けたＩＳＯでは、内部で検討を行うために新組織を立ち上げる。環境に関する戦略諮問グループ（Strategic Advisory Group on Environment：SAGE）がこれであり、一九九一年八月に設置が決められた。ＳＡＧＥの設置は、国際電気標準会議（International Electrotechnical Commission：IEC）と共同でなされている。ＩＥＣとは、電気及び電子技術分野における国際規格の策定を行っている、電気電子技術分野においてＩＳＯと同等の位置付けを有する組織だ。

ＳＡＧＥの議長にはＢＣＳＤのエグゼクティブ・アシスタントであったフランク・Ｗ・ボスハルトが就任している。このことからも分かる通り、ＳＡＧＥの設置に際してＢＣＳＤは強いイニシアティブを発揮している。ＢＳＣＤはその設立の経緯からも、ＵＮＣＥＤへの産業界からの貢献を至上命題として担っていた。この貢献の具体的事例として、環境に関する国際規格の策定は格好の対象と考えられたはずだ。

一方ＩＳＯにとっても、一九八七年に策定したＩＳＯ九〇〇〇シリーズでの成功体験を踏まえれば、環境問題に対する世界的な関心の高まりの中で、環境分野でのマネジメントシステム規格策定の必要性に着目するのは自然の成り行きであった。ＵＮＣＥＤは、こうした規格策定を進める上で、まさに絶好の機会を提供する場だった。

ＳＡＧＥは所要の検討を経て、ＩＳＯによる環境マネジメントに関する規格策定を妥当とする結論を出した。このＳＡＧＥの決定は、一九九二年の早い時期には既になされている。一九九六年六月に開催されるＵＮＣＥＤに間に合わせることが当然に意識されたのだろう。ＩＳＯによるこの決定は、ＢＣＳＤの望み通り、ＵＮＣＥＤの場で公にされた(123)。

六・三　ＩＳＯでの規格策定プロセスへ

ＵＮＣＥＤでの発表とは独立して、ＩＳＯ内部での規格策定プロセスも進められていく。ＳＡＧＥでの検討結果を踏まえ、当時のＩＳＯ事務総長であったローレンス・Ｄ・アイカーは、環境マネジメントシステム規格の策定に向け、ＩＳＯにおける規格策定のための正式な組織である技術委員会（Technical Committee：TC）の新設を、技術評議会（Technical Board：TB）に対して提案した。一九九二年九月のことだ。

提案がなされた当時、ＴＢはＩＳＯの運営に関する技術的事項を審議する機関であり、ＩＳＯの主要メンバー国により構成されていた。ＴＣはＩＳＯにおける規格の策定を直接担当する機関として必要に応じ設置されることになっており、ＴＣの設置は、実質的にはＴＢで決定される。アイカーからの提案は、ＩＳＯ内部での必要な手続きを経て了承された。環境マネジメントシステム規格の策定を担当するために新たに設置されたＴＣは、ＴＣ二〇七と命名されることになった[124]。

参考ながら、現在のＩＳＯにＴＢなる組織は存在しない。ＩＳＯは一九九三年に組織改革を行っており、ＴＢは技術管理評議会（Technical Management Board：TMB）に改組され、その役割も引き継がれている[125]。また、ＳＡＧＥでの検討とは異なり、ＴＣの段階ではＩＥＣの関与が外れ、したがってＴＣ二〇七の設置もＩＳＯ単独でなされた。

事務総長のアイカーは、ＴＣ二〇七設置に至る一連の手続きの中で異例とも思える程に積極的な役割を果たしている。事務総長自らがＴＣ設立の提案者となり、また、ＴＢのメンバーによる投票及び理事会での確認投票手続きを、本来ならば六週間の期間をとってなされるところを三週間に短縮して実施している。一九九三年の早い時期にはTCの設立を目指したいとの意志のもと、事務局の主導によってTC設立の手続きは強力に進められたといえる[126、127]。

UNCEDの興奮醒めやらぬうちに規格策定の議論に入りたい、そんな想いを感じさせる進め方である。このような努力が功を奏し、一九九三年一月にはTBにおいてTCの設置が決定された。同年六月、UNCED開催のわずか一年後には、約三〇ヶ国、二〇〇名以上の参加者を得て[128]、TC二〇七の第一回会合がカナダのトロントにおいて開催された。UNCEDのモメンタムを色濃く引きずり、規格策定に向けたISOの内部手続きが一気に進められたことの結果だった。

六・四　UNCEDまでとUNCEDから

UNCED以降の環境マネジメントシステムに関する議論は、世界的にはこれを規格として具体化する段階に移行し、検討の場としてのISOにおける規格策定作業に収斂していった。無論、環境マネジメントシステムという名称使用の有無は別にして、同様の考え方を具体化する議論は、ISO以外の場でも続けられていく。

これまでみてきたように、UNCEDでの環境マネジメントシステムに関する議論の結果が、UNCEDの成果文書に記載された。UNCEDで環境マネジメントシステムが議論された背景には、UNCEDに至る過程での多くの検討が存在する。さらに、これらの検討は、地球環境問題に対する世界的関心の隆盛に強く影響を受けてなされてきたものだった。地球環境問題に対する世界的な関心の隆盛も、何も突然に起きたわけではなくそこにつながる環境運動が存在している。

このような流れの存在が、これまでの説明で理解できるのではないだろうか。この流れの中での環境マネジメントシステムに対する理解は、「持続可能な開発」という考え方を前提に地球環境問題の解決を目指す上で必要とされる地球環境に対する負荷を低減するという規範に沿って我々の行動全般を誘導する枠組み、ということになる。

もちろん、このような枠組みとしてISOの環境マネジメントシステム規格であるISO一四〇〇一が唯一無二のものでないことは再三述べてきた。ISO一四〇〇一は、地球環境問題の解決を図る上で求められる新たな枠組みを社会に適用するために構築された具体的な制度の一つなのだ。

次章以降で、ISO一四〇〇一の策定過程において実際にどのような議論があったのかを詳細に追うとともに、その結果として策定されたISO一四〇〇一が枠組みとしてはどのようなものであるのかを検討する。その上で、実際に策定されたISO一四〇〇一の枠組みが、地球環境に対する負荷を低減するという規範に沿って我々の行動全般を誘導する枠組みとして捉えるべきとした環境マネジメントシステムに対する理解と整合することを示したい。

第六章　ＩＳＯ一四〇〇一の策定へ

一　SAGEでの議論

一・一　環境へのISOの取り組み

前章でみたように、地球環境問題への対応を求める全世界的な運動の盛り上がりの中で、国際標準化機構（ISO）は持続可能な開発のための経済人会議（BCSD）からの依頼に応じ、環境分野における国際規格策定の可能性を検討することになった。具体的には、環境に関する戦略諮問グループ（SAGE）を設置し、その場において必要な検討を開始した。SAGEの第一回会合の開催は、一九九一年九月のことだった。

ISOは、SAGEの設置以前には環境に関する取り組みを何ら行っていなかったというわけではない。環境関係規格や製品認証を含む環境ラベル問題へのアプローチ方法などを検討課題とする「環境ラベルに関するアドホックグループ」の設立を理事会が決定したのは、一九九〇年九月のことである。このアドホックグループは、一九九一年五月には第一回会合を開催し、エコラベルなどの環境問題に関する各国の状況報告や環境関連用語、定義、シンボルなどについての検討を開始している。

また、「技術動向に関するISO／IEC会長諮問委員会」と「ISO長期計画アドホックグループ」においては、当時ISOの前会長という立場にあった山下勇の提唱に基づいて、将来の標準化活動のあり方に関する検討を行っていた。検討の結果は、調査研究報告書「将来への展望」として、一九九一年三月に発表されている。そこでは、「技術革新に対しての早い段階での標準化の取り組みについて、地球規模での調整に対応するための新しい機構の設立」が必要である旨、また、「緊急な標準化課題として環境及び安全」分野に注力すべき旨が提唱された。

このようにISOは、環境問題に関し標準化という観点から何らかの対応をしようとの意図は十分に有していた。ISOが環境分野での活動の活発化を図ろうとしたのは、無論、当時の世界の地球環境問題を巡る議論が背景にあったからであろう。ただ、ISOがこのような検討を独自に実施していたという実態とは独立して、UNCEDに至る世界的な議論の渦中にISOは取り込まれていくことになった。

一・二 SAGEの設置に向けて

ISO事務総長のローレンス・D・アイカーがBCSDからの招待を受け、その会合に出席したのは一九九一年の二月のことである。その場でアイカーは、UNCEDに向けた環境問題への取り組みに関しISOとしての協力の可能性を打診され、これに対して彼は検討を行う旨を表明した。

ISOの執行評議会(Executive Board: EB)は、早くも同年の五月には、検討の場としてのSAGEの設立を決め、ISOとしてSAGEの設立を決定すべく、これを理事会に提案する。ISOの理事会は、同年八月には、暫定的な(ad hoc)組織としてSAGEの設立を承認した。(129) この理事会は、実は書面により開催されたものだった。その翌月、九月にはSAGEの第一回本会合がジュネーブで開催された。何とも手回しがいいのである。理事会によるSAGE設立の承認を九月のSAGE開催に間に合わせるために、書面により何とか理事会を開催したということだろう。

さらにその翌月の一九九一年一〇月には、スペインのマドリッドにおいて理事が一堂に会する、書面ではない現実の理事会が開催された。そこでは、SAGEの設立に関しわざわざ新たな理事会決議を行うことになった[130]。新たな理事会決議では、「SAGEの第一回会合の結果に満足をもって注目し、SAGEに関する以下の所掌範囲を承認する」として、先の書面決議で定めたSAGEの所掌範囲と同内容の範囲を再度「承認」している。もっとも、既にSAGEの第一回会合は開催され、そこでの検討は実質的に開始されていたことから、結果的には八月の理事会で決めた内容の追認だった。

意志決定に時間を取られることが通例の国際機関としては、異例ともいえるスピード感での検討体制の確立だった。SAGEの設置により、UNCEDへの貢献を念頭においての環境に関するISOの取り組みは、SAGEの場での検討を中心になされていくことになる。

一・三　SAGEの作業範囲

国際機関において何か新しい活動を行おうとする場合には、通常はその作業の所掌範囲、このような範囲は一般にマンデートと呼ばれるのだが、これを具体的に規定する。このマンデートを規定することそれ自体が、通常は大きな議論を呼び、結構な手間のかかる作業となる。

なぜならば、新たな活動によって生み出される成果、SAGEの場合であれば環境に関する国際規格策定の必要性の検討の結果ということになるのだが、これがどのような内容となるかで、各国の利害は対立する。少しでも自国に有利な内容の成果を得たいと考えるのであれば、作業の範囲自体を自国の思惑に沿った結論が得られるように設定する必要がある。自らに有利な成果を実現する上では、自らの思惑に沿った作業範囲の設定それ自体が非常に強力な武器として働くことになる。

したがって、作業範囲の設定は、必然的に非常に重大な意味を持つことになる。この作業範囲の規定をどう決めるかが、つまるところ国際交渉の始まりなのだ。

SAGEのマンデートは、SAGEの暫定的な設置を決めた一九九一年の八月の書面理事会において定められている。その具体的内容は、「交渉」の結果の産物の常として、非常にわかり難い文章となっているが、これを日本語で以下に示す。あわせて英文も脚注に示すので、参照していただきたい。

① 消費者情報及びエコラベリング、資源、特に原材料及びエネルギーの利用及び輸送、さらには生産、配送、製品の利用、廃棄及び再利用による環境への影響、これらの要素が具体化された概念である持続可能な産業開発という考え方を世界的に適用していくための、将来の国際標準化に関するニーズを評価すること(i)、

② 基本目標、提案される新分野、時期的必要性、ISO/IECの既存の製品規格及び試験方法への環境配慮の反映のための指針、これらの内容を含む環境パフォーマンス/マネジメントの標準化に関するISO/IEC全体戦略を勧告すること(ii)。

(i) "to asses the needs for future international standardization work to promote world-wide application of the key elements embodied in the concept of sustainable industrial development, including but not limited to consumer information and eco-labeling ; the use and transport of resources, in particular raw materials and energy ; and environmental effects during production, distribution, use of products, disposal and recycling."

③　その勧告をISO／IECの理事会に報告すること(iii)。

環境に関する種々の概念が入り混じっているが、要約すれば、「環境に関する国際標準化の必要性を評価し、環境パフォーマンス／マネジメントの標準化に関するISO及びIECの戦略プランを勧告すること」といえる。「持続可能な産業開発（sustainable industrial development）」との語が含まれているのは、UNCEDへの貢献を念頭に、時代を反映してのことだろう。また、先にも述べたが、SAGEはISOとIECの共同設置であったことから、そのマンデートもISOとIECの双方を念頭においた内容となっている。

環境マネジメントシステム規格に関する後の議論との関連で特に注目すべきは、検討すべき規格化の対象に「環境パフォーマンス」が含まれていることだ。これはUNCEDにおける議論では、発展途上国が強くその除外にこだわった点だった。規格化の対象に環境パフォーマンスを含むか否かは、ISO一四〇〇一の策定の過程においては別の視点からも大きな論点となるのだった。

二　検討を巡る状況

二・一　検討体制の確立

SAGEの第一回本会合は、一九九一年九月にISO事務局が位置するスイスのジュネーブで開催された。その場では四つのサブ・グループ（Sub Group：SG）の設置が決められる。SG1からS

G4までの各SGで、環境マネジメントシステム（Environmental Management Systems）、環境監査（Environmental Auditing）、環境パフォーマンス評価（Standards for Environmental Performance Evaluation）及び環境ラベル（Environmental Labelling）の各項目の検討をそれぞれ担当することになった。

各SGが行うべき作業としては、SGそれぞれの検討項目に関し、その現状を把握した上で関連する主要な概念の検討を行い、ISO／IECにおいて規格を策定する上で必要となる既存もしくは新設する技術委員会（TC）の作業範囲を勧告することなどが位置づけられた。また、本章の冒頭で触れた、SAGE設置以前から実施されていた「環境ラベルに関するアドホックグループ」の活動は、環境ラベルに関する検討を行うSG4の活動に取り込まれることとなった[(131)]。

一九九二年二月に開催されたSAGE第二回本会合では、SG5及びSG6の二つのSGが追加的に設立される。検討項目は、それぞれライフ・サイクル・アナリシス（Life Cycle Analysis）及び製品規格における環境側面（Environmental Aspects in Products Standards）だ。これに加えて、産業動員計画（Industry Mobilization Plan）を策定することも承認された。もっとも、この産業動員

(ii) "to recommend on overall ISO/IEC strategic plan for environmental performance and/or management standardization ; including primary objectives, proposed new work areas, timing needs, and guidance for the inclusion of environmental consideration in products standards and test methods within the existing ISO/IEC technical committee system."

(iii) "to report its recommendations to the ISO and IEC Councils."

計画に関しては、具体的な活動が行われ、また、何らかの成果が得られたということはなかった。六つのSGは、設立以降、精力的に検討を進め、検討の進捗状況は適宜本会合に報告されていった。

また、SAGEの第二回本会合では、ISOからUNCEDへの提出文書が採択されている[132]。UNCEDへのISOとしての貢献がSAGEにおける検討の発端であり、提出文書では当然のことながら環境マネジメントシステムに関する国際規格の策定の必要性が謳われることになった。

二・二　急激に進む検討

環境マネジメントシステムを担当するSG1は、この第二回本会合の場で、ISO／IECによる環境マネジメントシステムの国際規格の策定と、そのための新しいTCの設立を勧告する。さらにこの勧告は、SAGE本会合でも受け入れられる[133]。

もちろん、環境マネジメントシステム規格策定の必要性は、これまでの検討に至る経緯と、UNCEDを間近に控えた当時の環境を巡る状況の中で、事実上決していたことではあった。このことを勧告した段階で、本来SG1に課せられていたマンデートは果たされたことになる。しかし、勢いのついた検討は、これでは終わらなかった。

SAGE本会議での勧告の採択を受け、規格策定を行うためのTCが設立されるまでの間は、SG1で環境マネジメントシステム規格の提案に必要な作業を続けることが、SAGE本会合において認められてしまう[134]。このような決定は主にヨーロッパ諸国を中心に進められていく。後に述べるが、アメリカはこの決定には必ずしも賛成の立場ではなかった。また、このような急進的な動きは、SAG

Eでの検討が、より広い参加者を得てのTCでの検討に移行した後には、物議を醸すことになる。

第二回本会合開催の後、第三回のSAGE本会合の開催に至る前に、ISOの事務局主導で環境マネジメントシステム規格策定の作業を担う新TC設立の手続きが開始される。これが異例の早さで進められたことは、前章の最後で述べた通りだ。

第三回SAGE本会合は一九九二年一〇月に開催された。その段階では、新TCの設置要求が既に行われていたことから、本会合の場ではその事後承諾が求められている。その上で、新たなTC設置の具体的な日程までもが示された[135]。

第四回SAGE本会合は、一九九三年六月にカナダのトロントで開催された。このSAGE本会合に引き続く形で、環境マネジメントシステム規格策定のために新たに設立されたTCであるTC二〇七の第一回会合が、同じトロントで開催されたのだった。このようなISO内の規格策定に向けての検討のプロセスを、【表6-1】に示す。

二・三　ヨーロッパ主導の体制

SAGEでの検討は、その内容面からも、また、将来の規格策定に向けての体制の整備という面からも、非常に迅速に進められている。規格の策定に向けて突っ走ったという感じだ。このような動きを規格策定に向けての検討体制の確立という観点でみてみると、SAGEのSGごとの検討体制は、結果的にはTC二〇七における検討体制に、事実上そのままの形で引き継がれていることが分かる。

ISOにおける規格策定の正式なプロセスであるTCでの検討は、個別の検討事項ごとに、通常は

【表 6-1】 環境マネジメントシステム規格策定のための ISO 内の主なプロセス

年	月	会議名等	環境マネジメントシステム規格策定関連事項
1991	2	BCSD	UNCED に向け環境関連規格策定の可能性を打診され、ISO 事務総長が ISO として検討を行う旨を表明。
	8	ISO 理事会	SAGE の設立及びその作業範囲を書面審議により決定。
	9	第一回 SAGE	以下の 4 SG の設置を決定。 ・環境マネジメントシステム　・環境パフォーマンス評価 ・環境監査　・環境ラベル
1992	2	第二回 SAGE	各 SG における検討の進捗状況を報告。従来の4 SGに 加え、以下の 2 SG の設置を決定。 ・ライフサイクル・アナリシス ・製品規格における環境側面
	6	UNCED	環境関連分野における国際規格策定に関する ISOの考え方を表明。
	9	事務局	環境関連規格策定のための新 TC の設置を TB に提案。
	10	第三回 SAGE	各 SG における検討の進捗状況を報告。新 TC の設置を TB に提案した旨の事後説明。
1993	1	TB	新 TC（TC 207）設置を決定。
	6	第四回 SAGE	SAGE 戦略プランを採択。そこでは、環境関連分野における国際規格策定の必要性と、そのための新たな TC 設置の必要性を謳う。
	6	第一回 TC 207	以下の 6 SC の設置を決定。 ・環境マネジメントシステム　・環境パフォーマンス評価 ・環境監査　・ライフサイクル・アナリシス ・環境ラベル　・用語及び定義
1994	5	第二回 TC 207	各 SC における検討の進捗状況を報告。ISO 14000 シリーズ全体としての文書構成の概要を決定。
1995	6	第三回 TC 207	各 SC における検討の進捗状況を報告。環境マネジメントシステムに関し、国際規格原案（Draft International Standard: DIS）への登録を承認。
	8	事務局	DIS 投票の実施（1996 年 2 月締切）。
1996	6	事務局	国際規格最終原案（Final Draft International Standard:
	6	第四回 TC 207	各 SC に関連する現況を報告。
	9	事務局	ISO 14001 の発行。

出所：各種資料に基づき筆者が作成。

【表6-2】 SAGE及びTC 207の組織構成

SAGE		TC 207	
SG 1	Environmental Management Systems	**SC 1**	Environmental Management Systems
SG 2	Environmental Auditing	**SC 2**	Environmental Auditing
SG 3	Environmental Labelling	**SC 3**	Environmental Labelling
SG 4	Standards for Environmental Performance Evaluation	**SC 4**	Environmental Performance Evaluation
SG 5	Life Cycle Analysis	**SC 5**	Life Cycle Assessment
SG 6	Environmental Aspects in Product Standards	**WG 1**	Environmental Aspects in Product Standards
Industry Mobilization Plan		—	
—		**SC 6**	Terms and Definitions

注：TC 207/SC 5は当初Life Cycle Analysis、後にLife Cycle Assessmentに改称。
出所：各種資料に基づき筆者が作成。

分科会（Sub Committee：SC）を設置して行う。SAGEでのSGの構成と、TC二〇七に設置されたSCの構成を【表6-2】に対比して示す。これをみれば明らかなのだが、TC二〇七におけるSCの構成は、SAGEにおけるSGの構成とほぼ同様となっている。

さらに、【表6-2】に示される検討体制において各国が果たした役割をみると、環境マネジメントシステム規格の策定に対する各国の取り組みの様子が窺え、大変興味深い。SAGEの各SGでは、そこでの検討作業の取りまとめとでもいうべき位置付けで、コンビナー（convener）という役職をおいている。それぞれのSGでのコンビナーと、その所属する国の規格策定団体の一覧を【表6-3】に示す。

207の役職一覧

TC 207（幹事国）			
事前立候補	TB案	実　際	備　考
AFNOR SCC BSI SNV DIN	SCC	SCC	議長もカナダ
AFNOR BSI ANSI DS	BSI	BSI	
NNI	NNI	NNI	
SAA	SAA	SAA	
ANSI DS BSI NSF DIN SAA	ANSI NSF	ANSI	産業分野のWG2のコンビナーはNSF
AFNOR DIN ANSI SIS	AFNOR DIN	AFNOR	議長はドイツ
		DIN	
SAA	—	NSF	

SCC：Standards Council of Canada（カナダ）
SNV：Schweizerische Normen Vereinigung（スイス）
BSI：British Standards Institution（イギリス）
ANSI：American National Standards Institute（アメリカ）
SIS：Standardiseringen i Sverige（スウェーデン）

【表 6-3】 SAGE 及び TC

	SAGE（コンビナー）
本会合	Frank W. Bosshardt BCSD
SG 1/SC 1 Environmental Management Systems	Ossie A. Dodds BSI
SG 2/SC 2 Environmental Auditing	John C. Stans NNI
SG 3/SC 3 Environmental Labelling	James L. Dixon SCC
SG 4: Standards for Environmental Performance Evaluation SC 4: Environmental Performance Evaluation	John Hawley ANSI
SG 5: Life Cycle Analysis SC 5: Life Cycle Assessment	Stanley Rhodes ANSI
SG 6/WG1 Environmental Aspects in Product Standards	Klaus Lehman DIN
Terms and Definitions	—

注1：SAGEの本会合については、コンビナーではなく議長。
注2：SAA：Standards Australia（オーストラリア）
DS：Dansk Standard（デンマーク）
AFNOR：Association francaise de normalisation（フランス）
DIN：Deutsches Institut fur Normung（ドイツ）
NNI：Nederlands Normalisatie-instituut（オランダ）
NSF：Norges Standardiseringsforbund（ノルウェー）
出所：各種資料に基づき筆者が作成。

この役職の割り振りをみても分かる通り、ヨーロッパ諸国を中心に、そこにアメリカとカナダを加えて、すべての座席が埋められている。SAGEの設置とそのマンデートを書面理事会で決定したことからも分かる通り、事務総長を中心にISO事務局が強いイニシアティブを発揮し、SAGEをリードした。そのリードは検討体制の構築でもみてとれる。

国を跨っての標準化の重要性が現実の問題として認識され、かつ、規格の統一に実際に結びついたのは、基本的にはヨーロッパにおいてだけだった。ヨーロッパでは、比較的狭く近い地域に工業発展を遂げた多くの国が存在しており、これらの国の間での製品や技術の移動が盛んだった。このため、各国にとっては規格を統一する現実の必要性が極めて高かった(136)。

ISOは、こうしたヨーロッパにおける国を跨っての規格統一の必要性を背景に設立されたというその成立の歴史からも、運営に際してヨーロッパ諸国の影響を強く受ける。ヨーロッパ諸国は、当然のことながら、こうした事務局のイニシアティブを強く支援し、検討の推進に積極的な役割を担ったのだった。

二・四　TCへの体制の引き継ぎ

TC設立後、SAGEのSG構成とほぼ同様の構成で設置されたSCでの検討に、各国はどのような役割を果たしたのだろうか。SAGEのSGにコンビナーという役割が存在していたのと同じように、TC及びその下におかれるSCには幹事国という役割が存在する。幹事国は、担当するTCもしくはSCの事務局的機能を担い、そこの議長は幹事国から選ばれるのが通例である。

規格策定の作業の中で幹事国の役割を引き受けるということは、策定される規格に自らの意志を反映させる上で非常に有利に働く。それ故、規格の内容に関心を有する各国は、重要なSCの幹事国の座を巡って激しく争うことになる。この時、何を根拠に幹事国の座が決定されるのだろうか。現実には種々の要素が絡み合うものの、対象となる規格策定分野でのこれまでの貢献の程度、活動実績が大きくものをいうことになる。

TC二〇七の場合には、特にSAGEでの活動実績を反映して、どのSCの幹事国はどの国が適当かということがTBの場で事前に議論され、TBの決議として幹事国推薦リスト的なものが作成されている。(137) 公式的には、各SCの幹事国はTC二〇七の本会議で決められることになるのだが、現実にはTBによって作られたリスト通りに幹事国が選ばれている。TC二〇七での幹事国の座は、SAGEの各SGでの各国の活動実績の結果ともいえるものだった。

【表6-2】に、この一連の幹事国選出のプロセスでの各国の選出状況を、SAGEの各SGのコンビナー国と対比して示す。幹事「国」といっても、実際に事務局機能を果たすのは、国を代表してISOに加盟する各国の規格策定団体だ。このため、【表6-2】では国名ではなく、各国の規格策定団体の名で示している。

設置が決められた各SCに対し、複数の国が幹事国引き受けの意志を示す。各国の立候補だ。この段階で、様々な調整が行われることは、想像に難くない。こうした調整の結果としてTB案が策定されたわけだが、基本的には、SAGEの対応するSGでコンビナーを務めた国がTB案でもそのまま残っていることが分かる。

まず、TC二〇七本会合の幹事国はカナダとなった。先行して策定されていた品質に関するマネジメントシステム規格であるISO九〇〇〇シリーズを担当するTC一七六の幹事国をカナダが務めていたことが、背景として存在する。TC二〇七の幹事国になったことによりカナダは、SCの幹事国への立候補はすべて辞退した。この結果、SAGEのSG3ではカナダがコンビナーを務めていたのだが、TC二〇七のSC3の幹事国はオーストラリアに変更されている。

また、SC4とSC5では、どうしても調整がつかずにTB案ではそれぞれが二ヶ国を併記している。最終的には、SC4ではアメリカが幹事国となった。SAGEのSG4でアメリカがコンビナーだったことからは、順当な結果だろう。争ったノルウェーはSC4に設置されるWGのコンビナーという形で落ち着いた。SC5では、フランス、ドイツの双方とも譲らず、結果としてフランスが幹事国、ドイツが議長と役職を分け合うことになった。

もちろん、こうした幹事国の選出を、これまでの活動実績の結果だけに依存するというように単純化することはできない。先にも触れたが、国際標準化活動はもともとはヨーロッパ各国間の規格の整合の必要性から出発している。こうした歴史的な経緯に由来し、ISOでの意志決定メカニズムが結果的にヨーロッパ諸国に優位に働く構造となっていることも、一般的には大きく影響する。

日本のISO加盟団体は、日本工業標準調査会（Japan Industrial Standards Council：JISC）である。無論、【表6-2】にJISCの名はない。TC二〇七の第一回本会合の場での奮戦の結果として、環境パフォーマンス評価のSC2に設置される産業分野別の環境パフォーマンス評価を担当するWG2の共同コンビナーと、ライフ・サイクル・アナリシスのSC5に設置されるインベントリーを担当するWG2の共同コンビナーとを、「辛うじて」[138]獲得したのだった。

三　アメリカと日本

三・一　アメリカの対応

環境に関する規格策定の必要性を検討し、その結果を勧告することがSAGEに求められた役割である。決して、規格の内容そのものの議論がSAGEに求められていたわけではない。しかしながらSAGEのSG1では、この規定された役割を越え、規格の内容に関して議論を行うようになる。

さらにSG1の参加各国は、自国で開発、策定している関連規格を、SAGEでの議論の俎上に載せるべく、SG1に提出した。この代表例が、イギリスのBS七七五〇である。BS七七五〇は、イギリス規格協会（British Standards Institution：BSI）が策定した環境マネジメントシステムの規格であり、一九九二年の時点では既に発行されていた。また、アイルランド、フランス、南アフリカも、自国で検討中の規格草案を提出した。[139]

一方でアメリカは、ヨーロッパ諸国の主導によってSAGEがそのマンデートを外れて規格の策定作業までも行うことに対し、これを時期尚早であるとして反対する。そもそも規格の策定はSAGEのマンデート外であり、また、SAGEの参加者は必ずしも規格策定のための技術的な専門家ではない。規格の執筆を行うのであれば専門家の関わりが必要となる。これらがアメリカの反対の理由だった。

しかしアメリカの反対は、規格の策定を急ぐヨーロッパ勢に対する抑止力とはならなかった。規格の策定自体がSAGEにおいては既定の事実となり、また、SAGE設立の経緯からも分かる通り、ISO事務局も規格の早急な策定という点からはヨーロッパ諸国とは完全に同一の歩調だった。

規格はTCにおいていずれ策定されることになる。そうであるならば、仮にSAGEで議論された規格草案に不都合があったとしてもTCで変更すればよいではないか。TCが規格の策定権限を持つ現状からは、検討の原案があった方がTCでの作業は効率化するのではないか。ヨーロッパ諸国のこうした考えにより、規格草案の策定作業は進められていくことになる(140)。

アメリカには、環境に関した独特の厳格な法規制が存在していた。したがって、特にアメリカの産業界は、これ以上の規制や規格は必要ないというのが基本的な立場だった(141、142)。このような立場を背景にアメリカが懸念したのは、既に自国内で環境マネジメントシステム類似の規格を持つ、もしくは持つために検討を行っている国の、こうした規格もしくは規格草案の概念が、適切な議論を経ずして国際規格に移植されてしまうことだ。

実際、アメリカの懸念は現実のものとなる。

三・二　日本の対応

日本はISO場裡での環境関連国際規格の策定に関し、どのような立場にあったのだろうか。実は、日本はSAGEでの検討に、その冒頭から参加したのではなかった。日本がSAGEの検討に参加したのは第二回本会合からだ。そこで初めて、ＳＡＧＥで行われている検討の重大性を認識することになる。

もっとも、これまでの環境運動の存在を背景に環境監査や環境マネジメントシステムに関する議論が進められ、その制度化が考えられてきたアメリカやヨーロッパに対して、このような背景のない日本が検討の場に当初から参加し得なかったことは、何も責められるべきことではないだろう。重大性の認識に関しても、環境問題解決のあり方に対する新しい手法としての意義を認識してのことというよりは、ＩＳＯ九〇〇〇シリーズの策定が日本の産業界にもたらした様々な影響を念頭に、同様の事態の発生に対する懸念からの重大性の認識だった。

ＳＡＧＥの第二回本会合に出席し、ことの重大性を悟った日本は、環境マネジメントシステムの国際規格化への対応のために、官民を挙げての本格的な検討体制を日本国内で構築していく[143]。しかしながら、環境マネジメントシステムの規格化自身の必要性に関しては、日本の産業界の反応は全般的に否定的だったとされる[144]。環境マネジメントシステム規格の積極的な活用を考え、規格の策定に突き進むヨーロッパ勢の議論に対し、日本が噛み合った議論を展開することは困難な状況だった。

「いままでのように、公害問題などでは具体的規制値に対し、チェックすればよかったものが、会社のポリシーが大きな部分に対し、外部監査人が正当性を立証できるのか、大いに疑問が残る制度になる心配がある。また、大気、水質などの公害関係法では地方行政が現在定期的に立入調査を行っており、各企業に対し、厳しく監視、指導している。ここでさらに外部環境監査人による遵法性の監査を改めて実施することに、余り意味がないと思うのだがどうだろうか[145]」。

これは、日本の大企業の環境対策担当者が、この当時既に顕在化していたECの環境監査制度及びこの監査方式のISOでの規格化という動きに触れ、これらの環境監査制度の中でも外部監査の実施に対してどう感じているかを述べたものだ。内部環境監査を含め既に十分に環境対策を行っているとの自負を背景に、外部環境監査の有効性に関し疑問を呈している。おそらく日本の産業界の当時の考えは、ここで示した見方に集約されるのではないだろうか。

三・三　対応の背景

先に引用した企業の環境対策担当者の見解からは、環境監査が環境マネジメントシステムとは独立なものとして、特に遵法性に対する外部環境監査人による監査の実施という意味合いで捉えられていたことを窺わせる。

このような形での環境監査の実施を念頭におけば、既に自社内で各種の法規制に適合させるための対応を実施している中で、企業はさらに外部監査人からも同趣旨の監査を受けることになる。したがってこれを二重規制と捉え、否定的な感覚を抱いたとしても不思議ではない。このような感覚は、自社内での取り組みが真摯な企業ほど強かったのではないか。

環境マネジメントシステムという考え方とは無関係に環境監査という概念が先行し、まずは環境監査ありきとでもいうべき雰囲気が、一九九二年頃の日本には確かに存在した。筆者自身も、当時そう感じたことを記憶している。現実に、環境監査という言葉は環境マネジメントという言葉よりも早く登場し、当初は遵法性の監査という文脈で使用されることが多かった。このような環境監査を巡る当時の社会的な理解の状況は、産業界の捉え方にも当然大きな影響を与えたと考えられる。

さて、実際問題として日本からの参加が本格化するSAGE第三回本会合の時点では、当然のことながら各SGのコンビナーがヨーロッパ各国に占められた後だった。日本が議論に参加した段階では、ヨーロッパ諸国が主導する積極的な議論の道筋は既にできあがっていたのだ。この意味では日本も、「多勢に無勢」(146)で自らの主張の実現に困難を感じていたアメリカとは、同様の疎外感を味わったはずだ。

規格策定の検討の場がSAGEからTCに移ると、環境マネジメントシステム規格のあり方に関し、アメリカとヨーロッパとの間で激しい議論が展開されることになる。その際に日本は、アメリカとは立場をほぼ共有することになるのだった。

四　どのような議論だったのか

四・一　SAGE／SG1での検討の推移

環境マネジメントシステム規格の策定に向け、ヨーロッパ諸国の主導により、SAGEにおける検討体制は急速に整えられた。その体制のもと、やはりヨーロッパ諸国の主導のもとで、どのような議論がたたかわされたのだろうか。以下に、SG1での議論の流れを具体的にみていくことにしよう。

環境マネジメントシステムの国際規格の策定と、そのための新しいTC設立の勧告を一九九二年二月のSAGE第二回本会合において行ったSG1は、既にその段階でSAGEのマンデートで定められた役割を果たしてしまったことになる。ではその時点でSG1の検討を止めるかというと、そうはならない。マンデートを超えて、規格の内容に関する検討を実施していくことになる。SAGE本会合もこれを認めた。このことは、前にも述べた。

SG1はこの新たな検討を実施していくにあたって、環境マネジメントシステム規格に関する基本的な考え方を示すポジション・ペーパーと、来るべきTCでの検討の草案となるモデル規格を作成することを決める。一九九二年四月に開催したSG1の会合においてのことだ。

この決定を踏まえ、SG1は一九九二年六月のトロントでの会合において、ポジション・ペーパーとモデル規格の作成のためのアドホック・タスクフォースの設立を決める。タスクフォースは直ちに作業を開始し、そこで作成されたこれら両文書の原案は、同年九月にベルリンで開催されたSG1のフルメンバー会合において議論されることになった。

ベルリンでの議論の結果、ポジション・ペーパーについてはSG1としてその内容を承認する。その一方で、モデル規格に関しては、時間的な制約から十分な議論がなされなかったことを理由に、その時点でのSG1としての承認は見送られた。

四・二　引っ張られる議論

SG1のフルメンバー会合、その下におかれたアドホック・タスクフォースの開催や作業の日程を追っていただければ分かると思うが、SG1での一連の活動はとにかくタイトなスケジュールで行われている。原案作成のタスクフォースには、規格の策定に強いこだわりを持つ国や人が参加する。逆に、強いこだわりがなければ、とてもこうしたタイトなスケジュールの中で、原案を策定するというようなハード・ワークをこなすことなどできないだろう。

このような国際会議の場で、一群の熱心な人々により議事が引っ張られるということは、往々にしてみられる。関与する多くの個人の頑張りの集積が時として大きな流れを生み出すことは確かにある。SG1でのスケジュールをみるにつけ、筆者としては、この感を禁じ得ない。

さて、同年一〇月に開催された第三回SAGE本会合において、各SGの作業日程が延長されることになった。これに伴い、SG1でも年を越した一九九三年二月にロンドンで会合を持つことになる。ロンドンの会合では、ポジション・ペーパーとモデル規格に関する議論が再度なされた。その結果、ポジション・ペーパーに関しては、いくつかの修正が施された上で、一九九三年六月にトロントでの開催が予定されていたSAGEの第四回本会合に提出することが認められた。

その一方で、モデル規格に関しては、やはり議論がもめたのだろう。SAGE本会合への提出は認められたのだが、それはSG1内での完全な合意には至っていないとの注釈付きでの提出容認だった。

完全な合意は得られていないものの、作成されたモデル規格はSG1内の大多数の考えが反映されたものとされる[147]。このモデル規格とポジション・ペーパーの両文書の内容を手掛かりに、SAGEの段階では環境マネジメントシステムの国際規格がどのようなものであるべきと考えられていたのかを追ってみる。

四・三　参照された憲章類

まず、ポジション・ペーパー(148)をみてみよう。そこでは、持続可能な開発という概念に対し大きく言及がなされる。これまでの環境マネジメントシステムを巡る議論を踏まえれば、この言及は当然のこととといえる。

持続可能な開発の実現に向け、企業をはじめとする組織体は環境の保護そのほかの社会的責任を果たすための種々の努力を、日々の組織及び事業の運営の中で積み重ねていくことが求められる。このためのマネジメントシステムの集積体が、いわば環境マネジメントシステムと呼ぶべきものになる。このような認識が、まずは示される。

この認識を前提に、環境マネジメントシステムを構成する基本的な要素を兼ね備えた環境問題への取り組みの原理が、各種の団体から憲章として発表されていることに触れる。ここでいう基本的な要素とは、環境に対する組織としてのコミットメントを含むポリシー・ステートメントと、ポリシー・ステートメントの内容を実現するための具体的な行動の枠組み、そして、これら一連の行動を修正するためのマネジメントシステムの存在であり、これ全体がいわば環境マネジメントシステムを構成すると位置づける。

ポジション・ペーパーでは、環境問題への取り組みの原理を提唱した団体として、国際商業会議所（ＩＣＣ）、セリーズ、カナダ化学製造者協会（ＣＣＰＡ）、経団連などを具体的に挙げる。これらの団体が実際に提唱した憲章類の名は、ポジション・ペーパーには登場はしない。しかし、具体的な憲章の名は想定できるだろう。ＩＣＣであれば「持続可能な発展のためのビジネス憲章」、セリーズであれば「セリーズ原則」、CCPAであれば「レスポンシブル・ケア」、そして経団連であれば「経団連地球環境憲章」である。いずれも、これまでに本書で言及してきた憲章類だ。

さらにポジション・ペーパーからは、これらの憲章類が共通に持つ要素を抽出し、これをあるべき環境マネジメントシステムのベースとしてSG1での検討の俎上に載せている様が読みとれる。共通する要素として挙げられているのは、「ポリシー・ステートメントの作成」、「環境パフォーマンスの測定」、「ポリシー、計画、パフォーマンスの継続的改善」などだ。

以上のような内容を持つポジション・ペーパーに記された見解は、本書でこれまで述べてきた環境マネジメントシステムの捉え方に沿ったものであることが理解できるのではないか。また、ポジション・ペーパーで登場した要素の多くは、結果としてその後に策定された環境マネジメントシステム規格の根幹となっていったのだった。

四・四 環境パフォーマンスと継続的改善

その後のTC二〇七における規格策定プロセスの中で激しい議論となったのが、環境マネジメントシステム規格の中での環境パフォーマンスの位置付けに関する問題だった。これがポジション・ペーパーの段階ではどのように扱われていたのかを、具体的にみてみよう。

組織の大小やその性格が利益目的の組織であるか否かを問わず、組織の環境パフォーマンスの向上は持続可能な開発の実現を図る上で強く求められる課題である。これがポジション・ペーパーで示される環境パフォーマンスに関する基本的な考え方だ。

その上でポジション・ペーパーは、環境パフォーマンスを求められるレベルにまで向上させる仕組みを、環境マネジメントシステムを構成する主要な要素として位置づける。また、環境パフォーマンスの達成状況に関し、組織の内部及び外部からの適合性評価の必要性についても触れる。先に述べた憲章類でも、環境パフォーマンスを組織のポリシーで規定するレベルにまで向上させることを求めることから、このような考えがポジション・ペーパーに包含されることは、当然といえる。

一方で、環境マネジメントシステム規格では達成すべき環境パフォーマンスの基準それ自体を特定はしない旨を、ポジション・ペーパーは明確に示す。具体的な基準は法律に基づいて実施される規制の中で決められるべき、という考え方がその理由とされる。環境パフォーマンスの向上を重視しつつも、いかほどのレベルを達成すべきかということを環境マネジメントシステムが外部的に決めることはしない。この考え方は、SAGEの段階から、変わることなく共有されていたのだ。

環境マネジメントシステムにおいて、環境パフォーマンスと並ぶ重要な概念に、「継続的改善」がある。ポジション・ペーパーは、継続的改善に関しても各種憲章類に共通する要素として抽出する。その上で、環境パフォーマンスと絡めた文脈の中でこれを位置づける。

組織が採用する環境マネジメントシステムに基づき、組織はより高い環境パフォーマンスのレベルを設定し、この達成を目指す過程を繰り返すことにより、環境パフォーマンスの継続的改善を図る。これがポジション・ペーパーに示された、継続的改善の意味するところだ。

五　草案の内容

五・一　ISO一四〇〇一との対比

SAGEのSG1では、ポジション・ペーパーで示される考え方をベースに、その後になされるであろうTCでの検討の草案とすべくモデル規格を作成した[149]。ここではこの草案の内容を、後にTC二〇七で実際に国際規格として策定されたISO一四〇〇一の内容と比較し、特に両者間の相違に関してみていくことにしよう。

なお、一九九六年に発行されたISO一四〇〇一は、二〇〇四年に改訂されている。改訂の内容は要求事項の明確化とISO九〇〇一との両立性の向上であり、一九九六年に策定された当初の規格の基本的な内容に特段の変更は加えられていない。ここでは、SAGEからTCに至る検討の過程でどのような議論の変遷があったのかを追うことから、比較対照するISO一四〇〇一は改訂前の当初版とする。

比較に際しては、繰り返しになるがこの草案がSG1の完全な同意を得るには至っていなかったというその位置付けに留意する必要がある。草案本文の表紙にはわざわざ以下の注釈が付されている。「この文書は、完全に同意を得たわけではないが、SG1における環境マネジメントシステム規格に関する最新の考えを反映したものである」。

ISO一四〇〇一は国際規格として、広くISOの構成メンバーの同意を得て策定されている。一方でこの草案は、SAGEのSG1という限定されたメンバーの間でさえ、同意を得られてはいない。草案が同意を得られなかった理由は、結果的には完成されたISO一四〇〇一とこの草案との間の相違点の存在であったと解せる。逆に、ここで示される相違点以外は、草案の内容がISO一四〇〇一に引き継がれたといえるだろう。

さて、その内容であるが、草案とISO一四〇〇一の双方とも、第一章が「適用範囲」、第二章が「引用規格」、第三章が「定義」、そして第四章が「環境マネジメントシステム要求事項」とされ、同一の構成をとる。この同一の構成の環境マネジメントシステムの中で、環境パフォーマンスと継続的改善という二つの概念の位置づけ方が、やはり両者間の大きな相違として存在するのだ。

草案とISO一四〇〇一の双方が、この相違点に関し、規格としてそれぞれどのように記述しているのかを【表6-4】にまとめて示す。両者の相違を極力正確に示すために、原文である英語での記述のままとした。

五・二　際だつ相違—環境パフォーマンス

まず、草案の中での環境パフォーマンスの扱いをみてみよう。要求事項として「4・2　環境方針」という項がある。そこでは、「環境方針」を定めることを求めるのだが、具体的にどのような内容を環境方針に盛り込むべきとされるのかが問題となる。草案では、「環境パフォーマンスの継続的改善の約束」を環境方針の中に含めることを明確に求める。

もう一つ、環境方針は「環境目的」を設定しこれを公表することも求める。では環境目的とは何か。これは「3・11　環境目的」の項において、「組織が自ら設定する環境パフォーマンスの到達点」と定義される。さらに「4・5　環境目的及び目標」の項では、環境目的の内容として「環境パフォーマンスの継続的改善の約束を、それが可能である場合には定量的に示す」ことを求める。

以上をまとめれば、環境パフォーマンスの継続的な改善を定量的に約束することを環境方針の中で示し公表することが、草案では環境マネジメントシステムを採用する組織に求められることになる。

さらに、監査についても触れておこう。草案では「3・6　環境マネジメントシステム監査」の項において、監査の内容を定義している。その定義によれば、組織が実際に示す環境パフォーマンスのレベルが、環境方針によって継続的な改善を約束したレベルにまで現実に到達したか否かということが、監査の対象とされることになる。

「環境方針」、「環境目的」、そして「環境マネジメントシステム監査」の内容を上述のように規定し、組み合わせることによって、その環境マネジメントシステムを採用する組織の環境パフォーマンスの改善を強力に推し進める。草案は、ポジション・ペーパーで示された考え方に沿った、明確な枠組みに仕上げられたといえる。

さて、実際に策定され規格となったＩＳＯ一四〇〇一では、こうした部分はどのように記述されたのだろうか。ＩＳＯ一四〇〇一でも「環境パフォーマンス」という言葉は登場する。【表6-3】には入れなかったが、この言葉の定義を規格の中で行っている。具体的には、「組織の環境側面についてのその組織のマネジメントの測定可能な結果」(150)が定義の内容だ。ただし、定義を行っただけなのだ。

ＩＳＯ一四〇〇一では、「環境方針」や「環境目的」の定義、要求事項においても、環境パフォー

草案と ISO 14001 との相違点

ISO 14001		備　　考
3. Definitions		
3. 1 continual improvement	Process of enhancing the environmental management system to achieve improvements in overall environmental performance in line with the organization's environmental policy.	継続的改善自体は、Process of enhancing the environmental management system であるとしている。
3. 6 Environmental management system audit	A systematic and documented verification process of objectively obtaining and evaluating evidence to determine whether an organization's environmental management system conforms to the environmental management system audit criteria set by the organization, and for communication of the results of this process to management.	草案では監査の対象は environmental management system と environmental performance であるのに対し、ISO 14001 では environmental management system だけ。
3. 7 Environmental objective	Overall environmental goal, arising from the environmental policy, that an organization sets itself to achieve, and which is quantified where practicable.	草案では environmental performance に関してのゴールと明示しているのに対し、ISO 14001 では特段の明示なし。
		重要な概念と考えられるが、ISO 14001 ではこの概念は存在しない。
4. Environmental management system requirements		
4. 2 Environmental policy	Top management shall define the organization's environmental policy and ensure that it b) includes a commitment to continual improvement and prevention of pollution. d) provides the framework for setting and reviewing environmental objectives and targets;	commitment to continual improvement of environmental performance が単に continual improvement に変更されている。
4. 3. 3 Objectives and targets	---- The objectives and targets shall be consistent with the environmental policy, including the commitment to prevention of pollution.	定量化要求と environmental performance 継続的改善のコミットメントが削除。
4. 5. 3 Records	The organization shall establish and maintain procedures for the identification, maintenance and disposition of environmental records. ----	Records を interested parties のために準備するというのは非常に重要な考え方、一方で ISO 14001 は似て非なる内容。
4. 5. 4 Environmental management system audit	The organization shall establish and maintain (a) programme (s) and procedures for periodic environmental management system audits to be carried out, in order to a) determine whether or not the environmental management system 1) conforms to planned arrangements for environmental management including the requirements of this International Standard;	environmental performance といった概念は ISO 14001 では含まれない。

に基づき筆者が作成。

【表 6-4】 SAGE/SG 1 作成の

SAGE/SG 1 作成の草案	
3. Definitions	
3. 6 Environmental management system audit	A systematic evaluation to determine whether or not the environmental management system and environmental performance comply with planned arrangements, and whether or not the system in implemented effectively, and is suitable to fulfill the organization's environmental policy.
3. 11 Environmental objectives	The goals, in terms of environmental performance, which an organization sets itself to achieve over defined timescales and which should be quantified wherever practicable.
3. 14 Environmental report	A report describing, for a defined period: - the organization's environmental policy; - the organization's activities; - the degree of functioning and effectiveness of the organization's environmental management system; - the organization's environmental performance, with particular regard to its environmental objectives
4. Environmental management system requirements	
4. 2 Environmental policy	---- The management shall ensure that this policy: f) includes a commitment to continual improvement of environmental performance; g) provides for the setting and publication of environmental objectives; h) provides for the publication of environmental reports;
4. 5 Environmental objectives and targets	---- The objectives and targets shall be consistent with the environmental policy, and shall quantify wherever practicable the commitment to continual improvement in environmental performance over defined time-scales.
4. 9 Environmental management records	---- Policies shall be established and implemented regarding the availability of records, both within the organization and to interested parties.
4. 10. 1. 2 Audit plan	The plan shall deal with the following points. a) The specific activities, areas and site(s) to be audited, which include; 5) environmental performance
4. 11. 1 Handling information	The organization shall establish and maintain procedures to communicate with interested parties on matters relating to its environmental management, policy, performance and effects.
4. 11. 2 Environmental reports	At periodic intervals, the organization shall produce and make publicly available an environmental report which presents a true and fair view, for the period since the last such report, of: b) the organization's environmental performance, with particular regard to its environmental objectives;

出所：Annex 3 to ISO/IEC SAGE 82：ISO/IEC SAGE/SG1 N 55 などの資料

マンスには一切言及していない。また、「環境マネジメントシステム監査」の対象も、ＩＳＯ一四〇〇一では、組織が使用する環境マネジメントシステムそれ自体であり、環境パフォーマンスに触れることはない。すなわち、定義はされても、環境パフォーマンスに関する具体的な事項は、ＩＳＯ一四〇〇一では登場しないのだ。

面白いことに、草案にはない「継続的改善」の定義が、ＩＳＯ一四〇〇一ではなされている。「組織の環境方針と整合して全体的な環境パフォーマンスの改善を達成するために環境マネジメントシステムを向上させる繰り返しのプロセス」が定義されたその内容だ。環境パフォーマンスの向上に貢献することが期待されつつも、ＩＳＯ一四〇〇一での継続的改善の対象はあくまでも環境マネジメントシステムとする。草案にはないこのような項目をわざわざおいたことからも、なされた議論の難しさが思い起こされる。(151)

五・三　もう一つの相違―情報の公表

草案にはもう一つ、注目すべき内容が盛り込まれている。それは、各組織でなされる環境マネジメントシステムの実施状況の外部への公開に関することだ。草案では「3・14　環境報告」の項で、まず「環境報告」とは何かを定義する。組織の環境方針、活動内容、組織の採用する環境マネジメントシステムの機能と効果の程度、組織の環境目的に関連する環境パフォーマンスなどの内容を記載する報告というのが、その定義の概要だ。

その上で、「4・2　環境方針」の項では、この「環境報告」の公表を、環境マネジメントシステムを採用する組織に対し要求事項としている。より詳細には、「4・11・2　環境報告」の項で、組織の環境パフォーマンスなどの状況を真実、公正に記載しこれを一般に公開する旨を求めるのだ。

加えて、「4・9　環境マネジメント記録」という項がある。ここでは、環境マネジメントシステムの実施状況を記録するとともに、これを組織内部だけではなく外部の利害関係者に対しても提供すべく措置を講じることを求める。

ISO一四〇〇一にも「記録」という項がある。標題は似ているが、記される内容は大きく異なる。ISO一四〇〇一の場合には、環境に関して記録を行い、その内容の維持を求めるが、それは主に組織マネジメント実施の観点からであって、外部利害関係者への提供との観点からではない。

ここに示した情報の公表に関連する一連の事項は、ISO一四〇〇一ではみることはできない。組織が採用している環境マネジメントシステムの内容やその結果を外部の利害関係者に情報として積極的に提供していこうとの意図が、草案からは色濃く感じられる。そして、こうした意図は、ISO一四〇〇一では大きく後退している。

五・四　結果として大きく影響

SAGEにおける検討の段階で既に、規格の内容面にまで相当に踏み込んだ議論がなされていたことがよく分かる。そして環境パフォーマンスや情報の公表に関しては、草案に盛り込まれた内容と実際に策定されたISO一四〇〇一との間で、相当の違いが発生したわけだ。草案の内容がTCでの議論の中で大幅に修正されていったということになる。環境パフォーマンスを巡るこの議論に関しては、次章で詳しく触れることにする。

草案の内容がその後のTCの議論で修正されてしまったことからは、タイトなスケジュールの中でこれを策定した一群の熱心な人々の行動は、意味をなさなかったのだろうか。確かに、SG1で議論されてきた内容の中でもその基本的な部分の幾つかは、結果としてISO一四〇〇一に取り入れられることにはならなかった。しかし、規格の構成や規格を支える多くの重要な概念は、ISO一四〇〇一に正確に反映されたといって差し支えない。まさに、SAGEにおける検討の段階で「規格の骨子は決まったようなものだった[152]」のだ。そして、決められた骨子には、一群の熱心な人々の考えが大きく反映していた。

急激に進むSAGEでの検討に対し、アメリカが反対の立場であったことは先に述べた。アメリカは、事前の議論が生み出すバイアスによって正式な議論の開始以前に規格の骨子が決められてしまうという、まさにこのような事態をおそれたのだ。従来存在してはいなかった環境マネジメントシステムという新たな規格に関し、TCでの議論に入る前の段階で、その内容についてのイメージが醸成されてしまう。そうなった後には、もはや白紙での議論はできない。

草案の作成を主導した人々にとっては、結果的にそれが採択されなかったにしても、その過程でなされた議論にこそ価値はあったはずだ。そして議論の場は、TC二〇七に移った。

第七章　枠組みが持つ意味

一　TC二〇七での議論

一・一　TC二〇七の作業範囲

SAGEでの検討の結果も踏まえ、ISOにおいて規格を策定するための正式な組織である技術委員会（TC）として、TC二〇七が設立された。その第一回会合が開催されたのは一九九三年の六月、カナダのトロントでのことだった。国連環境開発会議（UNCED）の開催からは、ほぼ一年が経過していたことになる。以降、TC二〇七の本会合は、【表6-1】に示したように、ほぼ一年に一回の頻度で開催されていった。

TC二〇七での規格策定のための作業の範囲、すなわちマンデートは、TC二〇七の設立に際して決められている(153、154)。その内容は、具体的には「環境マネジメント分野のシステム及びツールの標準化(i)」とされた。また、以下の四点を規格化の範囲から除外することが明確にされた(ii)。

① 他のTCが現に規格の策定を担当している汚染物質の試験方法
② 汚染物質または影響物質の排出限界の設定
③ 環境パフォーマンスレベルの設定
④ 製品の標準化

このマンデートですぐ目につくのは、環境パフォーマンスレベルの設定が、規格策定作業の内容から明確に除外されていることだ。SAGEのSG1が作成したポジション・ペーパーにおいても、環境マネジメントシステム規格では達成すべき環境パフォーマンスの基準を特定しない旨は、明確に示されていた。またこの内容は、リオ宣言の第一一原則で示される、環境基準の国による差異の容認という考え方にもつながるもので、ＵＮＣＥＤでの議論において発展途上国が強く主張し、こだわった点でもあった。

このような、策定する規格の内容に関する事項に加えて、ＴＣ二〇七での環境マネジメントシステム策定作業の中でも、環境システム及び監査の分野の検討に際しては、ＴＣ一七六と緊密な連携をとることがマンデートの策定の際には同時に求められている。ＴＣ一七六とは、ＩＳＯ九〇〇〇シリーズ、すなわち品質マネジメントシステム規格の策定を行っているＴＣだ。

ＴＣ二〇七のマンデートは、ＳＡＧＥにおけるこれまでの議論を反映し、ＴＣ一七六との連携も含め総じて順当な内容になったといえるだろう。

一・二　環境パフォーマンスを巡って

規格の中で環境パフォーマンスという概念をどう取り扱うかに関しては、大きな論点としてＳＡＧ

(i) "Standardization in the field of environmental management tools and systems"

(ii) "Excluded:
-test method for pollutants which are the responsibility of ISO/TC 146 Air quality, ISO/TC 147 Water quality, ISO/TC 190 Soil quality and ISO/TC 43 Acoustics
-setting limit values regarding pollutants or effluents
-setting environmental performance levels
-standardization of products"

Eから持ち越されていた。TC二〇七のマンデートから除外されたのは、環境パフォーマンスのレベルの設定であり、環境パフォーマンスという概念それ自体を規格の中でどう扱うかということに関しては、TCでの議論の開始に際し何ら合意が存在してはいなかった。この環境パフォーマンスの扱いを巡り、TC二〇七のSC1では激しい議論がたたかわされることになる。

議論での具体的な争点は、環境マネジメントシステムの主要な構成概念である「継続的改善」の対象に、環境パフォーマンスを位置づけるか否か、という点だった。SAGE／SG1（以下、SAGEのSG1とTC二〇七のSC1との記述上の混同を避けるため、それぞれSAGE／SG1とTC二〇七／SC1と表記する）が作成したポジション・ペーパーでは、継続的改善の対象は環境パフォーマンスである旨が明確に規定されていた。

環境マネジメントシステムを採用する組織は、より高い環境パフォーマンスのレベルを設定し、この達成を目指す。この過程を繰り返すことにより、環境パフォーマンスの継続的改善を図る。先にも述べたが、これがSAGE／SG1での議論の根幹だった。環境マネジメントシステムは、環境パフォーマンスの継続的改善を図る組織行動を実現するための手法との位置付けなのだ。

ポジション・ペーパーに加えモデル規格までが作成されたわけだが、このモデル規格が、その後に予定されたTC二〇七における議論のベースとして、そこで策定される規格の方向性の先取りを意図したものだったことは、容易に想像できる。モデル規格はSAGE／SG1の完全な合意が得られたわけではなかった。しかし、その内容は少なくともヨーロッパ諸国を中心にSAGE／SG1での議論の大勢を占めた。

ところが、TC二〇七では事態が一変する。アメリカをはじめとする非ヨーロッパ諸国が議論の巻き返しを図ったのだ。TC二〇七／SC1での議論のベースにこのモデル規格を使用したいと考えるイギリスやドイツなどのヨーロッパ諸国に対し、アメリカとカナダを中心とする非ヨーロッパ諸国は強硬にこれに反対した。この結果、TC二〇七／SC1の中にアドホックグループを設置し、ここで検討のベースとなる叩き台を新たに作成することになった[155]。

一・三　アドホックグループ会合[156]

アドホックグループ会合は一九九三年十二月にロンドンで開催された。アドホックグループの本来の目的は、環境マネジメントシステムに関する各国提案の共通部分を抽出した文章を作成することであった。無論、その後にTC二〇七／SC1で規格策定に向けての議論を行うという手順が期待されていた。

アドホックグループは、イギリス、フランス、ドイツ、デンマーク、アメリカ、そして日本の六ヶ国から各一名、計六人で構成されていた。六人は、単に整理文書の作成という役割にとどまらず、環境マネジメントシステム規格の構成に関して実質的な議論を行う。この場の議論で、その後の規格の有り様に非常に大きな影響を与える考え方が打ち出された。

それは、環境マネジメントシステム規格での要求事項を、現時点で組織に適用できる方法論が確立した、第三者が客観的に検証できる基本的事項に限るというものだ。これに加え、規格化の対象はマネジメントシステムに限定するという方向性も打ち出された。この二つの考え方からは、環境マネジメントシステム規格に盛り込むべき事項が極めて限定的に解釈されることになる。もちろん、このような考え方を主張したのはアメリカだった。

SAGE／SG1が作成したモデル規格には含まれていたもののISO一四〇〇一では含まれなかった事項の多くも、この考え方に則れば、規格の中での居場所はなくなる。継続的改善の対象を環境パフォーマンスにするか否かという議論に対しても、結果的にはその帰趨に大きく影響を与えることになった。

アドホックグループ会合では、このような考え方を踏まえたドラフトを作成し、TC二〇七／SC1に提出した。結果的には、このドラフトをベースにその後の検討は進められていったのだが、ドラフトの作成はアドホックグループに与えられた役割を越えるものだとして、その内容とともに手続き面からも激しい論争に晒されたのだった。

一・四　各国の主張

ヨーロッパ諸国、特にイギリスとドイツは、環境パフォーマンスのレベルを評価し、この改善を図ることなしには環境への貢献はあり得ないと主張した。したがって、環境マネジメントシステム規格の基本理念である継続的改善の対象は環境パフォーマンス以外にはあり得ない、ということになる。

これに対してアメリカとカナダの主張は、環境パフォーマンスの客観的評価はほとんど不可能であり、これを明示的な目標とすることには問題が多いとするものだった。環境マネジメントシステムそのものを改善すれば必然的に環境パフォーマンスのレベルも改善する。したがって、継続的改善の対象は環境マネジメントシステムとするのが適当だ、との主張である。

特にアメリカは、環境パフォーマンスの継続的改善が規格の中に目標として埋め込まれることによって、新たな義務が発生してしまうことをおそれた。環境マネジメントシステムを採用している組織が、組織に適用される環境関連の法規制に完全に適合していたとしても、そうした適合の有無とは無関係に環境パフォーマンスの改善を図ることが、法的な意味合いを有する義務となってしまうのではないか。そうなった場合に組織は、環境に放出する汚染物質などの放出量の削減を、やはり法的な意味合いを有する義務として迫られることになる。厳格な環境規制法体系を持つアメリカでは、このような義務の発生によって企業が環境問題で提訴された際に不利益を被る可能性を否定できない。こうした可能性に対する懸念も反対の理由に挙げられている[157]。

加えて、環境パフォーマンスの継続的改善が規格上の要求事項となることにより、規格が組織の環境パフォーマンスのレベルに対する命令を構成することになってしまうのではないか。そうであれば、環境パフォーマンスのレベルの設定は行わないとするTC二〇七に与えられた規格策定のマンデートを超えることになってしまう。したがって、継続的改善の対象を環境パフォーマンスとすることは受け入れ難いとした。

一・五　参加困難な発展途上国

両サイドの主張は埋まらない溝だった。規格書への記載の仕方に関しても、ドイツは、環境パフォーマンスを規定する詳細項目を仕様書本文、すなわちISO一四〇〇一それ自体に入れるべきと主張する。これに対しアメリカとカナダは、当然のことながら規格本文での環境パフォーマンスに対する詳細な言及は必要ないとの立場をとった[158]。

溝はなかなか埋まらなかった。しかし、まがりなりにも議論は行われ、ISOでの検討の場に参加した各国はそれぞれに自国の主張をぶつけ合った。が、このような議論への参加は、基本的には先進国に限られていたのが現実だった。

TC二〇七第一回本会合の開催時点で、TC二〇七への参加のためのメンバー登録をしていたのは三七ヶ国である。この登録において発展途上国は、三七ヶ国中の約四分の一を占めていた。しかし、会議への実際の出席となると、その比率は著しく低下する。規格の内容に関して実質的な議論を行うのはTC二〇七の本会合ではなく、その下に設置されたSCとなる。SCのさらに下にワーキンググループ（Working Group：WG）が設置され、重要な事項がそこでの議論で決められるような場合も多々存在する。このWGレベルの会合に発展途上国が参加することは、事実上はほとんどないといっていい。

先に述べたTC二〇七／SC1のアドホックグループを構成した六ヶ国は、すべてが先進国だった。また、通常の審議でも、現実の議論の場に発展途上国の代表がいることは稀だった。問題となったモデル規格に関する議論が佳境に入っていたSAGE／SG1／WG1の第三回会合への参加国は一五ヶ国であった。その内訳は、西ヨーロッパの先進国が九ヶ国、北アメリカから二ヶ国、アジアからは韓国と日本、そして残りはオーストラリアと南アフリカである。やはり発展途上国からの参加はなかった。

もちろん、規格策定に至る各段階での投票行動を通して、発展途上国がその意思を規格の策定に反映させることは、可能ではある。しかし、議論の渦中に身をおいていない国が、規格という専門性の高い分野で自らの意見を示すことは、現実には難しい。ISOでの規格策定のプロセスは、発展途上国の意志決定への参加との視点からは、UNCEDに向けての議論と決して同じではないことを認識しておく必要がある。

二　背景―EMASの存在

二・一　EMASと環境マネジメントシステム

ヨーロッパ諸国が環境パフォーマンスを継続的改善の対象とすることに強くこだわったのは何故だろうか。無論、環境マネジメントシステム規格を厳格に策定することで、この規格を環境問題の解決に大きく役立たせたいとの思いはあったのだろう。他方同時に、その当時の環境マネジメントシステムを巡るヨーロッパでの動きとの関連についても、視野に入れておく必要がある。EMASを巡る動きだ。

EMASとは、「環境管理・監査規則（Eco-Management and Audit Scheme：EMAS）」のことで、一九九五年四月にEC規則[159]として発効した、環境問題に関連する新たな枠組みだ。EMASは、EU域内に立地する企業の任意参加を前提に、参加企業に対し環境マネジメントシステムを確立し、環境パフォーマンスの継続的改善に関する状況を環境声明書にまとめ、それを外部検証人の検証を受けた上で発表することを求める。参加企業はこれらの行為と引き換えに、ＥＭＡＳのロゴを工場に表示するなどして、環境問題に配慮している企業であることを社会に対しアピールできるというインセンティブを受ける。

EMASのロゴ（提供：EMAS HELPDESK）

ＥＭＡＳの規定で注目すべきは、ＥＭＡＳに参加する企業に対し環境マネジメントシステムの確立を、ＥＭＡＳ自体が求めていることだ。ではＥＭＡＳが求める環境マネジメントシステムとはどのようなものなのか。その概要はＥＭＡＳ本文にアネックスとして添付される。そこで示される環境マネジメントシステムは、環境パフォーマンスの継続的改善を求めるのだ。無論ＥＭＡＳ本文においても、環境パフォーマンスの継続的改善がその目的として謳われていることはいうまでもない[160]。

さらにＥＭＡＳでは、環境マネジメントシステムに関する各国の国内規格、ヨーロッパ規格委員会（European Committee for Standardization：CEN）が策定するヨーロッパ規格もしくは国際規格であって、ＥＣ委員会（現欧州委員会）がＥＭＡＳの要求事項に合致すると認めた規格への適合の認証を取得している企業であれば、その規格の要求事項に相当するＥＭＡＳの要求事項についても、これを満たしていると見なす旨の規定をおいていた[161]。

ＥＭＡＳそれ自体が環境マネジメントシステムの一形態とでもいえる性格を有している。その上で、環境マネジメントシステム規格のあるべき姿についても、ＥＭＡＳの中で言及しているわけだ。

ＥＣ規則であるＥＭＡＳは、ＥＵ域内で導入、実施されるとともに、その考え方はＥＵ諸国に対して大きな影響を与えることになる。ＥＵ諸国にとっては、ＩＳＯの場で検討する環境マネジメントシステム規格と、ＥＭＡＳの中で言及される環境マネジメントシステム規格との関係に無関心ではいられなかった。

その関心が、ＩＳＯで策定する環境マネジメントシステム規格をＥＭＡＳで求められる環境マネジメントシステム規格として認められるような内容にしようとの考えにＥＵ諸国を向かわせることは、必然だったともいえる。

二・二　ＥＭＡＳ策定の経緯

ＥＭＡＳ策定の経緯を振り返ってみよう。一九九〇年一二月に、ＥＣの環境監査指令の素案が公開された。この素案の特徴は、特定の産業を指定し、その産業に属する事業活動を営む企業に対して定期的に環境監査を義務づけるというものだった。また、環境監査が適正に行われているかという観点から、監査の実施内容に関して外部機関による検証の必要性が盛り込まれ、さらに、情報の公開に関する規定もおかれていた。

この素案に対しては、これが企業に対する義務付けという強制的な措置であったため、発表当初から産業界は強く反発した。[162、163] こうした反発を受け、わずか二ヶ月後の一九九一年二月には、新たな素案が発表される。この案では、義務付け、すなわち強制的な措置が任意参加の枠組みへと変更された。

その一方で、素案の法的な位置付けは、EC指令（EC Directive）からEC規則（EC Regulation）へと変更された。EC指令では、決定の内容に直接的な効力を持たせることはせず、EU加盟各国に対し決定内容を実現するための法制化を義務づける。したがって、決定内容は各国の法制に基づいて実現されることになる。EUの意志決定の実施方法としては最も一般的な形態だ。

これに対してEC規則は、域内の対象者に直接適用されることになる。また、EC規則と加盟各国の国内法制との間に矛盾が生じれば、EC規則が優先されることになる。EC指令がいわば間接適用であるのに対しEC規則は直接適用であり、EUにおける決定事項の実現方式としては最も拘束力の強い手法といえる[164]。

当初案での反発を受け、強制措置を任意参加の措置へと変更した改定案は、一見すると内容面では産業界に対して譲歩した形となった。しかし、その実現手段については、改定案によって、より確実性の高い手法へと変えられた。

一九九二年三月、この新たな素案をベースに「環境監査規則」が正式に提案される。一九九三年六月に「環境管理・監査規則（EMAS）」としてEC理事会で承認され、七月には公布された。EMASは公布から二一ヶ月後に発効するとされていた[165]。すなわち、一九九五年四月からの実施がその時点で明確に決められたのだ。

二・三　規格策定作業への影響

このような変遷を経ながらも策定のための検討がなされていたEMASの存在は、TC二〇七に移行する以前のＳＡＧＥにおける環境マネジメントシステム規格の検討に際しても、相応の影響を与えている。一九九二年九月に開催されたＳＡＧＥ／ＳＧ１の検討の場では、ヨーロッパ規格委員会（ＣＥＮ）に環境マネジメントシステム規格策定のためのＴＣの設立が授権されたとの報告がなされ、これへの対応が大きな話題となっている[166]。

この時点でのＥＭＡＳは、「環境監査規則」として正式に提案されてはいたものの、ＥＣ理事会の承認を得るには至っていなかった。ＣＥＮで策定が意図された規格は、当然のことながらその当時提案されていた環境監査規則の要求事項への合致を目指した環境マネジメントシステム規格だった。結果としてＣＥＮが環境マネジメントシステム規格の策定を行うことはなかったのだが、ＩＳＯの場で同様の規格の策定を考えていたＥＵ諸国の規格策定機関にとっては、ＣＥＮによる規格策定の可能性は深刻な事態として受け止められた。

ヨーロッパ規格という地域規格が国際規格に先行して策定される。さらに、これがＥＣ規則であるＥＭＡＳで求められる環境マネジメントシステムとして位置づけられてしまう。そうなればＥＵ諸国にとっては、ＩＳＯで環境マネジメントシステム規格を策定する意義が大きく薄れることになる。

このような事情を背景にＥＵ諸国は、ＴＣ二〇七における規格策定作業の迅速な実施を確保する必要に迫られ、ＳＡＧＥ／ＳＧ１での検討をＩＳＯ／ＩＥＣ内で特別な取扱いにすべきとの主張を行う。無論、こうした主張に対しては、ヨーロッパという一地域における特殊事情をもって国際規格の策定プロセスに影響を与えることは不適切との意見の表明が、非ヨーロッパ諸国からなされることになる。ＥＭＡＳの存在の影響を受けるＥＵ諸国とそうでない国々とが、おかれた立場の違いから対立するという構図が、その後の検討では常に付きまとうことになる。

TC二〇七の第一回会合が開催されたのと同じ一九九三年六月には、EMASは「環境管理・監査規則」としてEC理事会の承認を得た。したがって、この時点で一九九五年四月のEMASの導入は確定したことになる。この結果、TC二〇七ではその検討の当初から、特にEU諸国にとっては、ISOで策定する環境マネジメントシステム規格をEMASで要求される環境マネジメントシステム規格にいかに適合させるかということが、大きな関心事項として存在することになった。

そしてEMASでは、環境パフォーマンスの継続的改善をその目的として謳う。イギリスやドイツが環境マネジメントシステム規格の根幹たる継続的改善の対象を環境パフォーマンスとすることに強くこだわったのは、ISOで策定する環境マネジメントシステム規格をEMAS適合の環境マネジメントシステム規格としたかったからに他ならない。これに対し非EU諸国は、EUという地域の都合を国際規格に反映させることに対し、激しく抵抗する。やはりこの構図なのだった。

二・四　EMAS適合の求め

もっとも、すべてのEU諸国がこのような主張を行ったわけはない。環境パフォーマンスの扱いに関して特に強い主張を行ったのはイギリスだった。イギリスの主張には、それなりの背景がある。BS七七五〇の存在だ。BS七七五〇とはイギリス規格協会（BSI）が一九九二年三月に発行した環境マネジメントシステムの規格だ。

BS七七五〇は、一九九四年二月には早くもその改訂版を発行している。これは、一九九五年四月の導入がその時点で既に確定していたEMASの内容からの影響を受けての改訂だ。改訂された一九九四年版のBS七七五〇では、その前文に、EMASの要求事項に合致させるという明確な意図のもとに改訂版が策定された旨を明記している[167]。

BS七七五〇では、当然のことながら環境パフォーマンスの継続的改善の達成をその主題とする。SAGE／SG1で作成したモデル規格とは同様の構成をとるのだ。SAGE／SG1のコンビナーはBSIの人間だった。このコンビナーのもとで、事実上BS七七五〇を引き写してモデル規格が策定されたといってもいいだろう。

環境マネジメントシステム規格であるBS七七五〇をEMASに適合し得る内容で既に策定していたイギリスは、環境パフォーマンスの継続的改善を明確にその目的として謳うBS七七五〇のEMAS適合性を維持しつつ、かつ、ISOが策定する国際規格との整合も確保したかったはずだ。それ故環境パフォーマンスに関し、特に強い主張を行ったのだった[168]。

二・五　最終的な結果

これまで述べてきたような事情を背景に、規格策定を巡って激しい議論が交わされてきたわけだが、最終的にはアメリカを中心とした国々の主張が通ることになる。ISOで策定された環境マネジメントシステム規格であるISO一四〇〇一では、継続的改善の対象は環境マネジメントシステムそれ自体とされた。環境パフォーマンスとはならなかったのだ。

このような結果が導かれた一つの論拠は、規格化の対象をマネジメントシステムに限定しようという、アドホックグループ会合で打ち出された考え方だ。環境パフォーマンスは環境マネジメントシステムの目標であり結果であるという解釈のもとで、環境パフォーマンスは環境マネジメントシステムの外部に位置づけられた。とすれば、マネジメントシステム規格の中では、直接的に目標とすべきは環境パフォーマンスではなく環境マネジメントシステムの改善となるのだった。

ヨーロッパの強硬派諸国の主張は反映されなかった。しかしながら、強硬な主張の背景にあったEMASへのISO規格の適合は、結果として果たされることになる。ISO一四〇〇一と、ISO一四〇〇一の内容がそのまま引き写される形で策定されたヨーロッパ規格EN／ISO一四〇〇一は、欧州委員会によってEMASの要求事項に合致する規格である旨が認められた[169]。

この決定に先立ち、一九九四年の改訂版BS七七五〇に関してもEMASの要求事項に合致する規格である旨を認める決定を、欧州委員会は行っている[170]。ISOでの審議の過程でイギリスが抱いていた懸念は、これにより払拭される。アイルランドの国内規格（IS310：First Edition）、そしてスペインの国内規格（UNE77-801(2)-94）に関しても、欧州委員会はEMASに合致する環境マネジメントシステム規格である旨の決定を行った[171,172]。決定はイギリスと同時になされている。

これにより、ISO一四〇〇一に適合している旨の認証を得てEMASに参加する企業は、ISO一四〇〇一の適合部分はそのままに、ISO一四〇〇一では要求してないEMAS独自の要求事項に関してだけ、新たに満たせばよいことになった。この結果、EMASはISO一四〇〇一を包含した制度になったといってよい。EMASが求める環境マネジメントシステムがISOのそれとは別のものとなり、二つの環境マネジメントシステム規格が並立せざるを得ないという、規格策定段階でEU

諸国が懸念した事態に至ることは避けられた。

その後の二〇〇一年には、ＥＭＡＳに対して大きな改訂が加えられた[173]。従来は特定の製造業を営む企業だけであったＥＭＡＳの対象を、ＩＳＯ一四〇〇一と同様にあらゆる組織体へと拡大した。また、ＥＭＡＳで求める環境マネジメントシステムの内容に関しても、ＩＳＯ一四〇〇一で規定する内容との統合を意図した改訂がなされた。こうしたことにより、ＥＭＡＳとＩＳＯ一四〇〇一との整合性は高まり、ＩＳＯ一四〇〇一の深化形としてのＥＭＡＳの位置付けが明確化されたと理解することができる。実際ＥＵでは、ＩＳＯ一四〇〇一を「stepping stone for EMAS」[174]と位置づけている。

三　「枠組み」としての理解

三・一　「枠組み」として捉えよう

ＳＡＧＥからＴＣ二〇七に連なるＩＳＯ内での環境マネジメントシステム規格の策定に至る過程の中で、どのような背景によりどのような議論が交わされたのかをみてきた。このような議論の積み重ねを経て、環境マネジメントシステムの仕様規格であるＩＳＯ一四〇〇一は一九九六年九月に発行された。関連する規格群も、引き続いて発行されていった。以降では、策定に至る議論ではなく、策定されたＩＳＯ一四〇〇一という規格それ自体を組上に載せて、その意味を考えてみたい。

とはいっても、なにもＩＳＯ一四〇〇一の内容について、単純な解説を施そうというのではない。

本書ではこれまでにも何回か「枠組み」という言葉を使ってきた。筆者はこの言葉を、何らかの目的を達成するための社会の中の仕組み、という意味で用いている。ルールや決まりといった色彩が強く滲み出る「制度」という語に比べ、より広い概念としての理解だ。ＩＳＯ一四〇〇一を、この「枠組み」として捉えた場合には、どのような理解が可能だろうか。

環境マネジメントシステム規格であるＩＳＯ一四〇〇一を、このような視点から検討の俎上に載せることにする。枠組みとしての理解を図る上では、ＩＳＯ一四〇〇一として実際に策定されたドキュメントの吟味に加え、これまで縷々述べてきた、それが策定されるに至った背景と経緯、さらには策定途上でなされた議論に対する理解が重要となる。第一章で、考え方が社会で認識されていくためには、本来そのための「プロセス」が存在するはずである旨を述べた。そのプロセスに相当する部分だ。これとドキュメントの内容とを合わせることで、はじめて枠組みとしての理解が可能になる。

なお、前章の最後でも述べたが、一九九六年に発行されたＩＳＯ一四〇〇一は、二〇〇四年に最初の改訂を迎えている。しかし、ＩＳＯ一四〇〇一の根幹部分に対する変更は加えられていない。このため、枠組みとしての理解を図る上では、一九九六年発行の当初版と、二〇〇四年発行の改訂版とを、特段分けて考えることはしない。表記も単にＩＳＯ一四〇〇一とする。ドキュメントの項目番号に触れるような場合には、当初版と改訂版とで同じ内容であっても項目番号が異なる場合もあることから、ＩＳＯでの表記に倣い、例えば改訂版であればＩＳＯ一四〇〇一：二〇〇四と記すことにする。

三・二　ＩＳＯという組織

ＩＳＯの規格を理解する上では、まずはＩＳＯという組織自体に関し、その位置付けを正確に把握する必要がある。ＩＳＯは、ＩＳＯに加盟している各国の国内標準化機関をメンバーとする国際的な機関ではある。しかし、いわゆる「国際機関」ではない。

国際機関は、通常は国際条約に代表されるような主権国家間の何らかの合意に基づき設立される。一方でＩＳＯは、その設立が国家間の合意に基づいているわけではない。組織としての法的な位置付けは、スイス民法第六〇条に基づき設立された、スイス連邦内で法人格を有する民間法人である。非政府機関（ＮＧＯ）といった方が、分かりやすいかもしれない。

ＩＳＯはＮＧＯとしては、相当に有力な組織だ。例えば、国際連合の経済社会理事会（United Nations Economic and Social Council：ECOSOC）において、ＩＳＯは「一般諮問的地位」を有する。ＥＣＯＳＯＣにおいて諮問的地位を得たＮＧＯは、ＥＣＯＳＯＣを始め多くの関係する機関において議論されている議題に対し意見の表明を行うことが可能となる。さらに、一般諮問的地位を有するＮＧＯは、新たな議案をＥＣＯＳＯＣに提案することも認められる。

ＩＳＯは、そのメンバーである各国の標準化機関によって構成される。標準化機関とは、各国、各地域における規格の策定団体のことを指す。ＩＳＯのメンバーとなれるのは、一国一標準化機関に限られる。ＩＳＯのメンバーである各国の標準化機関の多くは、政府機関であるか、もしくは法律に基づきその国内で標準化に関し特別の地位を与えられた法人である場合が多い。また、法律的な位置付けを与えられていない純然たる民間組織であっても、現実的にはそれぞれの国内において関連する国内行政機関と緊密な連携を有している場合がほとんどだ。

一般的には、アメリカ及びヨーロッパ先進国の標準化機関は民間組織であることが多く、それ以外の地域では政府機関であることが多い。例えば、マレーシアの標準化機関はDepartment of Standards Malaysiaであり、科学技術省に附属する行政機関である。アメリカの標準化機関はアメリカ規格協会（American National Standards Institute：ANSI）であり、民間組織との位置付けだ。日本では、日本工業標準調査会（Japan Industrial Standards Council：JISC）がＩＳＯに加盟しており、同時に日本における標準化機関としての役割を担っている。ＪＩＳＣは、法律により標準化に関し特別の地位を与えられた機関であり、形式的には政府機関ではない。

ＩＳＯのメンバーである各国標準化機関の法的位置付けは多様であるものの、ＩＳＯそれ自体は純粋な民間組織であり、何らの法律や条約に依拠することはない。したがって、その活動に関しても、また、ＩＳＯが策定する規格に関しても、法律的な位置付けは持たない。そうではあっても、標準化に関する権威ある国際機関であるとのＩＳＯに対する評価は、世界的に確立している。

こうした評価の中で、ＩＳＯが策定する規格は国際規格として相応の影響力を持つことから、各国政府はＩＳＯ規格を尊重している。日本政府は日本工業規格（Japan Industrial Standard：JIS）の国際整合化を進めているが、整合を図る先は国際規格たるＩＳＯ規格となっている。[175]

三・三　ＩＳＯ一四〇〇〇シリーズ

ＴＣ二〇七の下に幾つものＳＣがおかれ、それぞれにおいて関連する規格の検討がなされてきたことからも分かる通り、環境マネジメントシステムに関しては、実は非常に多数の規格が策定されている。これらはＩＳＯ一四〇〇〇シリーズと総称される。ＩＳＯ一四〇〇〇シリーズを構成する規格を【表7-1】に示す。

表中で規格番号の横に西暦年が入っている場合には、既に発行された規格であることを示し、その西暦が発行年である。表中にイタリックで記した規格は、現在策定中であることを示す。当然、発行年は入っていない。最下段に示す「ガイド」とは、規格に関連した様々な事項に関し、ＩＳＯとしての考え方を示した文書だ。

ＩＳＯ一四〇〇〇シリーズの中心を構成する規格は、①環境マネジメントシステム関連規格（規格番号一四〇〇〇番台、規格番号は一〇番台ごとに性格の異なる規格に割り振られている）、②環境監査関連規格（規格番号一四〇一〇番台）、③環境ラベル関連規格（規格番号一四〇二〇番台）、④環境パフォーマンス評価関連規格（規格番号一四〇三〇番台）、そして⑤ライフ・サイクル・アセスメント関連規格（規格番号一四〇四〇番台）の五種類の規格群に大別できる。

なお、環境監査関連規格に関しては当初、環境監査の指針としてＩＳＯ一四〇一〇、ＩＳＯ一四〇一一、ＩＳＯ一四〇一二の三つの規格が一九九六年に発行された。しかし、これらの規格を包含する形で二〇〇二年、新たにＩＳＯ一九〇一一（Guidelines for quality and/or environmental management systems auditing）が発行され、当初の三規格に置き換えられている。

これら五つの規格群の性格だが、①に分類される規格は、環境マネジメントシステムそのものを直接規定する。いわば、ＩＳＯ一四〇〇〇シリーズの根幹ともいえる規格だ。これに対し②から⑤まで

分　類	規　格　名　等	標　　題
ライフ・サイクル・アセスメント	ISO/TR 14049：2000	Environmental management – Life cycle assessment – Examples of application of ISO 14041 to goal and scope definition and inventory analysis
その他	ISO 14050：2002 (*ISO/AWI 14050*)	Environmental management – Vocabulary
	ISO/TR 14061：1998	Information to assist forestry organization in the use of the Environmental Management System standards ISO 14001 and ISO 14004
	ISO/TR 14062：2002	Environmental management – Integrating environmental aspects into product design and development
	ISO/DIS 14063	*Environmental management – Environmental communication – Guidelines and examples*
	ISO/DIS 14064-1	*Greenhouse gases – Part 1: Specification with guidance at the organization level for quantification and reporting of greenhouse gas emissions and removals*
	ISO/DIS 14064-2	*Greenhouse gases – Part 2: Specification with guidance at the project level for quantification, monitoring and reporting of greenhouse gas emission reductions or removal enhancements*
	ISO/DIS 14064-3	*Greenhouse gases – Part 3: Specification with guidance for the validation and verification of greenhouse gas assertions*
	ISO/CD 14065	*Greenhouse gases – Requirements for greenhouse gas validation and verification bodies for use in accreditation or other forms of recognition*
ガイド	ISO Guide 64：1997 (*ISO/AWI Guide 64*)	Guide for the inclusion of environmental aspects in product standards
	ISO Guide 66：1999	General requirements for bodies operating assessment and certification/registration of environmental management systems

注1：2005年7月現在、イタリックは現在策定中もしくは改訂中の規格。

注2：CD：Committee Draft　TS：Technical Specification
DIS：Draft International Standard　AWI：Approved Work Item
TR：Technical Report

出所：ISO Home Pageに基づき筆者が作成。

【表7-1】 ISO 14000シリーズを構成する規格等一覧

分類	規格名等	標題
環境マネジメントシステム	ISO 14001：2004	Environmental management systems – Requirements with guidance for use
	ISO 14004：2004	Environmental management systems – General guidelines on principles, systems and support techniques
環境監査	ISO 19011：2002	Guidelines for quality and/or environmental management systems auditing
	ISO 14015：2001	Environmental management – Environmental assessment of sites and organizations
環境ラベル	ISO 14020：2000	Environmental labels and declarations – General principles
	ISO 14021：1999	Environmental labels and declarations – Selfdeclared environmental claims (Type II environmental labelling)
	ISO 14024：1999	Environmental labels and declarations – Type I environmental labelling – Principles and procedures
	ISO/TR 14025：2000 (*ISO/DIS 14025*)	Environmental labels and declarations – Type Ⅲ environmental declarations
環境パフォーマンス評価	ISO 14031：1999	Environmental management – Environmental performance evaluation – Guidelines
	ISO/TR 14032：1999	Environmental management – Examples of environmental performance evaluation
ライフ・サイクル・アセスメント	ISO 14040：1997 (*ISO/DIS 14040*)	Environmental management – Life cycle assessment – Principle and framework
	ISO 14041：1998	Environmental management – Life cycle assessment – Goal and scope definition and inventory analysis
	ISO 14042：2000	Environmental management – Life cycle assessment – Life cycle impact assessment
	ISO 14043：2000	Environmental management – Life cycle assessment – Life cycle interpretation
	ISO/DIS 14044	*Environmental management – Life cycle assessment – Requirements and guidelines*
	ISO/TR 14047：2003	Environmental management – Life cycle impact assessment – Examples of application of ISO 14042
	ISO/TS 14048：2002	Environmental management – Life cycle assessment – Life cycle assessment data documentation format

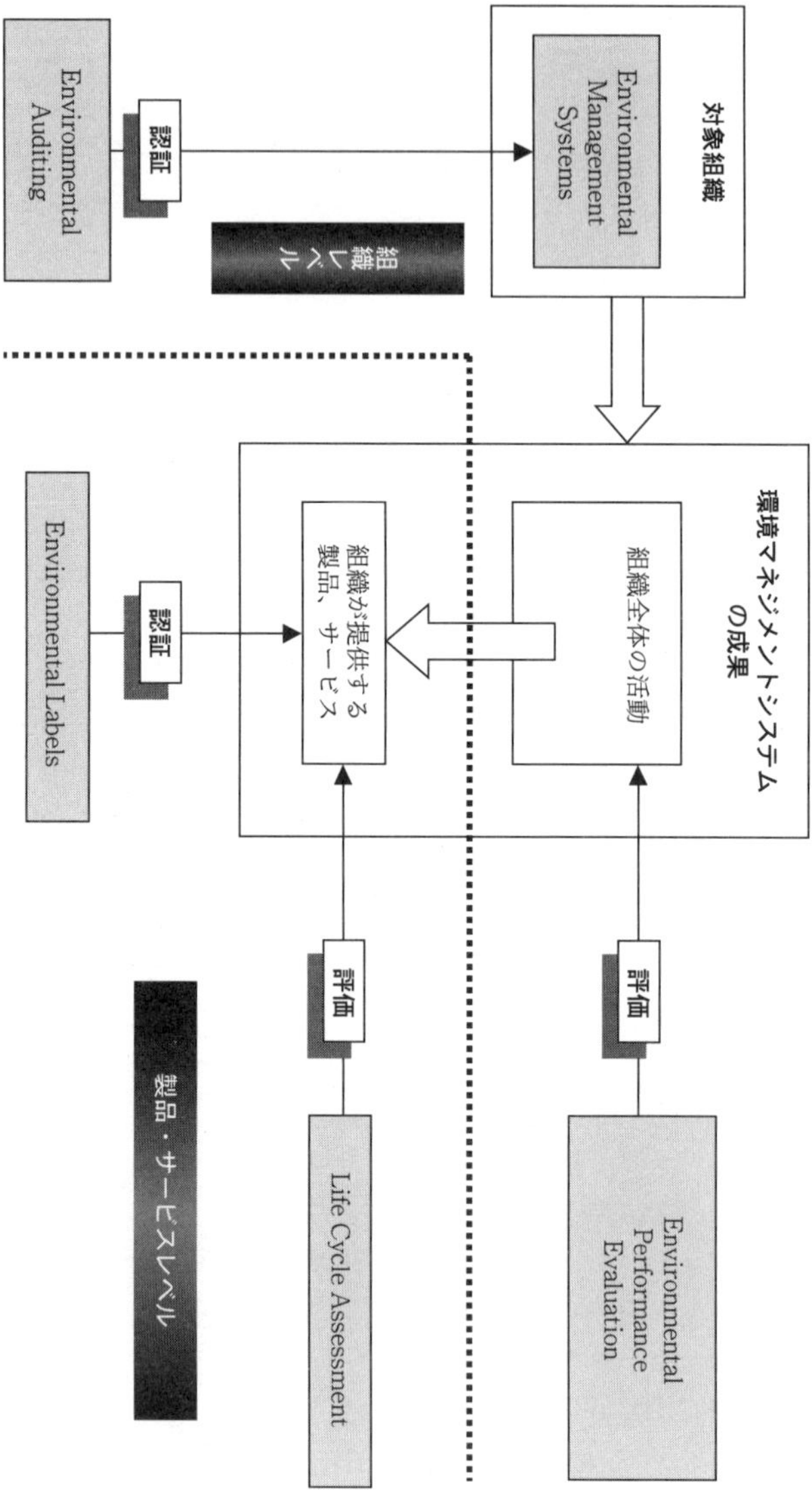

出所：ISO14000シリーズに対する自らの理解に基づき筆者が作成。

【図 7-1】 ISO14000シリーズの構成概念

に分類される規格群は、環境マネジメントシステム実施のための手法を規定する規格と位置づけられる。[176] これら規格群相互の関係を概念的に【図７-１】に示す。

①の環境マネジメントシステムを直接規定する規格としては、ＩＳＯ一四〇〇一とＩＳＯ一四〇〇四の二つが策定されている。これらのうちＩＳＯ一四〇〇一は、環境マネジメントシステムとしてＩＳＯ一四〇〇一を採用する組織が必ず満たさなければならない条件（規格における「要求事項(Requirement)」）を規定している。一九九六年に策定された当初規格の副題は「仕様（Specification)」であったが、二〇〇四年の改訂版では、規格の性格をより明確にするために、副題はそのものずばりの「要求事項」へと変更された。

一方でＩＳＯ一四〇〇四は、環境マネジメントシステムを実施し、改善するために組織を総合的に支援することを目的とした「指針（Guideline)」と位置づけられ、要求事項は含まない。ＩＳＯ一四〇〇四は、ＩＳＯ一四〇〇一の適用に際してのいわば解説書的性格を有した規格と解釈できる。規格の策定段階における激しい議論も、ＩＳＯ一四〇〇一の本文に何を記載するかに集中したのだった。以上からは、ＩＳＯ一四〇〇〇シリーズにおける環境マネジメントシステムの概念は、ＩＳＯ一四〇〇一の要求事項において規定されていると考えて差し支えない。

三・四　規格としてのＩＳＯ一四〇〇一の構成

ＩＳＯ一四〇〇一は組織に対し、「環境マネジメントシステム」を確立し、維持することを要求する。[177] 環境マネジメントシステムは同規格の中で、「組織のマネジメントシステムの一部で、環境方針を策定し、実施し、環境側面を管理するために用いられるもの」と定義される。[178] 環境マネジメントシステムとは具体的にどのように解釈すべきものなのかを、ＩＳＯ一四〇〇一における要求事項に則して考えたい。

ＩＳＯ一四〇〇一の要求事項をじっくりと眺めてみる。すると環境マネジメントシステムとは、①環境方針を策定し、②策定した環境方針を達成するための計画を考え、③環境方針を達成するために事業を実施し、組織を運営し、④計画、実施、運営した結果を点検、是正し、⑤定期的に環境マネジメントシステムそれ自体を見直すという一連の流れを実現するための、組織としてのマネジメントシステムと理解できる。この流れを概念的に【図7-2】に示す。

一般にＰＤＣＡ（Plan, Do, Check, Act）とよばれるサイクルだ。この一連の流れを実現する上で、環境マネジメントシステムを実施する組織は具体的にどのような方法論をとらなければならないかが、ＩＳＯ一四〇〇一では要求事項として規定されている。この要求事項の部分が、規格としてのＩＳＯ一四〇〇一の中心を構成する。

ただし、環境マネジメントシステムは、組織のマネジメントシステムの一部分と位置づけられている。このため、ＰＤＣＡサイクルに代表されるマネジメントシステム一般の中に含まれる汎用的な方法論についても、実はＩＳＯ一四〇〇一の要求事項の中に含まれる。例えば、「組織の種々の階層及び部門間での内部コミュニケーションを図る」[179]とか、「文書化された手順を確立し、実施し、維持する」[180]といった内容の部分だ。

要求事項の中からこうした汎用部分を除くことで、「環境」に関するマネジメントシステムとして

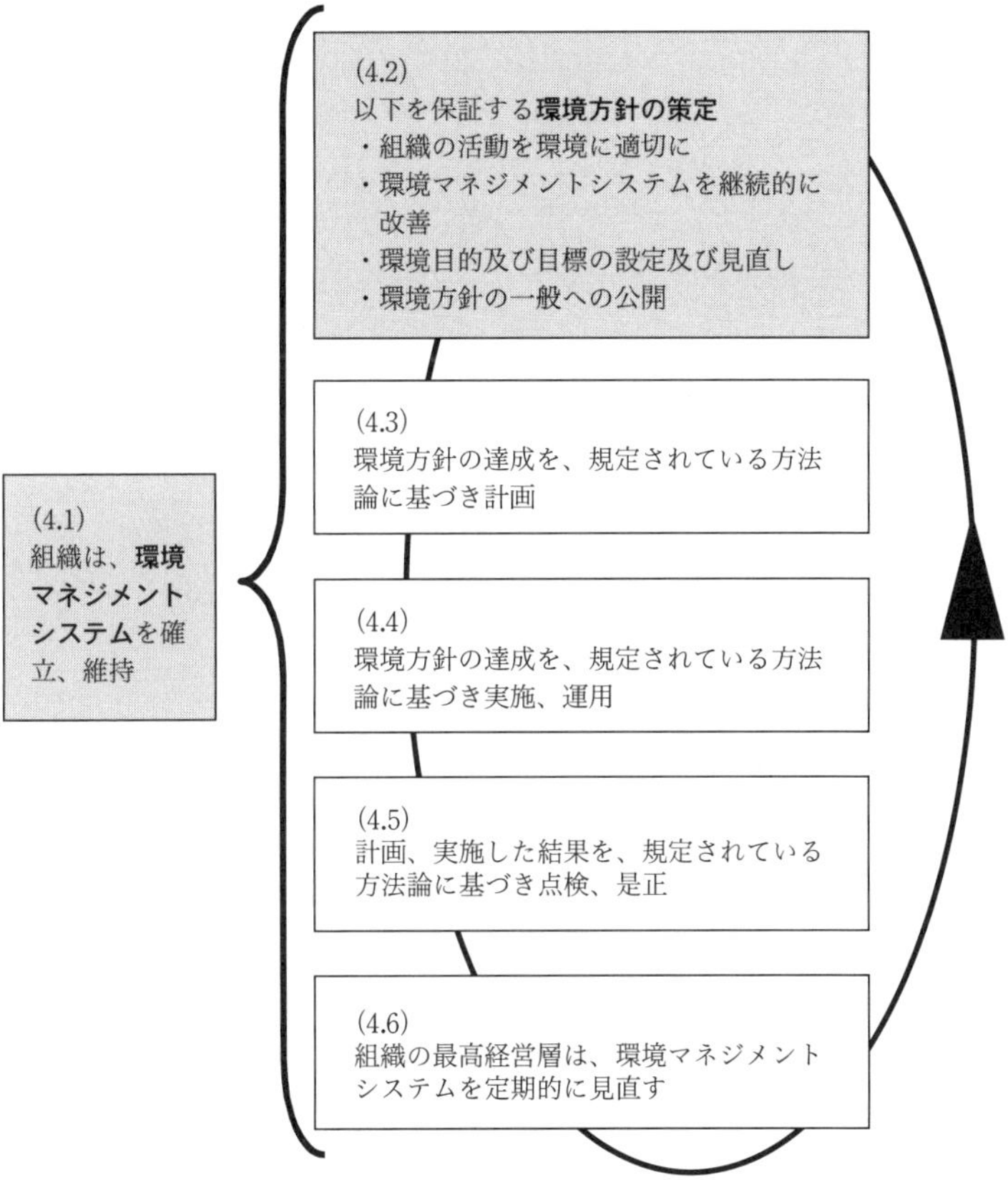
(4.1)
組織は、**環境マネジメントシステム**を確立、維持
(4.2)
以下を保証する**環境方針の策定**
・組織の活動を環境に適切に
・環境マネジメントシステムを継続的に改善
・環境目的及び目標の設定及び見直し
・環境方針の一般への公開
(4.3)
環境方針の達成を、規定されている方法論に基づき計画
(4.4)
環境方針の達成を、規定されている方法論に基づき実施、運用
(4.5)
計画、実施した結果を、規定されている方法論に基づき点検、是正
(4.6)
組織の最高経営層は、環境マネジメントシステムを定期的に見直す

注1：図中の数字はISO14001：2004における項目番号。
注2：図中の網掛けブロックは、「環境」に関するマネジメントシステムとしての特質。
出所：ISO14001：2004に基づき筆者が作成。

【図7-2】 ISO14001の要求事項

の核心部分を浮かび上がらせることができる。この部分が具体的には、前述①の「環境方針」の策定である。「環境方針」で定められる内容が、「環境」に関するマネジメントシステムであるＩＳＯ一四〇〇一の特質を体現する部分といえる。【図7-2】では、網かけしたボックスがこれにあたる。

この部分をさらに詳しくみてみよう。組織は「環境方針」の中で、①組織活動の環境に対する適切性の確保、②環境マネジメントシステムの継続的改善及び汚染の予防、③環境法規制などの遵守、④環境目的及び目標の設定、⑤本環境方針の実行と全従業員への周知、そして⑥本環境方針の一般への公開、の各項目を実行することが要求事項として求められる。この環境方針を策定することによって組織は、自らが行う活動全般にわたり環境に適切に行動するという、いわば行動規範を定めるとともに、達成すべき具体的な環境目標を設定し、設定した目標の達成を目指した行動を約束することになる。さらに、こうした行動の成果として、環境マネジメントシステムの継続的改善と汚染の予防とを約束する。

三・五　ＩＳＯ一四〇〇一の枠組み

加えて、ＩＳＯ一四〇〇一という規格の外にではあるが、ＩＳＯ一四〇〇一を採用する組織が現に実施しているマネジメントがＩＳＯ一四〇〇一の要求事項を実際に満たしているか否かの確認を行う枠組みが存在している。このような確認は、一般に「適合性評価」と呼ばれる。ＩＳＯ一四〇〇一では、その「1．適用範囲」において、外部機関による環境マネジメントシステムの認証／登録によりＩＳＯ一四〇〇一との適合を示すことにも規格が適用できる旨を明記している。[181] 第三者認証機関によ

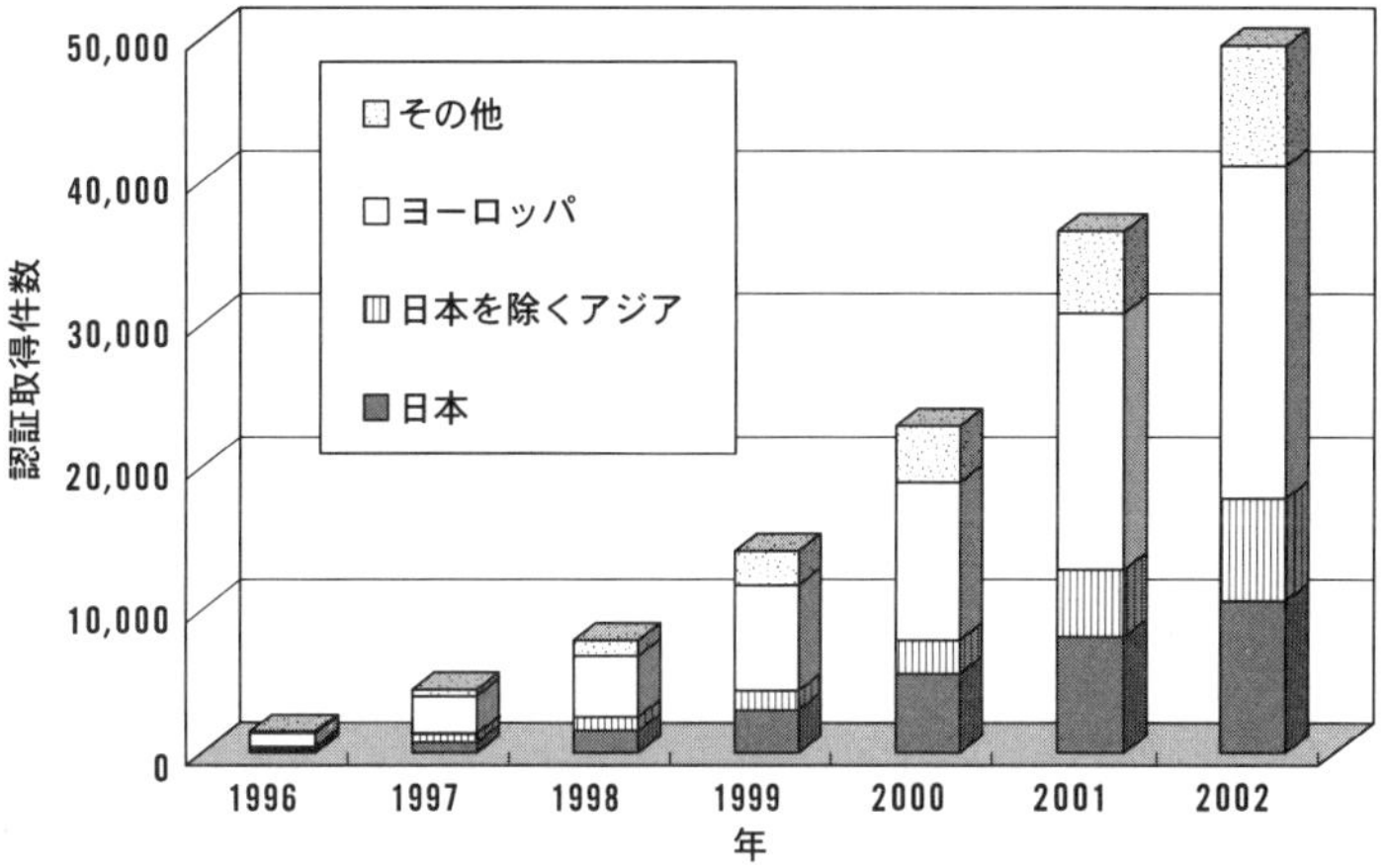

出所：The ISO Survey of ISO 9000 and ISO 14000 Certificates (12th cycle)

【図 7-3】 ISO14001 の認証取得件数推移（世界）

る適合性評価の実施であり、その結果としての認証の取得である。

規格との適合を自己決定し、自己宣言するという第一者認証、また、例えば顧客など組織に対して利害関係をもつ人もしくは組織によって適合の確認を行う第二者認証についても、ＩＳＯ一四〇〇一では第三者認証と同様に想定してはいる。第一章でＩＳＯ一四〇〇一への適合認証を取得する日本企業の数が急激に増加している旨を述べた。世界全体でみても、【図７－３】に示すように、認証を取得する組織の数は企業を中心に大きく増加している。これらはすべて、第三者認証機関からの適合認証の取得だ。

環境マネジメントシステムという考え方が、これまでみてきたように環境に適切に行動することを求める社会の声に対する企業の回答だとすれば、自らの回答の信頼性を高めるためにも、第三者認証機関から認証を取得しようとす

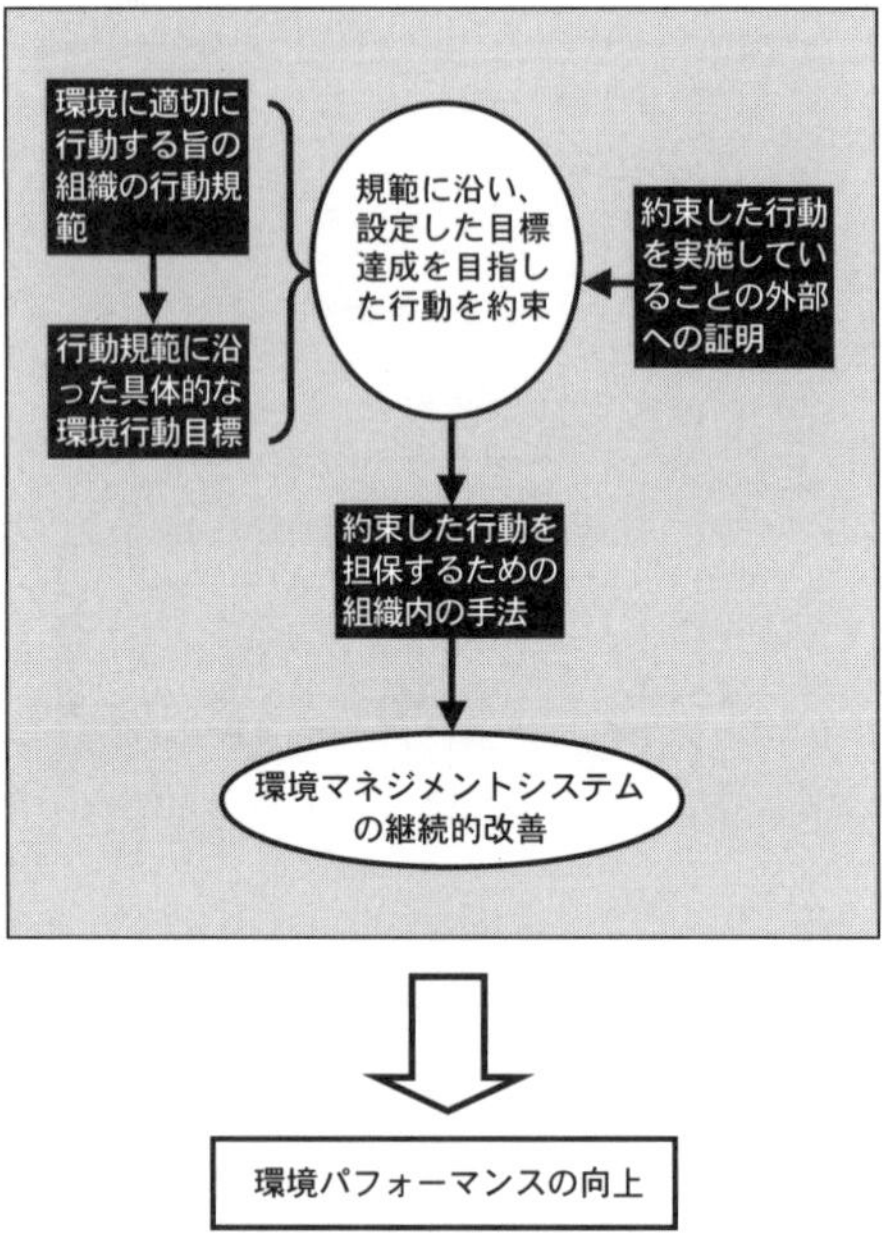

注：図中、黒地に白抜き文字のブロックは枠組みを構成する個別要素。
出所：ISO14001 に対する自らの理解に基づき筆者が作成。

【図 7-4】 ISO14001 の枠組み

るのは自然な流れといえるだろう。また、ISO一四〇〇一の策定過程においては、マネジメントシステム規格の適合性評価を行う第三者認証機関の存在は、当然の前提だった。ISO一四〇〇一の規格本文には何らの記載がないものの、第三者認証機関によるISO一四〇〇一の適合認証の取得は、実態上は規格としてのISO一四〇〇一の機能の一部になっているといってもいいだろう。

この適合性評価の実施を前提とした場合には、ISO一四〇〇一を組織のマネジメントシステムとして導入し、実施するということは、当然のことながら第三者認証機関からの適合性評価を定期的に受け続けることを意味する。これは実質的には、組織がISO一四〇〇一に適合する環境マネジメントシステムを確かに実施していることを組織の外部に対して常に「証明」し続けるという意味を持つようになる。

これまで説明してきた「環境方針」の策定と、ＩＳＯ一四〇〇一の事実上の前提ともいえる「適合性評価」の実施、これらを合わせることでＩＳＯ一四〇〇一は、「組織が、自らの活動全般にわたり環境に適切に行動する旨の行動規範を採択し、この規範に沿った具体的な環境行動目標を設定し、設定した目標の達成を目指して行動することを約束し、約束した行動を確かに実施していることを組織の外部に対して証明する枠組み」と理解することができる。この枠組みをその構成要素に分け、概念的に整理した結果を【図７‐４】に示す。

四　ＩＳＯ一四〇〇一の持つ意味

四・一　共通の枠組み

第四章での議論を思い出して欲しい。一九八九年三月、エクソン・ヴァルディーズ号がアラスカ沿岸で座礁し、積んでいた原油を大量に海上に流出させるという事故が発生した。この事故を契機に、環境問題に対する企業としての積極的な取り組みを求めるための憲章、セリーズ原則が策定された。さらに、地球環境問題に対する関心の高まりの中で、セリーズ原則以外にも、持続可能な開発のためのビジネス憲章（ＩＣＣビジネス憲章）や経団連地球環境憲章など、環境に対する企業としての理念や行動規範を定めた憲章が発表された。

これら三つの憲章は、それぞれが他と同様の構成要素を持ち、基本的に同じ枠組みとして理解できる旨を論じてきた。「環境に関する組織の行動規範を採択し、この規範に沿った具体的な環境行動目標を設定し、設定した目標の達成を目指して行動することを約束し、約束した行動を確かに実施していることを組織の外部に対して証明する枠組み」という理解だ。

ＵＮＣＥＤで採択されたアジェンダ21とリオ宣言という二つの政治的宣言で、環境マネジメントシステムへの言及がなされたことも述べてきた。そこに記されたことは、政府機関、非政府機関を問わずあらゆる主体がＵＮＣＥＤに向けて行った環境マネジメントシステムに関する主張の凝縮だ。その内容は、持続可能な開発を達成するためには企業が環境マネジメントを採用することが必要であり、同時に企業は環境に関する行動規範を採択し、その実施結果を市民に公開すること、と解することができる。

このＵＮＣＥＤでの言及内容が、先の三つの憲章に共通する枠組みとほぼ重ね合わせることができる旨も論じてきた。そしてこのことは、ＵＮＣＥＤ以前からの環境マネジメントシステムに関する多くの取り組みが、ＵＮＣＥＤの場で見事に結実したことの証左でもある。

さて、ここで注目したいのは、本章で述べてきたＩＳＯ一四〇〇一の枠組みに関してである。【図4-2】「各憲章共通の枠組み」と、【図7-4】「ＩＳＯ一四〇〇一の枠組み」を見比べてもらいたい。ＩＳＯ一四〇〇一の「組織が、自らの活動全般にわたり環境に適切に行動する旨の行動規範を採択し、この規範に沿った具体的な環境行動目標を設定し、設定した目標の達成を目指して行動することを約束し、約束した行動を確かに実施していることを組織の外部に対して証明する枠組み」は、三つの憲章に共通する枠組み、そしてＵＮＣＥＤでの環境マネジメントシステムに言及された内容のエッセンス、この双方ともまた重ね合わせることができるのだ。

四・二　環境パフォーマンスの扱い

規格策定に際してＩＳＯでなされた議論は、それなりに激しいものだった。しかしながら、これはＵＮＣＥＤに至るまでに議論され、ＵＮＣＥＤで言及された環境マネジメントシステムの枠組みを覆すものではなかった。実際に策定された規格、ＩＳＯ一四〇〇一をみる限りにおいて、ＩＳＯでの議論は、ＵＮＣＥＤが提示した枠組みの基本構成に変更を求めるような議論にまでは至っていない。

特に激しく議論された環境パフォーマンスに関してはどう考えたらいいのだろうか。これが規格の中で実際にどのように扱われているのかをみてみよう。ＩＳＯ一四〇〇一では環境パフォーマンスを「組織の環境側面についてのその組織のマネジメントの測定可能な結果」と定義する。「環境方針」の中でその設定が約された具体的な環境目標に対する、環境マネジメントシステム実施後の組織の「成績」に相当する内容といえるだろう。

「環境方針」では、環境パフォーマンスに関連する組織としての意図を約束することを求めはする。しかし、環境パフォーマンスのレベルに関する基準を要求事項として規定する意思を全く有しないことは、ＩＳＯ一四〇〇一の中で明示されている。[182] この点に関しては、ＵＮＣＥＤ、ＳＡＧＥ、そしてＴＣ二〇七に至る中で、一貫して保持されてきた基本的な考え方といえる。

実際ＩＳＯ一四〇〇一では、環境パフォーマンスのレベルには全く言及していない。同時にＩＳＯ一四〇〇一は、組織が提供する製品、サービスに関しても環境側面から何ら具体的な基準を設定してはおらず、また、要求事項として求めることもない。

加えて、環境マネジメントシステム実施の結果として求めるのは、直接的には環境マネジメントシステムそれ自身の継続的改善である。組織の環境パフォーマンスの改善は、環境マネジメントシステム改善の結果と位置づけられる。ここはEMASへの適合とも絡めて激しく議論されたポイントだった。

あくまでも、求めるのは環境マネジメントシステムの改善なのであって、ISO一四〇〇一が環境パフォーマンスの改善を直接求めることはない。したがって、異なる二つの組織が双方ともISO一四〇〇一の要求事項に合致する環境マネジメントシステムを採用し、かつ、双方とも適正に環境マネジメントシステムを実施していたとしても、これら組織が必ずしも同じ環境パフォーマンスを示すとは限らない。このことは、ISO一四〇〇一の中でも触れられている(183)。

四・三　ISOでの議論の意味

環境パフォーマンスに対するこのような扱いは、「内部監査（当初版のISO一四〇〇一では「環境マネジメントシステム監査」）」のあり方にも反映されている。監査の対象となったのは、組織が採用している環境マネジメントシステムがISO一四〇〇一の要求事項に適合しているか否か、及びそれが適切に実施されているか否かである。組織の示す環境パフォーマンスそれ自体を監査の対象とはしていない。

例えば、環境方針の策定のあり方が監査される場合には、環境パフォーマンスに関連する組織としての意図を約束しているか否かが監査の対象となる。意図の内容それ自体の適否を監査の対象とすることを、ＩＳＯ一四〇〇一が要求することは決してない。

このような結果となった環境パフォーマンスを巡るＩＳＯの議論ではあった。では、この結果は枠組みの機能に悪影響をもたらしたのだろうか。さらに、環境パフォーマンスの向上は期待できないのだろうか。規格の策定に関与した人々の間では、決してそう考えられてはいなかったはずだ。

ＵＮＣＥＤに至る一連の議論は地球環境問題の解決を目指したものであり、その議論の帰結として提示された枠組みが環境パフォーマンスの改善を目的とすることは、当然と考えられていた。環境パフォーマンスの継続的改善を要求事項として規格に記載することに頑として反対したアメリカも、環境マネジメントシステムを実施した結果として組織の環境パフォーマンスが改善することは事実として認識していた[184、185]。要求事項として規格に明記されることを嫌ったに過ぎないのだ。

ＴＣ二〇七での環境マネジメントシステムの内容に関する議論は、環境パフォーマンスを巡る議論も含め、この枠組みを構成する各要素の内容をどの程度厳格に規格で定めるか、逆にいえばどの程度までを、規格を採用するだろう組織の自主性に委ねるかという種類の議論だったと筆者は考えている。

四・四　理念を具体化した制度として

若干くどいかもしれないが、これまでの議論を再度簡単に振り返る。環境問題は様々な変遷をたどりながらも、社会の中での解決の優先度を上げてきた。こうした中で、地球環境問題に対する世界的な関心が高まり、これを受ける形でＵＮＣＥＤが開催された。ＵＮＣＥＤは地球環境問題に関する一大イベントと認識され、これへの反映を目指して地球環境問題の解決に向けた多くの検討が世界中で行われた。

このような検討の中には、「地球環境問題は人間活動が地球環境に与える環境負荷の増大がもたらした問題であり、この解決のためには人間活動の全側面にわたって環境負荷を低減させることが必要である」との認識に基づいたものも数多く存在した。このような認識に則った解決策として、「地球環境に対する負荷を低減するという規範に沿って我々の行動を誘導する枠組み」の必要性が提唱され、やがてこれが環境マネジメントシステムとして理解されるようになる。

これまでも幾度かにわたって言及してきたセリーズ原則、ＩＣＣビジネス憲章、そして経団連地球環境憲章という三つの憲章は、まさにこのような認識に則って策定されたものであり、結果的にこれらは共通の枠組みを持つ。ＵＮＣＥＤの場でも環境マネジメントシステムに関する議論が展開され、その結果はＵＮＣＥＤで採択された政治的宣言であるアジェンダ21及びリオ宣言に反映された。その内容は理念的なものではあるが、やはり三つの憲章とは同一の枠組みとして整理することができる。

ここでＩＳＯが登場する。ＩＳＯは、ＵＮＣＥＤに向けた議論の過程で環境マネジメントシステムの規格化の必要性を認識し、ＵＮＣＥＤの開催後に規格策定のための正式な作業を開始した。この作業の過程では規格の内容に関し非常に激しい議論がたたかわされたが、これはＵＮＣＥＤの場において議論された考え方の根幹を変えるものではなかった。ＵＮＣＥＤで議論された環境マネジメントシステムの理念は、そのまま維持されたといっていいだろう。そして、議論の結果として得られた規格

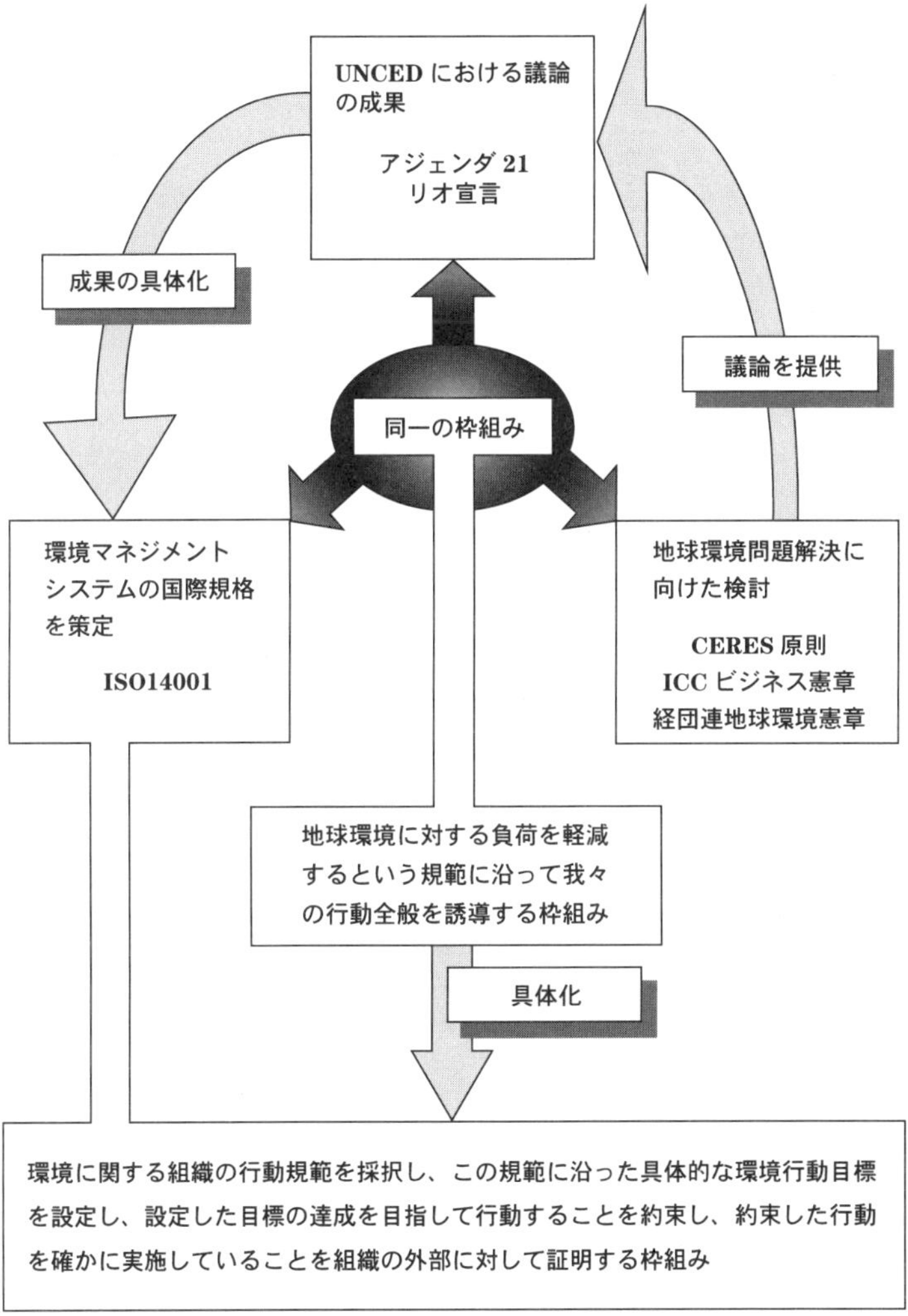

出所：自らの理解に基づき筆者が作成。

【図 7-5】　環境マネジメントシステムと ISO14001 を巡る議論の整理

であるISO一四〇〇一もまた、先と同一の枠組みとして整理できる。

環境マネジメントシステムという考え方とISO一四〇〇一を巡るこのような議論の整理を、模式的に【図7-5】に示す。

以上の経緯及び解釈を踏まえれば、ISOでの環境マネジメントシステムの規格化は、その策定過程においても、また、その結果として得られた規格の内容においても、UNCEDで議論された環境マネジメントシステムに関する理念の具体化を図る作業であったと位置づけることができる。

さらに、環境マネジメントシステムを、UNCEDに向けて議論されたように地球環境問題の解決を目指し、地球環境に対する負荷を低減するという規範に沿って我々の行動全般を誘導する枠組みとして捉えるとき、ISO一四〇〇一はまさにこの枠組みを、社会に対して現実に適用するための手法となる。

四・五　問いの答え

第一章の最後で、幾つかの問いを提起した。ISO一四〇〇一の策定の前提となった環境マネジメントシステムという考え方とはどのようなものなのか。この考え方はどのような社会的背景のもとで、どのようにして形成され、そして今日に至っているのか。

これまでの各章で、筆者がこれらの問いに対してどのように考え、どう答えを出そうとしているのかを述べてきたつもりだ。ISO一四〇〇一とは、地球環境問題という従来にない課題の解決を図るために求められた環境マネジメントシステムという考え方を具体化し、社会に適用するための制度なのだ。このような理解に至る筆者の思考のプロセスを読み解くことで、本書の読者に対して先の問いの答えを多少なりとも示せたならば、筆者としては幸甚に耐えない。

さて、もう一つ、問いが残っている。社会には、何故、環境マネジメントシステムとして理解される考え方を具体化した制度に対するニーズが存在していると考えることができるのか。さらには、環境マネジメントシステムという考え方は、何故、社会に対し大きな影響を与えると考えることができるのか。

第八章以降で、残された問いに答えたい。

第Ⅳ部　技術を律する枠組み

第八章　枠組みの普遍化

一　これまでの枠組みと新たな枠組み

一・一　国家により実現可能な手法

環境マネジメントシステムという考え方が、どのような背景、経緯のもとで生まれてきたのかを、これまでの各章でみてきた。地球環境問題が顕在化する。社会的にも高い関心が持たれ、これへの対応のあり方が幅広く議論される。この結果として、環境マネジメントシステムという考え方が生まれる。そしてISO一四〇〇一が、この考え方を社会に対して実際に適用するための具体的な制度として作られることになった。

このような流れの中で、地球環境問題への対応という観点から国際的に導入が議論されてきた制度は、もちろん環境マネジメントシステム、さらにはその具体形としてのISO一四〇〇一だけではない。むしろ、これらは国家間での議論の場では、大きく取り上げられることはなかった。いわば、伏流だった。表舞台での議論は、地球温暖化問題に限っていえば、気候変動枠組み条約の採択がその中心だった。

気候変動枠組み条約が国家間での議論の中心に位置したのは、これが温室効果ガスの排出量の削減を図るという、地球温暖化問題の解決に向けての最も直接的な対処法だったからだ。同時に、温室効果ガスの排出量の削減を図るという行為は、国家がこれまで行ってきた、環境問題に対する様々な対応と基本的には同様の手法であり、国家による実現が可能な手法だからでもある。

このように書くと、直ちに反論されそうだ。二酸化炭素の排出量の削減は困難だといった議論がたたかわされ、京都議定書の採択に至るまでには多くの妥協がなされたのではないか。アメリカは批准をせず、京都議定書の枠組みに加わっていないではないか。このような現実は、この手法の国家による実現が不可能、もしくは著しく困難であることを表しているのではないか。

確かにそうだ。二酸化炭素をはじめとする温室効果ガスの排出量の削減には、多くの困難がともなう。もちろん、困難の程度は、いかほどのレベルにまで削減するのか、という程度の問題とも密接に絡むことにもなるのだが。筆者が、ここでこの手法を実現可能としたのは、温室効果ガスの排出の原因となっているある特定の行為に対する規制措置を講ずることによって、温室効果ガスの排出量の削減を手法的には担保できるからだ。

一・二　対極の関係

特定の行為とは、例えば二酸化炭素の排出の主要な原因となっている化石燃料の燃焼である。確かに、京都議定書採択に至るまでの議論は激しいものだった。しかし、この議論は削減のレベルを巡っての議論だったのであり、決して温室効果ガスの排出量を削減するという行為の適否を巡る議論ではなかった。ましてや削減のための具体的な手法を巡る議論でもなかった。

アメリカが京都議定書を批准しないのは、無論、批准すれば温室効果ガス削減の義務を負うからだ。負った義務の履行は、経済成長の鈍化などの義務の履行によって生じる様々なマイナス効果を容認するのであれば、国家に授権されている立法という権能による国内措置の構築により、極論すれば不可能なことではないのだ。したがって批准すれば、批准した内容の実現に必要な措置を講じざるを得ない。義務の履行によって生じるマイナス効果を容認できないからこそ、責任ある国家として批准しないとも考えることができるだろう。

マイナス効果を捨象して、必要な国内措置を講ずるか否か。これは、政治的な選択の問題であり、制度の問題ではない。地球温暖化が、現実の脅威としてどのように認識されているか、その脅威の大きさと、措置を講じた際のマイナス効果とを秤にかけて判断されることになる。そして、これまでの環境問題では、このような判断の結果として、特定の行為を規制するという手法が数多くとられてきている。

一方で、地球環境問題の顕在化にともない環境マネジメントシステムという考え方が新たに登場した。この考え方は、民間組織であるＩＳＯによって、法律的な位置付けを持たないＩＳＯ一四〇〇一という規格を策定することにより、制度として具体化された。何らかの政策目的を達成するための手法としてこれをみれば、法律によらない枠組みという点においてこれまでの国家による手法とは対極の関係に位置づけることができる。

手法としては対極であっても、地球環境問題という名の環境問題、この解決を図るための対応という目的は同じだ。このような関係の存在を軸に、両者の環境に対する枠組みとしての性格を考えてみよう。

一・三　規制的措置の導入

これまでの国家主導による環境に関する取り組みを、枠組みとして見立てた際の最大の特徴は、それが国家によって実現が可能な手法、すなわち「規制」であることではないかと筆者は考えている。ここでいう「規制」とは、人々の行動に関し従うべき基準を法律により設定し、法律の強制力をもって人々にこの遵守を求める、という理解のもとで用いた言葉だ。

日本では一九六〇年代の後半以降、いわゆる公害問題が大きな社会問題として取り上げられるようになる。高度経済成長の実現を目指し、産業の重化学工業化が進展するとともに、産業活動も活発化していった。活発化した産業活動にともない、大量に発生した不要・有害な物質が環境中に排出されるようになる。この結果として環境は汚染され、これによる人々の健康被害が発生した。

もちろん、人為的に環境中に排出された物質による自然環境、人体健康への被害が、一九六〇年代後半に至るまで発生していなかったというわけではない。例えば足尾鉱山からの鉱毒汚染に対する田中正造の取り組みは一八九一年（明治二四年）頃にまで遡る。しかし、このような問題は普遍性を持った「公害問題」としてではなく、例えば鉱山特有の鉱毒問題として取り扱われてきた。こうした事実からは、一九六〇年代の後半に至ってはじめて、「公害問題」が大きな社会問題として「顕在化」したともいえるだろう。

公害問題の顕在化に対応して採られた代表的な対応策は、一九六八年の大気汚染防止法の制定であり、また、一九七〇年の水質汚濁防止法の制定だった。一九七一年には、環境庁が設置される。これら法律の制定、また、環境問題を専門に担当する行政庁の設置は、公害問題を一つの大きな政策的課題として位置づけ、これに対応することを社会が求めるようになったことの結果でもある。こうした対応策は、その後も強化・拡充され、現在においても相応に機能している。

法律の制定による環境問題への対応は、まさに「規制」の導入そのものといえる。制定された法律、もしくは法律に基づく政省令などによって有害物質を具体的に指定し、これの環境中への排出を禁止する。こうした物質を従来から排出していた事業者といえども、法律の定めに従い排出は禁止されるのである。仮に、法律の定めに違背した場合には、やはり法律の定めに従い、罰則が科せられることになる。

一・四　規制による国際的な対応

環境問題に関する規制的な対応は、何も日本に限ったことではない。例えばアメリカにおいても、環境行政を専門に担当する機関として環境保護庁（ＥＰＡ）が一九七〇年に設置された。ＥＰＡの設立と相前後して、同じ一九七〇年には大気浄化法（The Clean Air Act of 1970）が、また、一九七二年には、水質浄化法（The Clean Water Act of 1972）が制定されている。これらの法体系では、「Command and Control」と呼ばれる規制的な手法が措置された。

さらに、一国の国内では完結しない環境問題に関する「規制」の枠組みも存在する。例えば、酸性雨の防止のために講じられてきた対応策を考えてみよう。二酸化硫黄や窒素酸化物などの酸性雨の原因となる大気汚染物質は国境を越えて移動する。このため、全地球的ではないものの、原因となる大気汚染物質の発生国と移動先の相手国とが共に参加する国際的な枠組みの構築が、酸性雨の発生を防止するためには必要となる。

この枠組みとして、一九七九年に長距離越境大気汚染条約（LRTAP条約）が締結され、一九八三年に発効している。同条約とそれに基づく累次の議定書のもとで、加盟国は酸性雨発生物質の排出削減の義務を負う。オゾン層破壊の原因物質となる各種フロンの使用削減、禁止に関しても、全く同様だ。オゾン層保護のためのウィーン条約（ウィーン条約）とそれに基づく累次の議定書のもとで、加盟国はフロンなどの原因物質の製造・使用の削減義務を負うことになる。これらの枠組みの概要に関しては、別の視点から既に第四章で触れた通りだ。

条約は国家間の約束であり、そこで規定される義務の履行には法的拘束力が伴う。国際条約上の権利、義務の主体は、当然のことながらそこに加盟する主権国家となる。このため、実際に汚染物質を排出している事業者に対し、条約が直接的に義務を課すことはない。先にも触れたように、条約に加盟した国は、条約上自らに課された義務の履行を図るために、国内で何らかの法律措置を講じることになる。このような国内法の定めに基づき、実際の排出者に対し削減の義務が課される。逆に、国内でこうした措置を講じない限り、条約の批准は行い得ないことが通例だ。

環境問題への対応は、国内的にも、また国際的にも、規制的措置によることが一般的であり、また、効果的であると認識されてきた。これは、汚染の発生の中で、その解決策としてこうした手法の導入を社会が強く求め、立法府及び行政府がこうした社会の意志を受け、時には国を跨り、その実施を図ってきことの結果と理解できる。

一・五　新たな対応―任意の枠組み

次に、環境マネジメントシステムという新たな考え方を性格づける特徴を考えてみよう。法律に基づき当該者の意志とは無関係に強制的に義務を課す「規制」であった従来の枠組みに対し、参加が自らの意志に基づく「任意」の制度であることが、新たな枠組みの最大の特徴といえるだろう。枠組みに参加することで負う義務の内容に関してもまた自らが任意に決める、まさに「自主」的な手法でもある。

環境マネジメントシステムが「自主」的な性格を有する枠組みとして誕生する経緯は、新たな対応を求める社会からの視点を中心にして、これまで詳細にみてきた。この経緯を、新たな対応が求められた産業界の視点から、今一度見直してみよう。

社会における環境意識の高まりは、大きな環境負荷の発生源となっている企業に対し、その負荷の低減を厳しく求めることになる。産業界はこうした社会からの圧力に対し、何らかの行動を起こすことが、社会に対する「回答」として強く求められていた。社会の要求を満たすに足る十分な回答が用意できなければ、企業行動にともない発生する環境負荷を低減させるという社会の要求は、そのための法律策定の要求へと容易に転化することが十分に予想された。その結果は、法律による一律的な規制的措置の導入となって現れることだろう。

産業界のこうした懸念は、非常に差し迫ったものだったはずだ。第三章の最後で触れたインド、ボパールでの化学物質漏出事故の発生は一九八四年のことだ。この事故が企業による環境監査導入の動きに拍車をかけたのは、社会の強い圧力を感じ取ってのこととといえる。一九八〇年代の後半には、産業界は自らの判断により、回答になり得る何らかの行動を起こすことが必要な状況にあったのだ。

回答としての行動は、規制的な措置の導入を避ける意味でも、任意の枠組みによる自主的な措置であることが必要だった。このため産業界は、こうした枠組みの導入を強く主張し、また、実践していくことになる。第五章で言及した化学産業界による「レスポンシブル・ケア」の取り組みは、ボパールでの事故を契機に始められたものだ。その内容は、化学企業が「自主的」に化学物質に関する環境・安全・健康を確保するというものだった。

一・六　産業界の努力

一九八九年に発生した、アラスカ沿岸でのエクソン・ヴァルディーズ号の座礁による原油の流出は、環境負荷の発生者としての産業界に対する社会の見方をさらに厳しいものとする。一九八八年一二月の時点で開催が決定されたＵＮＣＥＤは、このような雰囲気の中で準備作業が進められていた。産業界としては、自らの主張をそこでの議論に反映させ、求められている回答を社会に示す絶好の機会としてＵＮＣＥＤを捉えたはずだ。

一九九一年四月に、環境管理に関する第二回世界産業会議（ＷＩＣＥＭⅡ）が開催された。世界中の巨大企業が参集し、地球環境問題の解決に向けた産業界の努力を世界にアピールした会議だった。企業活動に対する新たな規制的措置の導入、これに対する産業界としての危機意識が会議の背景にあったことは、否めないだろう。

そこで採択された宣言には、注目すべき内容が含まれていた。環境パフォーマンスのレベルに関しては自主的に決めるべき、というものだ。何故この時期にこうした内容の宣言が発出されたのかという疑問は、この時期に産業界がおかれていた状況を考え合わせることで理解できる。

ＷＩＣＥＭIIに先立って行われた国際商業会議所（ＩＣＣ）での検討とその結果としてのＩＣＣビジネス憲章の策定も、無論、真に地球環境を憂えてのことではあるだろう。他方同時に、ここで述べたような状況の中での出来事としても理解しておく必要がある。

産業界の主張に沿う内容での環境マネジメントシステムの導入。この実現を図る上では、産業界の主張に則ってのＵＮＣＥＤでの環境マネジメントシステムへの言及が、産業界にとって至上命題となっていたはずだ。ＷＩＣＥＭIIをはじめとして、ＩＳＯによる環境マネジメントシステム規格策定の契機ともなった持続可能な開発のための経済人会議（ＢＣＳＤ）での検討など、この命題を叶えるために、多大な努力が払われたのだった。

こうした努力は、特定の人物なり組織なりの意図のもとで統一的に実施されたわけではない。産業界に関連する様々な人々、組織それぞれの行動が、結果として同じ方向に向かっていたということだろう。レスポンシブル・ケアの取り組みにしても、またＢＣＳＤからＩＳＯへの規格策定依頼にしてもそうだったはずだ。産業に関連した様々な主体のこうした行動は、成果としては確かに結実した。ＩＳＯ一四〇〇一は、自らが守るべき目標を定め、これを自らの意志で実現する規格として策定されたのだ。

二　ＩＳＯ一四〇〇一の評価

二・一　「任意」に対する疑問

ＩＳＯ一四〇〇一の策定は、地球環境問題への対応を環境マネジメントシステムという理念を議論する段階から、制度として導入する段階へと移行させた。この段階に至れば、よりよい環境の実現という具体的な成果の達成が制度に対して期待され、この期待に応じた結果が求められることになる。

一方で、社会が求め産業界が用意した回答として、環境マネジメントシステムは任意の枠組みとして誕生した。その「任意」を特徴とする性格故に、環境マネジメントシステム、さらにはその具体化された制度であるＩＳＯ一四〇〇一は、それがもたらす環境に対する効果という点に関して批判を受けることになる。批判のベースとなった疑問とは、この枠組みが環境に対して有効な働きをするのかという点に関して提起されたものだった。以下、この点に関して考えてみよう。

なお、環境マネジメントシステムとは、いわば概念、考え方であり、社会に実際に適用される具体化された制度ではない。枠組みの効果という点では、当然のことながら具体的な制度を想定することが必要となる。この代表例がＩＳＯ一四〇〇一だ。このため、ＩＳＯ一四〇〇一の効果を中心にみることで、環境マネジメントシステムという枠組みの環境に対する効果を考えることとしたい。実際、環境マネジメントシステムに関する種々の批判、言及は、そのほとんどがＩＳＯ一四〇〇一を対象になされたものだ。

二・二　ＩＳＯ一四〇〇一に対する批判

ＩＳＯでの検討を経て、一九九六年に公開されたＩＳＯ一四〇〇一に対しては、その環境に対する効果に関し、疑問を呈する声が公開当初から存在した。このような声の中で最も頻繁にいわれることは、ＩＳＯ一四〇〇一の適合認証が事業所もしくは企業が示す実際の環境パフォーマンスを反映せずになされている、という指摘だ[186]。

さらに、ＩＳＯ一四〇〇一に示される内容は組織に対し最小限の要求事項を示しているに過ぎず、このような規格が存在しているが故に、結果として環境パフォーマンスを向上させる他の方法の導入の妨げになっている、という主張すら存在する[187]。また、こうしたことからＥＰＡは、ＩＳＯ一四〇〇一に関し肯定的ではないともされる[188]。

ＩＳＯ一四〇〇一への適合認証の取得は、単に取得企業がその環境側面を効率的に取り扱うマネジメントシステムを有していることを示すに過ぎない、と批判は続く。したがって、ＩＳＯ一四〇〇一の導入によって環境への効果を期待することは、良好な環境マネジメントシステムの存在が良好な環境パフォーマンスを実現すると「仮定」することに他ならない、とする[189]。

加えて、ＩＳＯ一四〇〇一の適合認証は、当該企業が規制規準に合致するとともに法的な要求水準を超えて継続的に環境改善を図る意図のあることを認めはするものの、このような改善が実際になされたか否かの外部からの検証を保証することはない、とも指摘する[190]。

これらの批判は、ＩＳＯ一四〇〇一が規定する規格の内容それ自体に起因しての指摘といえる。指摘された内容は、ＩＳＯ一四〇〇一の策定過程において激しく議論された部分であり、そうした議論を経て現状の内容となっている。実際、適合認証を同様に取得した二つの工場の環境パフォーマンスが異なる事態が想定されることは、ＩＳＯ一四〇〇一自らが言及している[191]。批判されている事項をも斟酌した上で、なお環境に対し相応の効果を期待して、現行のＩＳＯ一四〇〇一は策定されたと考えることができるだろう。

レスポンシブル・ケアやＥＭＡＳという環境マネジメントシステムに関する他の制度とＩＳＯ一四〇〇一を対比させての指摘も存在する。ＩＳＯ一四〇〇一は規定する内容の厳格性において他の制度に劣る[192]。ＥＭＡＳ及びレスポンシブル・ケアは、環境パフォーマンスを向上させるための方針、行為を規定するのに対し、ＩＳＯ一四〇〇一はマネジメントシステムそれ自体の規定が中心となる[193,194]。したがって、効果という観点からは内容に乏しい[195]、との批判だ。

本書の論旨には直接影響しないが、文書類の維持整理などのマネジメントシステム自体の導入に要するコストや、導入した環境マネジメントシステムのＩＳＯ一四〇〇一への適合認証の取得に要するコストの大きさに対する批判もある。このようなコストの存在が、特に中小企業の認証取得に対する意欲を減退させているとの指摘だ[196]。

二・三　実際の効果はどうだったのか

これらの批判に対し、現実にＩＳＯ一四〇〇一を導入した結果は、どのように評価されているのだろうか。一九九六年のＩＳＯ一四〇〇一の公開からは既に相当の年月が経過した。このため、ＩＳＯ一四〇〇一の導入が与えた影響について、ある程度の確実性をもって評価することが可能になっている。実際、ＩＳＯ一四〇〇一の個々の導入事例の分析は多数行われており、その結果を論じた文献も多い。これらの文献に基づき、ＩＳＯ一四〇〇一の導入の効果が実際にどのように評価されているのかをみてみよう。

結論からいおう。文献の多くは、ＩＳＯ一四〇〇一の導入により明確に認識することが可能な非常に大きい多面的な効果があったとする。代表的な効果として挙げられるのが、操業に要する原材料、資源の投入量の減少によるコストの低減だ。[197、198、199、200]また、法令及び規準への適合、組織内での従業員の健康、安全、そして環境に関するリスクの低減に関しても、ＩＳＯ一四〇〇一の導入によって達成された成果だと認識されている。[201、202]

こうしたもの以外にも、多くの研究、ケーススタディにより、ＩＳＯ一四〇〇一をはじめとする環境マネジメントシステムの導入による具体的な効果が指摘されている。これらの効果は、以下に要約される。[203]

・廃棄物の減少、リサイクルの実施、電力、水、ガス及び原材料などの投入資源の削減によるコストの低減。
・原材料の使用効率の向上、安全性の向上、さらには従業員のモティベーションの向上による操業効率の向上。
・環境マネジメントシステムに関連した同一術語の使用による、組織内コミュニケーションの向上。
・環境にやさしい企業であるとのイメージの向上と、それによる顧客、地域社会及び他のステークホルダーとの間での関係の向上。
・金融機関からの便益の供与の増大。
・取引先との間での長期的な関係の向上。
・法規制及びガイドラインなどへの適合による罰則金支払い額の減少。

二・四　環境パフォーマンスは向上したのか

環境パフォーマンスの向上という点に絞っての効果はどうだろうか。環境パフォーマンスに関する要求を明確に掲げるEMAS及びレスポンシブル・ケアとの比較において、ISO一四〇〇一ではマネジメントプロセスに特化した要求事項しか持たない。この点を捉え、環境パフォーマンスをいかに向上させるかという観点からは、ISO一四〇〇一は不十分ではないかという見方が多くの批判の要因として存在している。

調査結果からは、ISO一四〇〇一の導入は、環境パフォーマンスの向上に直接的に貢献したとはいえないことが示されている[204]。日本でなされた調査でも同様の結論だ。ISO一四〇〇一の導入は、これを導入した組織の環境行動にある程度変化を及ぼしつつあるものの、調査時点では実質的な環境負荷管理に直接結びついているとはいえないと指摘する[205]。

ここで、環境パフォーマンスの向上に関しISO一四〇〇一よりも厳格な規定をおいているEMASの効果をみてみよう。EMASの認証取得に最も熱心なドイツにおいてなされた、EMASの導入に関した調査が存在する[206]。実は、EMASを対象としたこの調査でも、EMAS導入の効果としての環境パフォーマンスの向上が示されることはない。

この調査によれば、EMASの導入によってもたらされた効果としては、組織化及び文書化の向上、法令遵守の徹底、従業員のモティベーションの向上、投入資源の減少といった事項が上位に挙げられる。これは、前項で示したISO一四〇〇一の導入による効果とほとんど同一だ。この調査結果からは、EMASにおいてもマネジメントツールという役割での貢献が大きかったことが分かる。

ISO一四〇〇一を取得したドイツ企業を対象に、何故ISO一四〇〇一を導入したのか、また、導入による効果は何であったのかということを調査した別の研究が存在する[207]。この調査でも、企業はISO一四〇〇一の導入によって得られた効果を、環境パフォーマンスの向上ではなく、やはりマネジメントツールとしての役割に負うところが大きいとする。これまでに示してきた多くの調査と同一の結果だ。

この調査結果を先のEMASに対する調査の結果と対照すると、興味深い見方が得られる。同じドイツの企業を対象とした調査であり、一方がISO一四〇〇一、他方がEMASの導入に関したものだ。導入の効果として、マネジメントツールという役割での貢献が大きいことが両者に共通する結果として得られていることは、既にみた通りだ。

一方で、導入の動機をみてみよう。ISO一四〇〇一の導入の動機として上位に挙げられているのは、法令遵守の徹底、文書化の向上などであり、環境パフォーマンスの改善は動機としては大きくない。事前の動機と結果として得られた事後の効果とが、ほぼ重なり合っている。要するに、ISO一四〇〇一を導入したドイツの企業は、ISO一四〇〇一に環境パフォーマンスの改善をそれほどは期待しておらず、むしろマネジメントツールとしての役割を期待していた。そして、結果もその通りだったと認識していることになる。

では、ＥＭＡＳ導入企業にとっての動機はどうだろうか。ＥＭＡＳに関する先の調査でも、導入の動機を調べている。これによると、環境パフォーマンスの継続的改善が最上位の動機として挙げられている。ここが、ＥＭＡＳの導入とＩＳＯ一四〇〇一の導入との間の大きな相違である。企業は環境パフォーマンスの向上を期待してＥＭＡＳを導入し、得られた効果はマネジメントツールとしての役割と認識していることになる。

ＩＳＯ一四〇〇一の導入では事前の期待と事後の成果がほぼ一致するのに対し、ＥＭＡＳでは環境パフォーマンスの向上に関しては一致していない。なかなか面白い見方ではないだろうか。もちろんこれは、限られた調査の、ごく一部分を取り出しての一つの解釈にすぎないことはいうまでもない。

以上をまとめれば、ＩＳＯ一四〇〇一の導入が環境パフォーマンスそのものの向上に関して明確な効果をもたらしていると結論づけることはできない。一方で、組織運営という観点からは、環境側面への影響も含め顕著な成果が認められると結論できる。また、ＩＳＯ一四〇〇一よりも厳格な制度となっているＥＭＡＳにおいても、実は、ＩＳＯ一四〇〇一と同様の傾向を示すと結論できる可能性があることを付言する。

二・五　測定は可能か

さて、これまでに示してきたＩＳＯ一四〇〇一の導入の効果、すなわちマネジメントツールとしては有効であるが環境パフォーマンスの向上には直接的には結びついていないという評価を示す調査結果を、どう理解したらいいのだろうか。

このような結果を導き出した調査だが、これらは皆、ISO一四〇〇一導入の効果についての定性的な分析だ。具体的には、ISO一四〇〇一、もしくはEMASなどの環境マネジメントシステムを導入した組織に対してアンケートなどを行い、組織自身がこうした制度の導入による効果をどう評価しているか、ということを調べている。

何故、環境パフォーマンスの向上にもたらす効果を直接測定しないのか。ここで、環境パフォーマンスの定義を今一度思い出して欲しい。「組織の環境側面についてのその組織のマネジメントの測定可能な結果」が定義である。環境パフォーマンスとは、「マネジメントの結果」と定義されているのだ。環境パフォーマンスの向上に対するマネジメントの寄与を定量的に計ることは、現実には極めて困難といわざるを得ない。EUで行われた調査の一つでは、このような見方を理由に挙げて、EMASの導入が企業の環境パフォーマンスに与える効果を、企業自身の意見を聞くという方法で見積もる旨をわざわざ記しているほどだ[208]。

第七章で詳述した、ISO一四〇〇一の策定過程における議論を思い出していただきたい。アメリカ、カナダは、継続的改善の対象を環境パフォーマンスとすることに対して強い反対を表明した。その理由は、環境パフォーマンスの定量的な測定がそもそも不可能であるとの理解からだった。

ISO一四〇〇一の導入が環境パフォーマンスの向上に与える効果を直接的に測定した調査研究が見当たらないのは、まさにアメリカ、カナダのこうした見方が現実的であったことを示しているからなのではないか。

二・六　ＩＳＯ一四〇〇一の効果をどう考えるか

では、ＩＳＯ一四〇〇一、もしくはＥＭＡＳの導入は、環境側面に関し何ら効果をもたらしていないのだろうか。筆者は、そのようなことは決してないと考える。マネジメントツールとしては大きな効果があったとされるが、その効果の具体的内容をみれば資源投入や廃棄物発生の量の削減などだ。

こうした、ＩＳＯ一四〇〇一の導入者自らが効果が大きかったと認める項目の大部分は、企業活動にともなう環境負荷の減少に貢献する。このことからも結果的には、組織の環境負荷は低減したといえるのではないだろうか。また、職員の環境意識の向上も効果として認識されているが、これは間接的にではあっても、地球環境問題の解決に大きく寄与する。

ＩＳＯ一四〇〇一をはじめとする環境マネジメントシステムの枠組みは、地球環境問題を人間活動が地球環境に与える環境負荷の増大がもたらした問題として認識することを背景に構築されている。したがって、問題解決のためには人間活動の全側面にわたって環境負荷を低減させることが必要であり、そのための手法として本枠組みが位置づけられる。

とすれば、我々の活動すべてに関する環境パフォーマンスの定量評価が本枠組みの定量評価の前提となる。いうまでもなくこれは困難だ。すなわち、この枠組みに本来的に期待される効果の定量評価は、そもそも困難なのだ。

現時点で行い得るＩＳＯ一四〇〇一という枠組みの評価は、いかほどの人々がこの枠組みに参加し、また、今後参加していくかという視点からなされるべきではないだろうか。地球環境問題とは、これまでも述べてきた通り、社会を構成する個々人、個々の組織の意識の向上がその解決に大きな役割を果たす問題といえる。本来的に参加が任意である中での多くの人々の参加は、それだけで十分に意味を持つ。

第一章で示した通り、ＩＳＯ一四〇〇一という枠組みへの参加者は、現在、急速に増加している。そして、これを導入した組織がその効果を明確に認識しているということ自体は確かだ。こうしたことからは、ＩＳＯ一四〇〇一は我々の活動に起因する環境負荷の低減に対し、大きな正の影響を与えていると結論できるのではないだろうか。

三　枠組みが機能するメカニズム

三・一　枠組み構成要素の意味

ＩＳＯ一四〇〇一の導入が環境に対して相応の効果を挙げている。導入した組織がそう認識していることは、各種調査からは確かなことといえる。組織は何故、効果があると認識するのだろうか。ＩＳＯ一四〇〇一の要求事項に基づき、組織は実際に何らかの行動を起こしている。この、行動しているという事実の存在が、実はこうした認識に大きな影響を与えているのではないか。

ＩＳＯ一四〇〇一を採用した以上、これに基づき何らかの行動を起こすことは、当然といえば当然ではある。こうした行動の結果として、環境に関した何らかの効果が組織自身の認識の範疇にとどまらず現実に存在するのであれば、それはこの枠組みが組織の行動に対してどのように機能するからなのだろうか。この点に関し、ＩＳＯ一四〇〇一という枠組みと、枠組みの構成要素とに対する理解に基づいて考えてみよう。

地球環境に対する負荷を低減するという規範に沿って我々の行動全般を誘導する枠組みであるＩＳＯ一四〇〇一は、第七章の【図７-４】で示す四つの個別要素で構成される。この四つの個別要素が適切に実現されることにより、ＩＳＯ一四〇〇一が規定する環境マネジメントシステムはこれを採用する組織において実現されたことになる。

「社会経済的ニーズとバランスをとりながら環境保全及び汚染の予防を支える」[209]というＩＳＯ一四〇〇一の目的は、個別要素のうち「環境に適切に行動する旨の組織の行動規範」と「行動規範に沿った具体的な環境行動目標」によって具体化される。これらの内容は、「環境方針」を策定するというプロセスの中で示されることになる。

すなわち、環境方針を策定することで組織は、自らの活動全般にわたり環境に適切に行動するという「行動規範」を定め、この規範に沿って達成すべき「具体的な環境行動目標」を設定することになる。さらにもう一つ、これによって設定した「目標」の達成を目指して行動することも、環境方針の中で約束することになる。

三・二　目的達成に向けての誘導手法

枠組みの参加者を誘導し、設定された目的を達成させるための手法としての有効性は、設定された目的の達成に資する規範に沿って厳格に行動するように組織を誘導する、制度としての枠組みが組織に対して与え得るインセンティブの強さ、もしくは規範に沿って行動しないことに対して与え得るディスインセンティブの強さに依存する。

このようなインセンティブの付与による目的達成に向けての誘導機能は、枠組みを構成する個別要素の中では「約束した行動を担保するための組織内の手法」及び「約束した行動を実施していることの外部への証明」の二つの要素によって担われると考えることができる。

「約束した行動を担保するための組織内の手法」に関しＩＳＯ一四〇〇一では、文書の整理、保存といった組織内のマネジメントシステムとして幾つかの方法を規定している。しかし、このような組織内のマネジメントシステムの実施において最終的に求められる内容は、組織自身の約束を組織内でいかに遵守するかであり、この実現は究極的には組織の経営層の真摯な関与に依存する以外にはなし得ない。このことは、約束の遵守を、約束した当人の良心に期待するということを意味する。このような制度は、その制度としての「強さ」という観点からは、ある一定の限界が存在するといわざるを得ないだろう。

「約束した行動を実施していることの外部への証明」としては、第三者による適合性評価の実施と一般公衆への情報公開が、ＩＳＯ一四〇〇一においては事実上提示されている方法論となる。どちらも組織内の情報の組織外への公開として捉えることができる。一般公衆への情報公開に際しての組織の外部とは、社会全般がこれにあたることになる。一方、適合性評価の場合であれば、組織の外部とは適合性評価を実施する第三者認証機関などに相当し、これは特定された外部ということになる。

二つの誘導機能のうちの前者、「約束した行動を担保するための組織内の手法」については、先に述べたように組織内で完結するという制度としての限界が存在する。したがって、組織をこの枠組みの目的の達成に向けて行動させるための措置としては、後者の「約束した行動を実施していることの外部への証明」の具体的方法論たる「組織外への情報公開」に、大きく依存することになる。

三・三 「情報公開」という措置の意味

目的達成のための行動規範及び規範に沿う具体的な行動目標、さらにはこれらに照らした組織の実際の行動の適否が、公開された情報に基づいて判断される。情報公開の相手方は組織の外部だ。したがって、組織の行動に利害を有する関係者が、公開された情報に反応し、組織行動の適否を判断することになる。

外部とは具体的には、組織が企業であればその株主であり、また中央省庁、地方自治体、周辺住民、市民活動家であり、さらには企業の従業員も広い意味ではこうした外部に含まれるだろう。企業の顧客も当然含まれる。当該企業が最終消費財を製造、販売しているのであれば、顧客とは一般消費者になる。このような外部を総称して「社会」と呼ぶことにする。

「情報公開」が目的達成の方法論として有効に機能するか否かは、組織の行動に対する社会の判断と、その判断に基づき組織の行動を是正させる社会の行動、すなわち社会が組織に対して与え得るインセンティブもしくはディスインセンティブに依存する。まさに社会の持つ価値意識に依ってこの枠組みが機能し、組織の行動を誘導することになる。こうした場合、異なる社会では異なる価値意識を持つこともあり、その場合には判断が異なるという結果も予想される。[210]

組織の行動を判断し、その結果に基づいて組織行動を是正させるための行動を社会に期待する上では、枠組みが規定する達成すべき「目的」が社会の持つ価値意識に合致していることが大前提となるだろう。このことは、アメリカ環境保護庁（ＥＰＡ）が実施した、環境マネジメントシステムとよく似た制度的枠組みである33/50 Programの成果に対する分析の中でも示される。

33/50 Programとは、ＥＰＡが一九九一年に開始した、企業活動にともなう化学物質排出量の削減を求める、企業にとっては任意参加のプログラムだ。ベースラインを一九八八年の排出量に設定し、ＥＰＡが指定した一七種の化学物質に関し、一九九二年までに排出量の三三パーセントを、また一九九五年までには五〇パーセント削減することがその内容だ。具体的にどのような手法によって削減を図るかは、参加する企業の自主性に委ねられる。

結果的には、目標年の前年、一九九四年には五〇パーセントの削減を達成した。プログラム最終年の一九九五年までには、実に五五パーセントの削減が実現されている。[211] 33/50 Programの実施とその効果に関しては、従来の「Command and Control」による規制手法との対比という観点から様々な分析がなされているのだが、一般公衆が環境負荷を低減するという企業の行動に対し強く肯定的な認識を持ったことが成功要因の一つとされている。[212]

日本でも、近年、環境に対する社会の関心は、明らかに高まってきているのではないか。環境情報の公開を企業に求める社会の要求と、これに応えようとする企業の姿勢が徐々に醸成されてきているようにみえる[213]。こうした雰囲気は、各種の調査結果からも裏付けられている[214、215]。さらに、公開された環境情報をも踏まえ、株主、取引先及び一般消費者が、企業に対して環境に適切に行動するようにと、自らの行動を通して企業の姿勢に影響を与えるような状況も生まれている[216、217]。

アメリカにおける33/50 Programの例をみても分かる通り、環境に対して社会が持つ価値意識は、任意参加の枠組みが機能するか否かに大きな影響を与える。日本に根付きつつある環境意識の現状を踏まえれば、ＩＳＯ一四〇〇一をはじめとする環境マネジメントシステムの枠組みは、日本においても十分に機能する可能性があると考えることができる。

三・四　「自主的」な手法の有効性

組織としての行動規範に沿う具体的な行動目標を組織自らが定める「自主的」という考え方も、目的の達成に向けて「枠組み」を効果的に機能させることに大きく貢献しているといえるだろう。規範に沿うように組織の行動を誘導し、具体的な環境行動目標の達成を通して枠組みの目的の達成を図る。このためには、実現可能であり、かつ、目的達成に効果的な具体的目標の設定が不可欠となる。組織が製造業に属する企業であるならば、製造の現場の実態を前提に、どの部分をどう改善するかといったことまでを見通した上で、環境行動目標を設定する。このように目標達成の実現性を十分に斟酌《しんしゃく》することではじめて、効果的な目標設定ができたといえるだろう。そしてこのような目標設定は、組織が自主的に目標を定めるからこそ可能になる。

自主的な目標設定ということからは、組織がいたずらに低い目標の設定に終始するということに対する懸念も、もちろん存在するだろう。しかし、目標の設定自体が、社会による組織の行動に対する評価の対象に、やがてはなっていくはずだ。低い目標を掲げる組織に対しては、掲げられた目標に応じた評価が下されることになる。

こうした評価の結果は、社会による組織行動の適否の判断材料として用いられる。その上で、この判断に応じて組織に対しインセンティブもしくはディスインセンティブが与えられることになっていくだろう。

社会の是正的な行動が適切になされることが大前提ではある。この前提のもとでは、目的達成のための具体的な行動を組織の自主性に委ねる制度は、そうでない場合に比べ効率的に機能することが期待されるのである。

三・五　「情報公開」と「監査」

情報公開の中での監査の位置付けにも触れておこう。監査では、先に述べた「社会」による判断を、第三者機関が替わって実施することになる。ＩＳＯ一四〇〇一の場合であれば、この「監査」とは、無論、第三者認証機関による「適合性評価」を指すことになる。したがって、ＩＳＯ一四〇〇一ではこの「社会」による判断を、特定の外部への情報公開に大きく依拠する枠組みとなっている。

一般的にも、社会自らではなく、より専門的知見を有する第三者機関が組織の行動の適否の判断を行った方が、効果的に枠組みの目的を達成できる場合が考えられる。これは、社会のおかれている状況にもよるだろう。

公開された情報を豊富な知識に基づいて解釈し、社会が有している価値に則して判断するとともに、その結果を社会全体に提供する役割を担うような機関（以下「インタープリター」）の存在を考えてみよう。このような機関が存在するのであれば、第三者機関による監査の有無とは独立に、枠組みは効果的に機能すると考えられる。

またアメリカの制度への言及となって恐縮なのだが、トキシック・リリース・インベントリー（Toxic Release Inventory：TRI）と呼ばれる制度がある。例のボパールでの化学物質漏出事故も遠因として、一九八六年に「緊急事態対処及び地域住民の知る権利法（Emergency Planning and Community Right to Know Act of 1986）」という法律が制定された。この法律により企業などの組織は、操業にともない排出する有害化学物質の量などを、州政府及びＥＰＡに報告する義務を負うことになった。ＥＰＡはこれをデータベース化して一般に公表する。ＴＲＩとは、このデータベースの呼称である。

ＴＲＩ制度では、単に報告された排出量情報が公開されるだけだ。しかしながら、企業からの有害化学物質の排出量は制度開始以降、大きく減少することになる。実は、ＴＲＩ制度の実施にともないアメリカの多くの環境ＮＧＯは、公開されたデータを用いて化学物質の排出源である事業所や企業に対する直接的な働きかけや、さらには全国的なレベルでの公衆への啓発活動を行っている。[218] インタープリターとしての役割を果たす多くの組織からの企業に対する圧力の存在が、排出量の削減の背景には存在するのである。

一方で、適切なインタープリターが社会に存在していないか、存在していたとしても貧弱であれば、むしろ第三者機関による監査の実施の方が一般公衆への直接的な情報公開よりも効果的な場合もあり得るのだろう。

ただし、監査機関は価値判断を行わないことに注意を要する。ＩＳＯ一四〇〇一での適合性評価においても、評価の対象は組織が採用している環境マネジメントシステムがＩＳＯ一四〇〇一の要求事項に適合しているか否か、及びそれが適切に実施されているか否かということになる。例えば環境方針の策定に関しては、環境パフォーマンスに関連する組織としての意図が監査の対象となっている。これは、「行動規範」及び「環境行動目標」を定め、それらに沿い、目標を達成すべく行動することを約束しているか否かが評価の対象なのであって、「行動規範」及び「環境行動目標」という意図の内容それ自体の適否ではない。

判断の基準となる価値は社会が決め、監査機関は、組織の行動が社会の決めた価値に合致しているか否かを判定するだけなのだ。したがって、枠組みの中で監査を一般公衆への情報公開に代えて用いるのであれば、組織の行動の適否が監査により社会の価値に照らして判断される制度となっている必要がある。

ＩＳＯ一四〇〇一は、適合性評価、すなわち監査の実施が社会の価値を反映してなされる制度とはなっていない。これは国際規格として全世界が受け入れ可能な価値意識に基づき策定された結果と理解できる。この国際規格としての性格が、環境に関する枠組みとしてのＩＳＯ一四〇〇一の限界を示しているとも考えられる。

以上の議論から明確なように、この枠組みを機能させるためには、社会に対する情報の公開と、公開された情報に対する社会の真摯な取り組みに依ることになる。また、監査は一般公衆への情報公開に対する補完的な措置と位置づけるべきだろう。

三・六　監査における同等性の確保

最後に、監査の同等性という問題にも触れておく。監査の同等性とは、文字通り、どの国で誰に監査を受けても同じ結果が確保される、ということを意味する。

国際規格として策定されているＩＳＯ一四〇〇一は、世界全体で普遍的に運営されることが求められる。これは、監査の実施に関しても同様だ。監査、すなわちＩＳＯ一四〇〇一への適合性評価も世界各国で行われることから、評価結果の国際間での同等性を確保する枠組みの整備が非常に重要な課題となる。この枠組みなくしては、ＩＳＯ一四〇〇一への信頼性と実効性の確保は困難だといってもいいだろう。

ＩＳＯでは規格の策定を行い、また、適合性評価のあり方を示す文書を発行している。しかし、適合性評価を自らが行うことはない。各国の個々の適合性評価機関（Certification Body）が行うＩＳＯ一四〇〇一の審査登録のそれぞれの国内における同等性は、適切に適合性評価を行う機関であるとして個々の適合性評価機関を認定する組織の存在により担保されている。このような組織を認定機関（Accreditation Body）と呼ぶ。日本におけるシステム規格の認定機関は、日本適合性認定協会（Japan Accreditation Body：JAB）である。

各国に存在するこれら認定機関は、それぞれが行っている認定行為を互いに審査し合うことで国際的な適合性評価の同等性を確保する枠組みを形成している。このような枠組みとしてアジア太平洋地域では太平洋認定協力（Pacific Accreditation Cooperation：PAC）が、また、全世界的には国際認定フォーラム（International Accreditation Forum：IAF）が設立されている。

こうした国際的な適合性評価の枠組みは、規格策定分野における国際的枠組みとしてＩＳＯが得ている程の権威を得るにはまだ至っていないが、この分野においては着実にその権威を高めてきている。適合性評価の実施と、第三者機関としてこれを担う国際的な適合性評価の枠組みの存在が、ＩＳＯ一四〇〇一の位置付けを社会の中で信頼感のあるものとしているといえるだろう。

四　枠組みの普遍化

四・一　普遍的な問題に対して

社会における環境意識の高まりと、地球環境問題という従来の規制的な手法だけでの解決が困難な課題の登場とがあいまって、環境マネジメントシステムという考え方が誕生し、社会への導入、普及が進んできた。この、環境マネジメントシステムという考え方による解決策が求められる事態は、地球環境問題に特有のことなのだろうか。

筆者は、こうした事態は地球環境問題に限らず、技術が社会において使用されるという事象に付随して発生する多くの問題に共通したことなのではないかと感じている。地球環境問題に関しても、環境負荷の発生の原因となる人間活動の大きさの飛躍的な増大は、人間が用いる技術の際限ない進歩に起因する。こうした視点からは、地球環境問題を技術が社会で使用されることにより発生した問題の一つとして整理することも可能となるだろう。

このように解決すべき問題を環境問題から社会における技術の使用に起因する問題へと普遍化する時、環境マネジメントシステムという枠組みは、普遍化された問題への対応策としてもまた機能することを期待できるのだろうか。第一章で提起した最後の問いに向け、このことを考えてみたい。

四・二　規制を求める社会―「溝」の発生

近年、社会はより高い安全性、より低い環境負荷を社会での活動の実施主体に求めるようになってきている。これまでの各章で述べてきたように、社会が「環境」という視点から企業という社会での活動主体にその行動の是正を求めるようになってきたのは、こうした傾向の一つの発露でもある。

このような社会の意識の変化を反映し、環境や安全に関する種々の規制における規制水準は、年を追うごとに厳しいものとなってきている。規制の対象も、危険を未然に予防するとの考え方のもとに、従来の顕在化した危険に対する規制から、潜在的な危険に対する規制へと進んでおり、近年ではより不確実な事象に対しても、規制が積極的に実施される方向にある。価値観に基づく社会の判断基準は大きく変化しているといえるだろう。

では、このような社会の変化の中で、種々の規制水準は今後ともますます厳しいものとなっていくのだろうか。立法行為により、法人、自然人を問わずその行動を制約するためには、一般に制約することによって得られる公共の利益に関し、合理的かつ蓋然性の高い事由が求められる。社会において何らかの活動を行う主体の行為、例えば企業の営業活動に対する規制についても同様の考え方から、具体的にどのような行為を規制の対象とし、また、規制の水準をいかほどに設定するのかということに関し、その必要性、合理性の観点から厳格な審査が求められることになる。

憲法第二二条第一項は、職業選択の自由を保障している。ここで保障される自由には、自己の選択した職業を遂行する自由、すなわち営業の自由も含まれる[219]。こうした自由に対する規制の中でも、主として国民の生命及び健康に対する危険を防止するために課せられる規制は消極的規制もしくは警察的規制と呼ばれ、「個人の自由な経済活動からもたらされる諸々の弊害が社会公共の安全と秩序の維持の見地から看過することができないような場合に、消極的に、かような弊害を除去ないし緩和するために必要かつ合理的な規制である限りにおいて許される[220]」とされる。またその実施に際しては、「より緩やかな規制によって目的を十分に達成することができないと認められることを要する[221]」とされる。

一方で、高度に発達し、複雑化し、かつ、進化し続ける技術が広範に社会で利用されている現状が存在する。この現状において、技術の利用にともなって発生する、もしくは発生が予測される諸事象が環境や人体健康に与える影響を「科学的」に正しく評価することは、事実上は困難といわざるを得ない。「唯一の正解」たる事実及び事実解釈は観念的に存在しこそすれ、現実には客観的に正解を設定することは、ほとんど不可能に近い。

したがって、何らかの規制を実施する上で、「合理的」に規制値を設定することは、特にその規制水準を高めようとすればするほど困難となってくる。こうした結果、より厳しい規制水準、より不確実な事象に対する規制を求める社会と、規制を実施する上での合理性が求められる立法行為との間で、解決し難い大きな「溝」が発生しているのではないだろうか(222)。

四・三　「溝」を埋めるもの

この「溝」は、どのようにして埋めたらいいのだろうか。まずもって必要なのは、技術の利用にともなう諸事象が環境や人体健康に与える影響を「科学的」に正しく評価するための方法論の開発とそこから得られる結果に対する信頼性の向上だろう。例えば、技術使用の結果として生じるリスクの定量評価手法などの研究は、今後の社会が積極的に取り組むべき課題といえる。

こうした取り組みの結果、必要十分な規制値を合理的に設定できるようになるのであれば、問題は解決に近づく。しかし、より不確実な事象に対し、より厳しい規制を求める社会の現状にあっては、合理的な正解の設定は年を追うごとに困難になってきているのが実情だろう。したがって、「溝」を埋めるためには、本来的に自由であるはずの活動の是正を、法的強制力をもって制限する「規制」ではない何か別の手法により実現することが求められることになる。

ＩＳＯ一四〇〇一は、これまで詳細に論じてきた通り、地球環境に対する負荷を低減するという規範に沿って我々の行動全般を誘導するための手法と解することができる。これはまさに、環境問題に関しこれに参加する組織の行動を是正する、上述した「規制ではない何か別の手法」といえるのではないだろうか。

四・四　普遍化された枠組み―「社会的措置」

ここでもう一度、【図7-4】を見ていただきたい。環境に関する枠組みとしてのISO一四〇〇一の目的は、枠組みを構成する個別要素のうち、「環境に適切に行動する旨の組織の行動規範」と「行動規範に沿った具体的な環境行動目標」によって具体化される。この二要素を、環境に限定することなく普遍的な内容に変えることで、環境に限定されない普遍的な内容をこの枠組みで達成すべき目的として設定することができる。こうすることでこの枠組みを、「参加者の行動を誘導し、ある特定の目的を達成するための手法」として普遍的に捉えることが可能になる。

普遍化されたこの枠組みは、社会的に容認され得る、もしくは賞賛され得る行動に対し、容認され賞賛されるという社会からのインセンティブ、もしくは容認されず非難されるというディスインセンティブ（以下これらを「社会的誘因」と呼ぼう）を付与することによって、社会における主体の行動を誘導する。誘導される主体は、個人、組織を問わない。

「経済的措置」という言葉がよく使われる。経済的措置では、経済的誘因によって主に経済主体の行動を誘導する。これに対し本手法は、社会的誘因により社会主体の行動を誘導する。いわば「社会的措置」とでも呼ぶべき枠組みとして理解できる。

社会的誘因に従うことによって最終的には経済的利益を得る場合も当然あるだろう。社会主体の行動は、このような経済的利益に基づいてなされることも当然あり得る。こうした観点からは、「経済的措置」と「社会的措置」を区別することに意味を見出せないとの批判がなされるかもしれない。しかし筆者は、経済的誘因以外によって社会主体がその行動を誘導されることは当然あり得ると考えている。このため、「社会的措置」という概念を敢えて提示したい。

この枠組みが機能するためには、社会が適切な価値意識を持ち、さらにこの価値意識に従って社会自らが判断し、行動することが求められる。ひとえに社会に依存する制度といえるだろう。

「自主的措置」という概念も存在する。企業などの組織が、自らの意志で社会的に求められる方向に自ら行動することと解される。この場合の組織行動の誘因は、社会の価値意識に則るということが多いだろう。この限りにおいては、社会的措置と自主的措置との間に相違はない。

一方で、両者間の最大の相違は、行為主体の外部に「約束した行動を実施していることの外部への証明」のための方法論をこの措置が担保しているか否かという点にある。自主的措置は、まさに組織自らの自主的意志に基づき行動するのであって、組織を強制、誘導するような要素を組織外に持つことを担保しない。

社会的措置では、上述した組織外で担保されるべき「約束した行動を実施していることの外部への証明」のための方法論が情報公開となる。枠組みに参加する組織を目的の達成に向けて行動させるためには、直接的には組織外への情報公開という措置の実効性に依存する。したがって、社会的措置を有効に機能させる上で最も重要なことは、情報をいかに低いコストで効果的に社会に提供するかということになる。

以上の認識のもと、これまでのＩＳＯ一四〇〇一の枠組みに関する議論をも踏まえ、社会的措置の

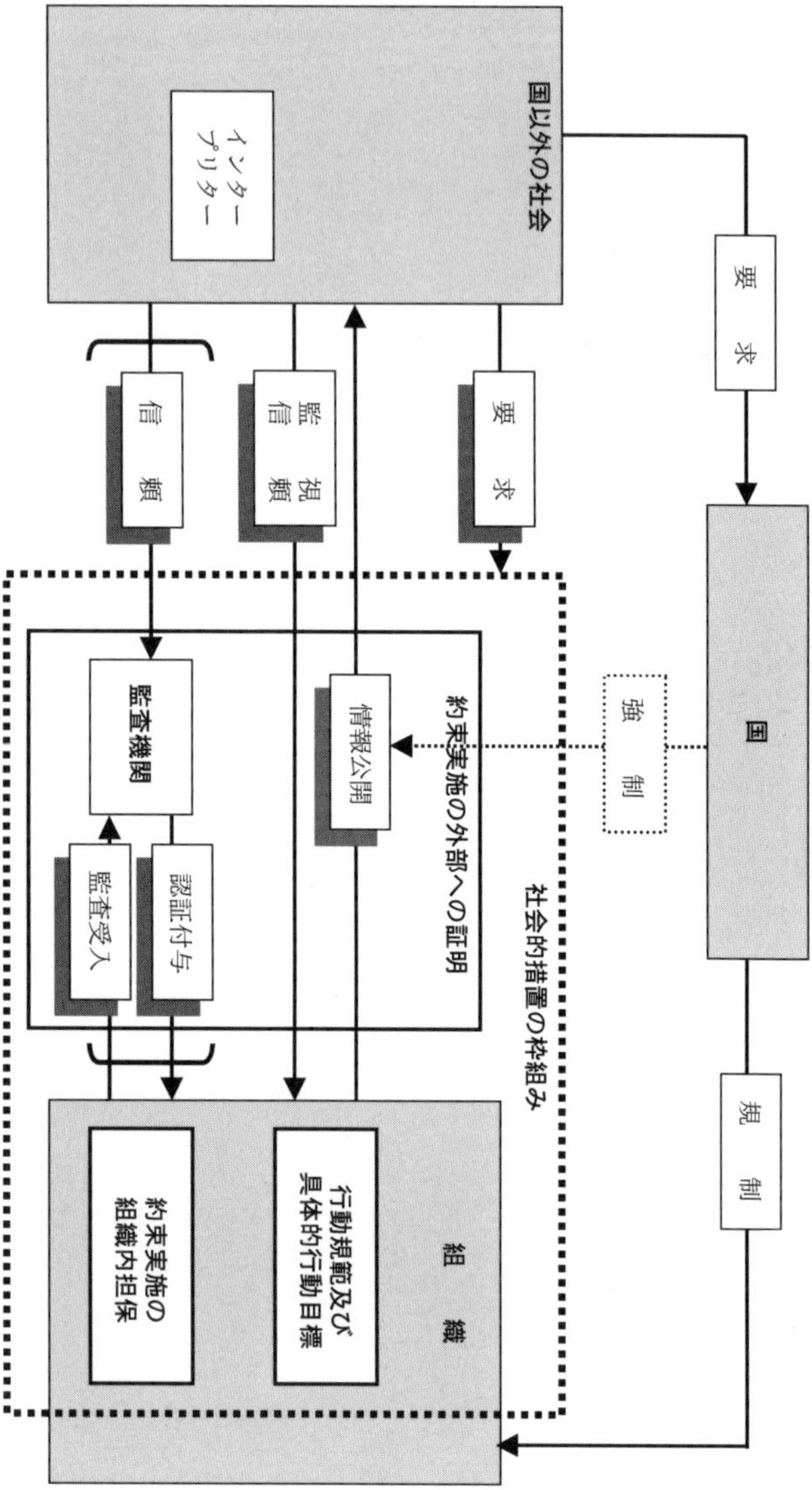

出所：自らの理解に基づき筆者が作成。

【図 8-1】　社会的措置の概念

概念を【図8-1】に示す。

なお、第五章において、気候変動枠組み条約などの規制的な手法と環境マネジメントシステムとは、相互補完的な関係にある旨を述べた。環境マネジメントシステムの枠組みを普遍化することで導かれる社会的措置に関しても、この関係は全く同様となる。従来からの規制的手法と社会的措置とでは、相互補完的な関係にあることを忘れないでいただきたい。制度として、どちらか一方だけがあればいいというものではない。

五 「社会的措置」の持つ意味

五・一 どう理解するか

社会における各種活動の主体は、社会的措置の適用を受けることによって、自らの行動が社会の持つ価値に合致していることを示す。逆に社会の価値から外れた行動に対しては、社会がその主体に対し何らかのディスインセンティブを付与することが期待される。活動主体は、社会的措置の一連のプロセスの中で、社会の価値に照らしてより適切な行動をとるべく自らの行為を是正するとともに、自らが社会の価値に照らして信頼に足る者であることを示す。

社会における活動主体は、これらのことの結果として、社会の信頼を得る。さらに、信頼を得たことの報奨として、社会での活動が許されるのである。このように考えると、社会的措置とはこうした報奨、すなわち社会の中で活動を行うことに対する社会からの「承認」を得るためのプロセスを提供する枠組みとして理解することができる。

社会の中で活動を行うことに関し、法令上の要請であるならばともかく、何故社会の「承認」が必要なのか。読者はこのような説明を奇異に感じられるかもしれない。しかし、ジェー・シー・オー（JCO）、雪印食品の解散は、組織の存在自体が社会から承認を得られなくなったということではないだろうか。また、組織の存在自体は揺るがない場合であっても、その組織が行う活動のある部分に対しては、社会的な承認が得られないという場合も多く存在するのではないだろうか。

ISO一四〇〇一という地球環境問題を主題として生まれた社会的措置では、「活動に伴う環境負荷を極力低減する」という社会の持つ価値意識を、その前提としている。この価値に沿う行動をとることによりISO一四〇〇一への適合認証が与えられ、この価値から外れる行動をとることにより適合認証を喪失するという措置が講じられる。こうしたインセンティブ、もしくはディスインセンティブ付与の間で、組織が自らの行動を是正するというプロセスを提供することが、ISO一四〇〇一に本来的に期待される役割だろう。

このように考えると、理想的には以下の理解に行き着くことが可能ではないか。すなわち、地球環境問題を技術が社会で使用されることにより発生した問題として整理するならば、既に社会に導入され、普及が進んでいる技術の利用のあり方が、「活動に伴う環境負荷は極力低減する」という社会の価値意識に照らし適切であるか否かという観点から、ISO一四〇〇一への適合という行為を通して判断されていることになる。これは、地球環境問題発生の一翼を担っている普及済みの技術に関し、いわば事後的にその適否が判断され、是正が求められるという理解になる。

五・二　社会への技術の導入に向けて

この理解を地球環境問題に限定せず、社会での技術の利用に伴う負の影響に起因する問題へと一般化して考える。この場合には、まだ社会に十分に導入されていない、もしくは導入されてはいるが種々の社会的要因によりその普及が進まないような技術に関し、どのような利用の仕方ならばその技術の導入を容認するのかという社会の意志が、社会的措置を通すことで、その技術の社会への導入者に示されることになる。この役割を社会的措置は担えるのではないだろうか。

インセンティブ、もしくはディスインセンティブの付与という社会からの措置が講じられることで、技術の社会への導入者たる企業は、自らの行動に修正を加える。修正された行動に対し社会はこれを容認するか、それとも再度インセンティブ、もしくはディスインセンティブ付与の措置を講じるのか、その時々で社会が判断していくことになる。企業にとっては、技術の社会への導入に向けて、いわば試行錯誤の繰り返しを強いられることにもなる。技術の社会への導入者は何も企業ばかりではない。時として国も、このような立場に身をおくことになる。

しかし、その一連のプロセスが社会的措置という枠組みの中で明確に社会から認知されている限り、技術の社会への導入者の取り組みは社会の価値意識に照らし、前進していると考えられるのではないか。これは、技術の社会での利用のあり方を社会の価値に照らしてより適切な方向へ導く行為として理解できる。

加えて、技術の社会への導入を図る主体にとっては、こうした判断に沿って行動することにより、自らの活動内容を社会の意に沿って適切に是正しているということ自体についても、社会から認識されることになる。これはまさに、社会の信頼を得るプロセスを企業などの活動主体に提供することに他ならない。このような役割を担う社会的措置は、技術を社会へ円滑に導入するための方策として捉えることも可能となる。

もちろん、社会的措置を導入することにより社会から適切な措置が講じられるとは限らず、また、これが直ちに活動主体に対する社会的信頼の付与につながるとも限らない。企業などの意図する活動が社会の持つ価値に反するのであれば、その活動、すなわち技術の社会への導入が結局のところ困難になることはいうまでもない。

第九章　社会と技術の関わり合う問題へ

一　広く「安全性」に敷衍して考える

今、「人に対する安全」、「環境に対する安全」、そして「社会に対する安全」、これらすべての「安全」を包含するような、技術の利用に関する広い意味での安全性の確保のあり方を考えてみよう。このような「安全性」が確保されているか否か、そして確保されていると社会が認識しているか否かが、技術の導入に対し社会がこれをどう考えるかということに関して決定的な影響を与えることになる。

求められるこの安全性は、どのような考え方の枠組みにより達成されるのだろうか。安全性の確保が極めて厳しく問われる原子力技術の社会での利用を例に、安全性確保の考え方の根本の部分を概観してみよう。

一・一　「安全性」確保の考え方

原子力技術の利用に際しては、放射性物質の異常な放出による周辺公衆への影響を防止することが安全確保の基本とされ[223]、この基本に従って安全対策が確実に講じられていることを確保するために、国によって必要な規制が行われている。具体的には「核原料物質、核燃料物質及び原子炉の規制に関する法律（以下「原子炉等規制法」）」及び「電気事業法」に基づき安全規制が行われている。

一方で、「我が国では原子力の利用に係る安全確保の第一の責任は、設置者責任の原則により、まず原子力施設設置者において果たされなければならない」とされている[224]。また、安全性のより一層の向上のため、原子力安全委員会は、原子力施設設置者の自主的な活動による予防保全対策等を奨励している[225]。すなわち、日本においては、原子力事業者が必要な安全性の確保の責任を負うべきとの考え方のもとに、法律によって安全規制が講じられると同時に、原子力事業者による自主的な安全確保の取り組みが求められている。

換言すれば、法律による規制の「存在」だけをもって安全性を確保するのではなく、むしろ原子力事業者に対し、「法令の遵守はもちろんのこと、単にこれにとどまらず、自らの取り組みによる安全性の維持、向上」を求めることによって必要な安全性を確保している、ということができる。実際、原子力安全委員会では、原子力の安全確保の第一義的な責任は事業者にあり、国の役割は、事業者の安全確保を支援・補完し、国民の安全を守ること、としている[226]。

技術の利用者自身に対して安全性確保のための取り組みを求めるという考え方それ自体は、原子力技術の利用に関する安全性に限らず、おおよそ社会における技術の利用において共通に求められる思想といえる。

一・二　「信頼性」確保の必要性

このような考え方に基づき、安全性に関し強制力をともなう法律が整備され、また、社会での技術の利用者が法律を遵守するとともに自主的な安全確保策を講じ、結果として相応の「安全性」が達成されたとする。それでは、これにより社会は安全性という視点から技術の利用を直ちに受け入れるだろうか。必ずしもこれをもって社会が技術の利用を受け入れるとはいえないのが現状だろう。

そもそもどの程度の「安全性」を確保する必要があるのか。新しい技術になればなるほど、このレベルの決定は事実上困難になっている。「どの程度安全であれば安全といえるのか（How safe is safe enough?）」。これは技術の利用に際して繰り返し示されている問いであるものの、未だ答えが出されるには至っていない。例えば原子力技術の分野では、「これに答えることは容易ではなく、原子力の安全を巡る古くて新しい課題であり、総合的な視野に立って安全目標の策定に向けた検討を進めていく[227]」とされているのが現状だ。もちろんこの問いは、何も原子力技術の利用に特化したものではない。すべての技術の利用に普遍的に付きまとう。

達成すべき安全性が明示されていない中で、安全性が達成されているか否かということを客観的に評価することはそもそも難しい。また、仮に事実として「安全性」が達成されているとしても、この状態を社会が「安全」であると認識するとは限らない。求められるのは、社会が技術の利用を安全と認識することなのだ。これは別の言葉でいえば、広く社会一般が技術の利用に対しこれを「安心」と感じることだろう。

それでは、社会はどのようにして技術の利用を「安全」と認識するのだろうか。これに対する回答を得ることもやはり難しい。事実として安全であることは当然の前提となる。例えば、放射能漏れなどの事故の後に行われる原子力技術の安全性に対する認識を問う調査では、安全であるという回答が急激に低下することからも、このことは明らかだ。加えて、事故が人の生命、健康に何ら影響を与えない軽微なものであったとしても、事故の発生は社会に対して安全性への疑問を抱かせるには十分なのだ。

これまでも、この回答を求めて多くの研究が、主として社会科学的なアプローチによって行われてきている[228]。未だ明確な回答は得られていないが、「信頼性」が一つの大きな要因ではないかと考えられている。原子力技術においても、原子力事業者に対する信頼が高ければ原子力技術の利用を安全と考える傾向がみられ、各種のアンケート調査においてはこの両者の間に高い相関がみられる[229, 230]。

一・三「安全マネジメントシステム」

「信頼」はどのようにしたら得られるのだろうか。これまでの議論を踏まえれば、「法令の遵守はもちろんのこと、単にこれにとどまらず、技術の利用における安全性の維持、向上を図るための真摯な努力」を行う者であると社会から認識されることが、信頼を得るための必要条件といえるのではないだろうか。このような者であることは、こうした行為を当然のこととして実施するためのマネジメントシステムを技術の利用者がその組織内に持つことで担保されると考えられる。

このマネジメントシステムを持ち、現にこれが組織内で機能していることが、社会からの信頼を得る上では、強く求められることになる。このマネジメントシステムは、まさに組織の行う行為に関する安全性を確保するためのマネジメントシステムと位置づけられることから、以下これを「安全マネジメントシステム」と呼ぶことにする。

安全マネジメントシステムによる組織マネジメントの結果が法令の遵守であり、また安全性確保に向けた自主的取り組みの実施となる。このような組織マネジメント実施の結果として安全性が現に確保され、また、このようなマネジメントシステムを持ち、これを適切に実施する者として社会に認識されることで社会からの信頼性が確保される。この結果、こうした者による社会での技術の利用が許されるのではないだろうか。このような形での技術の社会における導入の進展を概念的に【図9-1】に示す。

図において、安全マネジメントシステムの実施は法令の遵守という概念を含んでいる。法令遵守により、安全規制法規という厳格な枠組みを経ることで、安全性の達成に貢献する。同時に、法令によらない、技術の利用者自身による安全性確保のための自主的取り組みが、安全規制法規という枠組みを経ずして直接的に安全性の達成に貢献する。

さらに【図9-1】では、こうした安全マネジメントシステムの存在とこれに基づく行動が社会的に認識されることにより、技術の利用者に対し社会的に信頼できる者としての位置付けが与えられ、この信頼の存在が、安全性の存在とあいまって、社会への技術の導入の進展に貢献することを示している。

すなわち、安全性の確保だけでなく社会からの信頼性を確保することが技術の社会への導入者に対して求められる。信頼性は、安全マネジメントシステムを持ちこれを適切に実施する者として社会に認識されることにより、確保されることになる。

なお、安全性の確保と社会からの信頼性の確保とは、技術の社会への導入に際しての必要条件に過ぎないと考えるべきだろう。対象となる技術そのものの必要性が社会から認められないのであれば、その技術の社会への導入は、やはり障害にぶつかることになる。

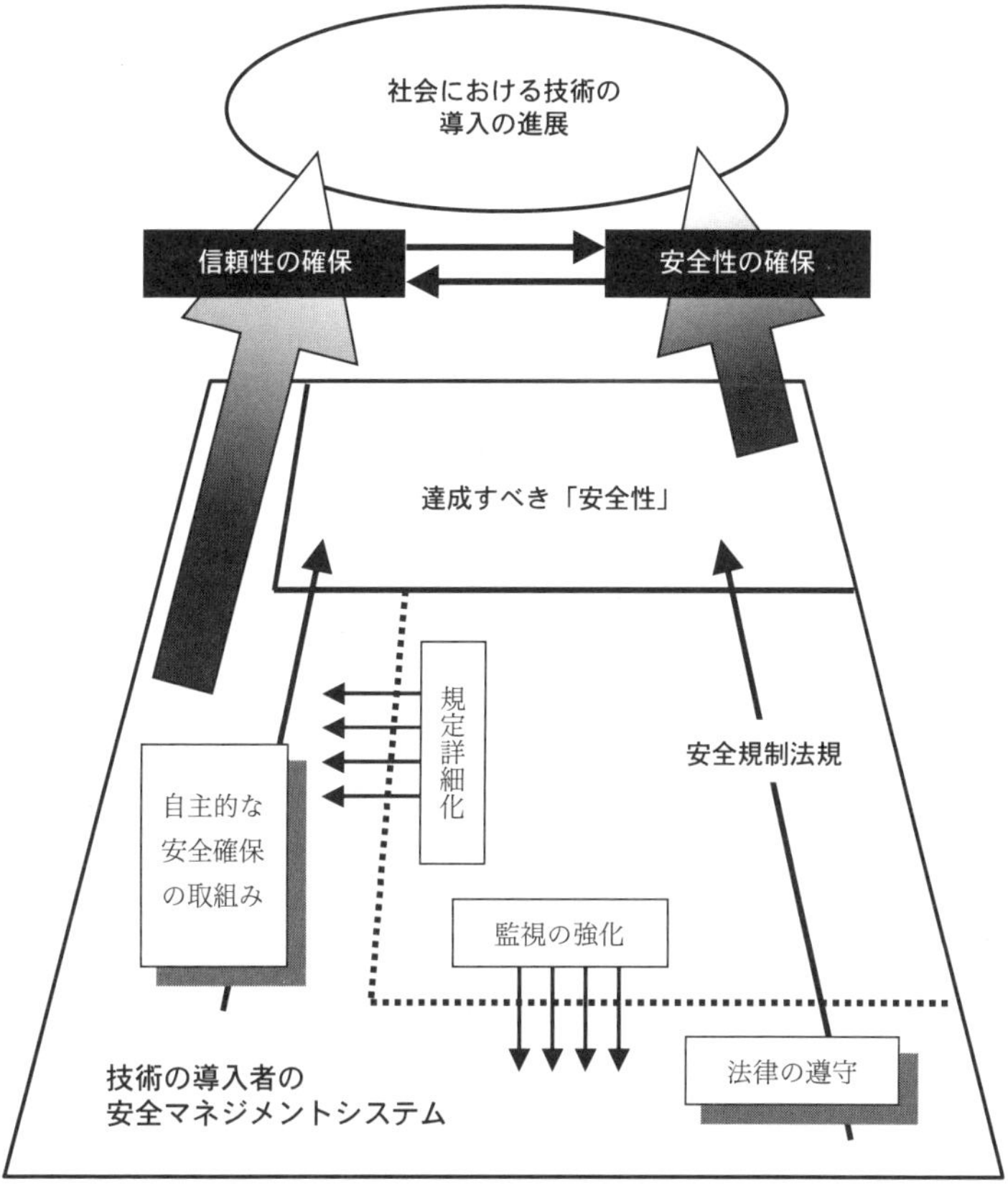

出所：自らの理解に基づき筆者が作成。

【図 9-1】 社会における技術の導入の進展

二　求められる取り組み

二・一　従来型規制措置の困難性

さて、以上の理解を前提に、社会にとって必要と考えられる技術を、安全性と社会からの信頼性の双方を確保することによって、社会への導入、利用を図るための方策を考えてみよう。このための方策として通常まず想定されるのは、制度的に最も厳格と考えられる法律に基づく規制によりこれを確保するということだろう。

法規制という制度を考える場合には、事業者が法令を遵守することを前提とするか否かが、制度のあり方に大きな影響を与える。事業者は法令を遵守しないとの前提で法規制を考えるなら、事業者の行動すべてに関し、これが法令に合致しているか否かを監視する制度とする必要が生じる。

これは、【図９－１】において、安全規制法規と技術の利用者の安全マネジメントシステムとを隔てる水平に引かれた点線を下に押し下げることを意味する。果たしてこれが、現実に可能だろうか。事業者の行動すべてを監視下におくことは現実的には困難であり、また、規制コスト、規制の実効性の面からも望ましいことではない。

また、安全性の確保に必要なことはすべて法令で規定するとの考え方をとれば、これは【図９－１】において、安全規制法規と技術の利用者の安全マネジメントシステムとを隔てる垂直に引かれた点線を左に寄せていくことを意味する。この結果、規定は際限なく詳細化していくとともに、技術の利用者の行動は厳しく制約されることになる。

しかしながら、どのように規制を詳細化しようと、おおよそすべての行動を制約することは不可能であり、また望ましいことでもない。さらに、一律的な行為規制は、規制対象部分に関した組織のマネジメントの余地を排することで成立する。したがって、行為規制はマネジメントの否定にもつながることを認識する必要がある。

【図９－１】で示す安全規制法規のカバーする範囲を広げていくということは、地球環境問題の解決に向けて、我々の行動のすべてに個別具体的な行動様式を定め、さらに我々の行動すべてをそうした様式に従えることと、いわば同義といえる。そうした事態が望ましいものではないと第五章で論じたように、これを事業者に課すこともやはり現実的ではないのだ。

法律を有効に機能させ、もって求められる安全性を達成させる上では、規制対象となる技術の利用者自身の安全性に対する真摯な「姿勢」と、これを実際の行動に結びつける適切なマネジメントが必要となる。適切なマネジメントの実施自体を法律による強制で担保することは困難なのだ。技術の利用者自らの意志による安全マネジメントシステムなくしては、法規制はいたずらに監視強化、規定の詳細化に移行していくとともに、安全性確保の実効も損なわれることになるだろう。

二・二　「安全文化」醸成の必要性

法律による一律的な規制という従来型の方式によってマネジメントのあり方を規制することは適当でない。とするのであれば、こうした手法によらない制度としてどのようなものが考えられるだろう

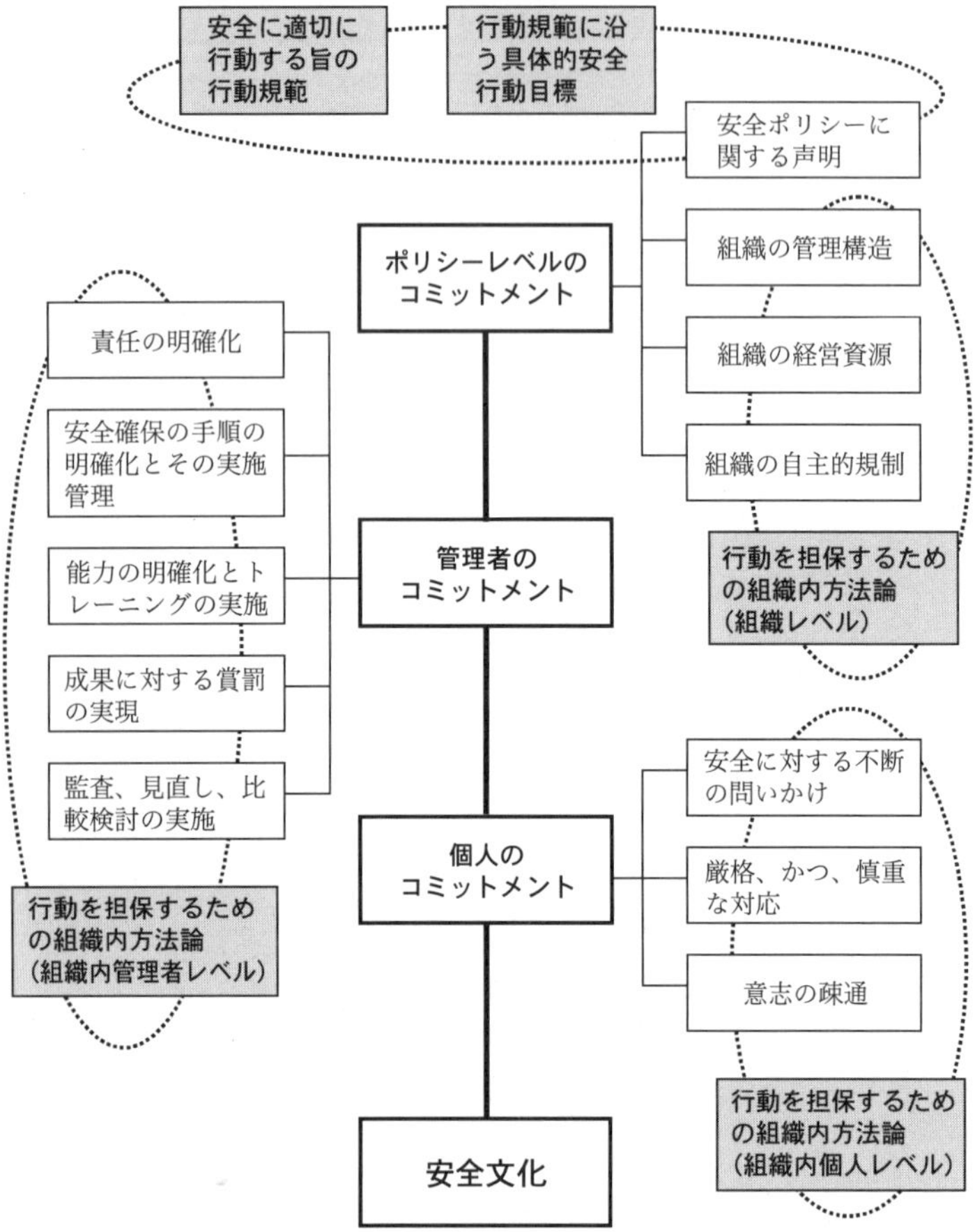
安全に適切に行動する旨の行動規範
行動規範に沿う具体的安全行動目標
安全ポリシーに関する声明
組織の管理構造
組織の経営資源
組織の自主的規制
行動を担保するための組織内方法論（組織レベル）
ポリシーレベルのコミットメント
管理者のコミットメント
個人のコミットメント
安全文化
責任の明確化
安全確保の手順の明確化とその実施管理
能力の明確化とトレーニングの実施
成果に対する賞罰の実現
監査、見直し、比較検討の実施
行動を担保するための組織内方法論（組織内管理者レベル）
安全に対する不断の問いかけ
厳格、かつ、慎重な対応
意志の疎通
行動を担保するための組織内方法論（組織内個人レベル）

出所：参照資料(232)p.6 の図に加筆。

【図 9-2】　安全文化の概要

か。

「安全文化（Safety Culture）」という言葉が存在する。技術分野での安全性確保の上でその必要性に関し広く言及されている概念だ。また、近年の原子力技術の利用に関する安全性を巡る議論において、常にその醸成が求められる概念でもある。特に、一九八六年に国際原子力機関（International Atomic Energy Agency：IAEA）の報告書[231]で言及されて以降、注目を集めている。ＩＡＥＡでは安全文化を、「原子力の安全問題に、その重要性にふさわしい注意が必ず最優先で払われるようにするために、組織と個人が備えるべき一連の気風や気質[i]」と定義している[232]。

安全文化に関するＩＡＥＡの定義を噛み砕けば、「安全に関するすべての問題に関し、適切な認識と行動によって対処することを可能ならしめる、組織及びそこに属する個人が持つべき行動規範」と考えることができる。こうした規範を組織において実現することがいわば安全文化の醸成と考えられ、ＩＡＥＡではこのための「具体的事項」を示している[233]。この概要を【図9-2】に示す。

ＩＡＥＡが示す安全文化醸成のための具体的事項は、組織内における安全マネジメントシステムとして捉えることが可能だ。そう考えた場合には、安全文化の基本的な考え方とＩＳＯ一四〇〇一の考え方との間で非常に高い類似性を見出すことができる。ＩＳＯ一四〇〇一の枠組みの各構成要素を安全文化醸成のための具体的事項にあてはめた上で、やはりこれを【図9-2】に示す。

(i) "Safety culture is that assembly of characteristics and attitudes in organizations and individuals which establishes that, as an overriding priority, nuclear plant safety issues receive the attention warranted by their significance."

安全文化醸成のためには、組織として安全に関するポリシーを定め、その中で組織としての安全に関する目的を定めることが求められる。さらに、こうした組織としてのコミットメントを実施する上での組織内の具体的なマネジメントの方法が、組織レベル、組織内管理者レベル、組織内個人レベルで規定されている。組織としての安全ポリシーに盛り込むべき内容、また、組織内のマネジメントの具体的方法に関する規定振りはＩＳＯ一四〇〇一とは当然異なるが、枠組みとしての考え方は、ＩＳＯ一四〇〇一の枠組みの各構成要素をこれにあてはめ得たことからも、両者間の類似性が理解できるだろう。

二・三　安全文化と社会的措置

ただし、両枠組みの間には唯一最大の相違点が存在する。ＩＳＯ一四〇〇一の枠組みの重要な構成要素である「約束した行動を確実に実施していることの外部への証明のための方法論」に相当する部分が、安全文化醸成のための具体的事項には存在していないのである。ＩＳＯ一四〇〇一の枠組みではこの部分が外部への情報公開であり、具体的には特定外部にあたる第三者認証機関による適合性評価の実施となる。ＩＡＥＡが示す具体的事項の中には監査（Audit）という語も登場するが(234)、これは組織内の手続きとして規定されており、外部への証明との意味は持たない。

この「外部への証明」という要素がＩＡＥＡの示す具体的事項に規定されていないのは、ある意味では当然だろう。なぜならば、ＩＡＥＡでは安全文化を醸成するための具体的な方法論を示すことを意図して、「具体的事項」を示している。したがって、「具体的事項」で規定されるマネジメントを実施することにより、マネジメント実施の成果である安全文化は醸成されることが期待される。

ただし、これは組織内の取り組みだ。組織内で「文化」を醸成することそれ自体と、「具体的事項」で規定されるマネジメントシステムを実施しているという事実を外部に証明することとは、独立した関係になる。この点は、ＩＳＯ一四〇〇一という規格とは独立した枠組みとして、マネジメントシステム規格の適合性評価を行う国際的な枠組みが存在していることからも、両者間のこのような関係が理解できる。

一方で、これまで述べてきたことからは、社会での技術の利用者がこうしたマネジメントシステムを実施するだけではなく、これを採用し、さらにその適切な実施に向けて真摯な努力を行っていることを社会に認識してもらう必要があることが理解されるだろう。安全文化の醸成を図るために安全マネジメントシステムを組織内で実現するだけにとどまらず、現にこうした取り組みを行っていることを組織外部に対して伝える手だてを考え、これを実行していく必要があるということだ。

ＩＡＥＡが著した「安全文化」を実現するための具体的事項は、これをマネジメントシステムとして見立てると、安全マネジメントシステムの具体的内容を考える上で有益な示唆を与える。ここで示された内容をベースに、前述した「現にこうした取り組みを行っていることを組織外部に対して伝える手だて」を付加した枠組みとして安全マネジメントシステムを考えてみよう。

これはとりもなおさず環境マネジメントシステムでの目的を「環境」から「安全性」の確保におき換えた枠組みになる。すなわち、「組織が、自らが行う活動全般にわたり安全性を確保する上で適切に行動する旨の行動規範を採択し、この規範に沿う具体的な安全行動目標を設定し、設定した目標の達成を目指して行動することを約束し、約束した行動を確かに実施していることを組織の外部に対して証明する枠組み」となる。

そしてこれは、第八章で提示した「社会的措置」そのものといえるだろう。

二・四「安全マネジメントシステム」での情報公開

社会の様々なシーンでは、情報公開の必要性がいわれて久しい。再び原子力技術の例となるが、原子力に関する情報公開は不十分であると多くの人々が感じていることが各種調査の結果から示されている。[235]こうした情報公開に関する調査票の設問をみると、情報公開の対象として一般には、原子力発電所の運転状況、原子力施設周辺の放射線量、事故や故障などのトラブルといった内容の情報が、公開の対象として想定されていることが分かる。

社会的措置の一形態として捉えられる安全マネジメントシステムにおいても、「約束した行動を確かに実施していることを組織の外部に対して証明する」ための手法として、情報公開は重要な位置を占める。ただし、前述したような一般に想定されている「原子力の情報公開」と、安全マネジメントシステムにおける「情報公開」とでは、その目的も、また対象となる情報の内容も大きく異なる。

原子力技術を例にするのであれば、原子力事業者がどのような安全マネジメントシステムを持ち、それを現に実施しているか否かを組織の外部に対して証明するための具体的手法として「情報公開」を捉えることになる。まさに、事業者の持つ「安全マネジメントシステム」の内容それ自体と、実際になされているマネジメントがその「安全マネジメントシステム」に適合しているか否か、ということが情報公開の対象となる。これに対し、先に例示した一般に捉えられている「原子力の情報公開」では、公開の対象はマネジメントシステムの実施によってもたらされる結果となっている。

もちろん、マネジメントシステムの実施の結果を公開することの重要性は言を待たない。しかし同様に、どのような考え方に基づきどのような行動をとり、結果としてどのような事態に至り、そしてどのような情報を公開したかという実際になされているマネジメントの過程を示すことが、信頼性確保の観点からは重要なのだ。

個々の具体的、技術的な事項の公開が必ずしも求められるわけではない。このような点はむしろ、一律的な安全法規を定める上での問題だろう。「一見些細な事象であってもこれが安全性に影響を与える可能性があるのであれば、その解決に万全を期すとともにこうした一連の過程を公開する」という対応は、技術の利用に際しての安全性に対する社会の考え方からは自然な対応と認識される。このような対応を確実にとれることが、社会における技術の利用者に対して求められるのではないだろうか。これはまさに、組織内のマネジメントシステムによって対応すべきことであり、社会はこうしたマネジメントシステムを組織が持つことを欲している。

事実として安全性が確保されるとともに、社会における技術の利用者が持つマネジメントシステムが、安全を達成する上で必要十分なものであると社会から見なされることが重要となる。したがって、技術の利用者は自らがどのような内容の安全マネジメントシステムを持ち、実際にこれをどのように実施しているかを社会に公開し、その内容が社会から評価され、そうしたことの結果として技術の利用者が社会から「技術の利用における安全性の維持、向上を図るための真摯な努力を行う者」と認識されることが必要なのである。

また、技術の利用者の考える「安全を確保するために必要なこと」が、社会の考えるそれと異なれば、関連するあらゆる行為は社会からの信頼を得るとの観点からは無意味だ。社会には、厳に安全を最優先すべきとの価値観が確立している。社会の持つこの価値観に照らして、現に技術の利用者が採用しているマネジメントシステムが問われることになる。また、環境マネジメントシステムがそうであるように、安全マネジメントシステム自体が社会からの評価と批判の中で成長、進化していくべき性格のものと考えられる。

三　広がる考え方

三・一　既に存在する類似の枠組み

新たな概念として導入した社会的措置ではあるが、実は類似の枠組みは既に存在している。法令による制度であっても、法令が何か具体的な行為を直接的に規制するのではなく、情報公開を義務づけるような制度であれば、この措置を行為主体の外部におかれる「約束した行動を実施していることの外部への証明」のための方法論と捉えることで、これを社会的措置の一類型と見なすことができる。

既述したＴＲＩ制度はまさにこれに該当する。そこで述べた通り、企業などにに義務づけられた有害化学物質の排出量データの公開は、結果としてこれら物質の排出量の削減に大きく寄与している。

また、排出量の削減が何故図られたかということに関しては、まさに外部「社会」との関連で多くの分析がなされている[236、237]。

一九九九年には日本で、「特定化学物質の環境への排出量の把握等及び管理の改善の促進に関する法律（通称「ＰＲＴＲ法」）」が制定された。ＰＲＴＲ法では、環境中に存在し、人や生態系の健康を損なうおそれのある化学物質を指定する。指定された化学物質の中でも環境中における存在の程度が大きい化学物質の製造者及び使用者は、それら化学物質の環境中への放出量を把握し、国に届け出ることが求められる。

ＰＲＴＲ法では、何らかの行為、行動を制約する「規制」が講じられているわけではない。事業者に対し単に報告を求めるだけだ。国に届け出られた個別企業、個別事業所ごとの排出量に関するデータは、誰もがその開示を請求することが可能であり、国は請求があれば開示を行う。ＰＲＴＲ法はいわば、法律によって個別事業者に対し、環境中への化学物質の放出に関した情報の公開を義務づける措置として理解できる。ＴＲＩ制度と類似の制度でもあり、社会的措置の概念に含まれるといえるだろう。

三・二　枠組みの背景

このような枠組みを持つＰＲＴＲ法が策定された背景は何だったのだろうか。これまでも、化学物質に対する規制措置は数多く構築され、機能してきている。その一方で、近年における化学物質に対する科学的知見の充実ともあいまって、より高い安全性、さらにはより低い環境負荷の実現が、化学物質を使用する社会活動の実施主体に求められるようになってきている。このことの結果として、顕在化した危険から潜在的な危険に、また確実な事象からより不確実な事象に対しても、何らかの対応をとることを社会は求めた。ＰＲＴＲ法の対象となった化学物質は、社会が何らかの対応を求めた潜在的な危険なり不確実な事象なりの原因となっているか、もしくは深く関連すると考えられた、と理解することができる。

このような対応の結果として、法規制の対象となる化学物質の数は従来に比べ増加してきた。一方で、新たに対象となったこれら化学物質に対しては、第八章で述べた立法行為に求められる合理性故に、化学物質それ自体の製造や使用という行為を制約するような強い規制を課すことは適当ではない、と考えられたのではないか。この結果、これら化学物質の製造者や使用者に対し、環境中への放出量に関する情報公開を求めるという弱い規制にとどまったと考えることができる[238]。

もう一つ、規制の実効性を確保するとの観点からも、従来型の行為制限的な規制措置を講ずることが困難になってきているのではないか。より高い安全性を求めた結果として、規制対象となる行為や化学物質の範囲は大幅に拡大してきた。【図9-1】に示される台形の部分が拡大すると同時に、台形の中の縦の波線部分もそれにつれて左に移動してきたと理解することができるだろう。

このように拡大した対象化学物質の製造、使用、廃棄の個々の現場においては、ある特定の対象化学物質の環境中への放出の削減は容易ではあるものの他の化学物質に関してはこれが困難となり、また、別の現場においては他の現場で困難であった化学物質の放出の削減が容易となるような場合も想定される。規制対象の拡大により、対象行為の現場の多様性は格段に増大しているのだ。

規制対象の拡大は、必然的に規制対象行為の多様化をもたらす。この結果、一律的に何らかの制約を行為者に対して課すという規制が実効的ではなくなってしまうほどに、規制対象行為が多様化し、これへの対応が複雑化しているのではないだろうか。このため、多様な規制対象に対し、人の生命、健康に与える悪影響の可能性を減じるという包括的な目的の達成を図る上では、むしろ一律的な基準を強制的に導入するのではなく、目的の達成を行為者の自主的な取り組みに委ね、結果として多様な取り組みを容認する手法が効率的な場合も存在するようになってきているのではないか。PRTR法の策定作業に携わった行政当局も、PRTR法における化学物質の自主管理の重要性に関する消極的な理由として、「規制の限界」を挙げている。[239]

PRTR法策定の背景には、次々と新しい化学物質を生みだし、社会の利用に供していく「化学技術」に対し、このあり方を律していくべきとの社会からの強い求めがあったと解釈することができる。さらに、PRTR法という枠組み策定の背景には、第八章で社会的措置を導出した際に述べた「溝」の存在を、やはり垣間見ることができるのである。

三・三 最後の問いに対して

現在の我々の生活は、技術によって支えられている。人間が生存していく上で不可欠な食料やエネルギーの供給はもちろんのこと、空調の効いた部屋、自らの足を動かすことのない目的地への移動、遙か彼方にいる友との臨場感溢れるコミュニケーションなど、技術は我々の生活を豊かで快適なものとする上で、欠くことのできない存在となっている。

こうした技術の利用が、我々人間の活動を飛躍的に活発化させてきた。その結果として、人間活動それ自体が巨大な環境負荷となって地球環境問題を発生させている。個々の人間の生命や健康に対して悪影響を与えるような事態すら発生してきている。技術の利用にともなうこれらの負の側面を十分に認識し、これを最小化していくことは技術の利用に際しての大前提だ。

この大前提のもとで、今後とも我々は、我々の生存のために技術を開発し、社会に導入し、これを利用していくことが必要なのだ。そして、必要な技術を社会で利用していくためには、先の大前提を確保する上からも、技術の利用を律する何らかの制度、枠組みの構築が必要となる。このような枠組みの存在なしには、結局のところ技術の社会での利用は進展しない。

これまで、こうした枠組みの多くは、法令に基づく規制的な措置だった。今後も、このような措置を講ずることによって、技術の社会での利用を必要十分に律し続けることができるのであれば、特段の問題が生じることはない。しかし、ここに至るまでに論じてきたように、より厳しい規制を求める社会と立法行為による規制実施に求められる合理性との間で、「溝」が発生している。そして、この「溝」は、何も特殊な事象に対して限定的に発生しているのではない。化学物質の規制という文脈の中での「化学技術」に限らず、多くの技術の導入に際してみられることではないだろうか。

この結果、従来の規制的措置だけでは、技術の社会への導入、利用という行為を十分に律しきれなくなっているのではないか。さらに、「原子力技術」に限らず、社会は技術の導入者が信頼に足る者であることを求め、そうでない者が技術を扱うことに強い拒否感を抱くようになっている。現在の我々の生活は技術の利用なしには成り立たないとの前提に立つのであれば、従来からの規制的措置に加え、技術の社会への導入や利用という行為をこうした論点をも踏まえて律する新たな方法論が必要となるのだろう。

本書では、この新たな方法論として、「環境マネジメントシステム」という考え方を普遍化することで「社会的措置」という概念を提示した。社会と技術の関係のあり方を、社会の価値に従って決める。このための方法論である社会的措置は、導入が社会的に懸念されている技術に対し、導入者に対する信頼感の醸成をも含めこれをどのように是正すれば社会は技術を受け入れるのかという問いに対し、何らかの回答を出す。もちろん、どのように是正しようと受け入れないという回答もあるだろう。

何故社会に、環境マネジメントシステムとして理解される考え方を具体化した制度に対するニーズが存在していると考えることができるのか。さらには、こうした考え方は、何故、社会に対し大きな影響を与えると考えられるのか。残されたこの問いに対する筆者の答えは以上である。

第1編　終章　第1節
(227)　原子力安全委員会(1999)『平成10年版　原子力安全白書』第1編　第2章　第1節　1(1)
(228)　田中豊(1998)「高レベル放射性廃棄物地層処分場立地の社会的受容を決定する心理的要因」『日本リスク研究学会誌』Vol.10, No.1, pp.45-52
(229)　下岡浩(1993)「原子力発電に対する公衆の態度決定構造」『日本原子力学会誌』Vol.35, No.2, pp.115-123
(230)　角田勝也(1999)「原子力発電に関するリスク認知の規定因に関する考察」『日本リスク研究学会誌』Vol.11, No.1, pp.54-60
(231)　IAEA(1986), *Summary Report on the Post-Accident Review Meeting on the Chernobyl Accident*, Safety Series No.75-INSAG-1
(232)　IAEA(1991), *Safety Culture*, Safety Series No.75-INSAG-4
(233)　IAEA(1988), *Basic Safety Principles for Nuclear Power Plants*, Safety Series No.75-INSAG-3
(234)　参照資料(232)　3.2.5. Audit, review and comparison
(235)　社会経済生産性本部(1997)『原子力発電に関する合意形成のあり方を探る　原子力発電に関する有識者アンケート調査　中間報告』
(236)　Hamilton, T. J.(1995), "Pollution as News: Media and Stock Market Reactions to the Toxic Release Inventory Data," *Journal of Environmental Economics and Management*, Vol.28, pp.98-113
(237)　Konar, S., Cohen, M. A.(1997), "Information As Regulation: The Effect of Community Right to Know Laws on Toxic Emissions," *Journal of Environmental Economics and Management*, Vol.32, No.1, pp.109-124
(238)　倉田健児(2003)「化学物質規制の進化と今後のあり方に関する考察」『日本リスク研究学会誌』Vol.14, No.1, pp.107-120
(239)　通商産業省基礎産業局化学物質管理課(2000)『「特定化学物質の環境への排出量の把握等及び管理の改善の促進に関する法律」について』

Model of Voluntary Overcompliance," *Journal of Economic Behavior and Organization*, Vol.28, pp.289-309
(211) EPA(1999), *33/50 Program: The Final Record*, p.2
(212) Arora, S., Cason, T. N.(1996), "Why Do Firms Volunteer to Exceed Environmental Regulations? Understanding Participation in EPA's 33/50 Program," *Land Economics*, Vol.72, No.4, pp.413-432
(213) 茅陽一監修(2002) 『環境ハンドブック』 産業環境管理協会 pp.1056-1095
(214) 経済同友会環境・資源エネルギー委員会(1998) 『地球温暖化防止に向けたわれわれの決意』
(215) 産業環境管理協会(1999) 『「企業の環境情報提供についてのアンケート」集計結果』
(216) 前掲書
(217) 電通(1998) 『"グリーンコンシューマー" 意識調査 '98 結果報告書』
(218) ハーマン, ジョン(2000) 「国のニーズを目指して改善されるアメリカ合衆国の PRTR」『環境研究』 No.116, pp.45-53
(219) 芦部信喜(1985) 『国家と法Ⅰ』 放送大学教育振興会 p.112
(220) 最高裁判所昭和 47 年 11 月 22 日大法廷判決(1972) 『小売商業調整特別措置法違反被告事件』
(221) 最高裁判所昭和 50 年 4 月 30 日大法廷判決(1975) 『行政処分取消請求事件』
(222) 倉田健児, 神田啓治(2001) 「社会での技術の利用を律する新たな手法－ISO 14001 の考え方適用の必要性－」『日本リスク研究学会誌』 Vol.12, No.2, pp.83-93

第九章

(223) 原子力委員会(1999) 『平成 10 年版　原子力白書』 第Ⅰ部 第 2 章　4.(1)
(224) 原子力安全委員会(1999) 『平成 10 年版　原子力安全白書』 第 2 編　第 1 章　第 1 節
(225) 前掲書　第 2 編　第 1 章　第 1 節
(226) 原子力安全委員会(2000) 『平成 11 年版　原子力安全白書』

Management, Vol.4, No.23, p.9
(199) Hanna, M. D., Newman, W. R., Johnson, P.(2000), "Linking Operational and Environmental Improvement through Employee Involvement," *International Journal of Operations and Production Management*, Vol.20, No.2, pp.148-165
(200) Rondinelli, D. A., Berry, M. A.(2000), "Environmental Citizenship in Multinational Corporations: Social Responsibility and Sustainable Development," *European Management Journal*, Vol.18, No.1, pp.70-84
(201) Thornton, R. V.(2000), "New Relationships: ISO 14001, Lean Manufacturing and Transportation," *Environmental Quality Management*, Vol.9, No.3, pp.105-110
(202) 参照資料(199)
(203) Zutshi, A., Sohal, A.(2004), "Environmental Management System Adoption by Australasian Organisations: Part 1: Reasons, Benefits and Impediments," *Technovation*, Vol.24, No.4, pp.335-357
(204) Morrow, D., Rondinelli, D.(2002), "Adopting Corporate Environmental Mnagement Systems: Motivations and Results of ISO 14001 and EMAS Certification," *European Management Journal*, Vol.20, No.2, pp.159-171
(205) 森保文，寺園淳，酒井美里，乙間末広(2000)「ISO 14001 審査登録企業の環境面への取り組みおよび環境パフォーマンスの現状」『環境科学会誌』 Vol.13, No.2, pp.193-203
(206) Umweltbundesamt(2000), *EMAS in Germany, Systematic Environmental Management: Report on Experience 1995 to 1998*, Federal Environmental Agency
(207) 参照資料(204)
(208) Bültmann, A., Wätzold, F.(2000), *The Implementation of the European EMAS Regulation in Germany*, UFZ-Centre for Environmental Research Leipzig-Halle
(209) Introduction, ISO 14001:2004
(210) Arora, S., Gangopadhyay, S.(1995), "Toward Theoretical

準化ジャーナル』 Vol.25, 1995年7月, pp.4-11
(185) Cascio, J.(1997)「米国におけるISO 14000シリーズの受入れ状況」『標準化ジャーナル』 Vol.27, 1997年7月, pp.83-86

第八章

(186) Krut, R., Gleckman, H.(1998), *ISO 14001: A Missed Opportunity for Sustainable Global Industrial Development*, London: Earthscan Publications Ltd. pp.25-26
(187) Pullin, J.(1998), "Green Stamp Giveaway," *Professional Engineering*, Vol.16, No.16, p.28
(188) Bansal, P., Bogner, W. C.(2002), "Deciding on ISO 14001: Economics, Institutions, and Context," *Long Range Planning*, Vol.35, No.3, pp.269-290
(189) Rondinellia, D. A., Vastagb, G.(2000), "Panacea, Common Sense, or Just a Label? The Value of ISO 14001 Environmental Management Systems," *European Management Journal*, Vol.18, No.5, pp.499-510
(190) Stenzen, P. L.(2000), "Can the ISO 14000 Series Environmental Management Standards Provide a Viable Alternative to Government Regulation?," *American Business Law Journal*, Vol.37, No.2, pp.237-298
(191) Introduction, ISO 14001:2004
(192) 参照資料(187)
(193) 前掲書
(194) 参照資料(186) pp.16-22, 33-34
(195) Sissell, K.(2000), "Autos and Electronics Drive Certification," *Chemical Week*, Vol.162, No.14, pp.42-43
(196) Schiffman, R. I., Delaney, B. T., Fleming, S., Hamilton, E.(1997), "Implement an ISO 14001 Environmental Management System," *Chemical Engineering Progress*, Vol.93, No.11, pp.41-58
(197) Scott, A.(1999), "Profiting from ISO 14000," *Chemical Week*, Vol.161, No.36, pp.83-85
(198) Nolan, A.(1999), "Green Means Go for Quality," *Supply*

pp.19-26
(159) Council Regulation (EEC) No 1836/93
(160) Article 1, Council Regulation (EEC) No 1836/93
(161) Article 12, Council Regulation (EEC) No 1836/93
(162) 東京海上火災保険株式会社編(1996) 『環境リスクと環境法 欧州・国際編』 有斐閣 pp.51-52
(163) Hutchison, J.(1994) 「BS 7750: Environmental Management Systems - A Seminar for The Japanese Standards Association」『環境管理・監査システム BS 7750(94 年改訂)と EC 規則の解説セミナー テキスト』 日本規格協会
(164) 参照資料(162) p.29
(165) Article 21, Council Regulation (EEC) No 1836/93
(166) Annex 1 to ISO/IEC SAGE 82: ISO/IEC SAGE/SG 1 N 53
(167) Foreword, BS 7750:1994
(168) 参照資料(157)
(169) Commission Decision 97/265/EC
(170) Commission Decision 96/150/EC
(171) Commission Decision 96/149/EC
(172) Commission Decision 96/151/EC
(173) Regulation (EC) No 761/2001
(174) http://europa.eu.int/comm/environment/emas/tools/faq_en.htm#difference
(175) 工業技術院標準部(1999) 『JIS(日本工業規格)と国際規格との整合化の手引き(改訂版)』
(176) ISO Central Secretariat(1998), *ISO 14000 - Meet the whole family!*
(177) 4.1 General requirements, ISO 14001:2004
(178) 3.8 Environmental management system, ISO 14001:2004
(179) 4.4.3 Communication, ISO 14001:2004
(180) 4.4.6 Operational control, ISO 14001:2004
(181) 1 Scope, ISO 14001:2004
(182) 前掲書
(183) Introduction, ISO 14001:2004
(184) Cascio, J.(1995) 「環境管理標準化の現状と米国の対応」『標

(138)　吉澤正編(1999)『ISO 14000　環境マネジメント便覧』日本規格協会　p.50
(139)　参照資料(122)　pp.24-25
(140)　前掲書　pp.25-26
(141)　Cascio, J.(1995)「環境管理標準化の現状と米国の対応」『標準化ジャーナル』Vol.25, 1995年7月, pp.4-11
(142)　寺田博(1995)「日米環境管理ワークショップ報告」『標準化ジャーナル』Vol.25, 1995年8月, pp.48-50
(143)　茅陽一(1993)「我が国の環境管理の動向」『標準化ジャーナル』Vol.23, 1993年12月, pp.4-12
(144)　参照資料(138)　p.48
(145)　福島哲郎(1992)「環境リスクと環境監査　4.企業活動における環境監査」『産業公害』Vol.28, No.7, pp.684-690
(146)　参照資料(122)　p.25
(147)　Annex 1 to ISO/IEC SAGE 82: ISO/IEC SAGE/SG 1 N 53
(148)　Annex 2 to ISO/IEC SAGE 82: ISO/IEC SAGE/SG 1 N 54
(149)　Annex 3 to ISO/IEC SAGE 82: ISO/IEC SAGE/SG 1 N 55
(150)　3.10 Environmental performance, ISO 14001:2004
(151)　3.2 Continual improvement, ISO 14001:2004
(152)　参照資料(138)　p.46

第七章

(153)　Technical Board Recommendation 2/1933
(154)　ISO/TC 207 Resolution 3/1993
(155)　寺田博(1995)「環境管理の国際的動向」『ISO/TC 207(環境管理)動向説明会　テキスト』日本規格協会
(156)　吉田敬史(1995)『環境マネージメントシステム国際規格(TALISMAN 別冊「海外進出と環境汚染シリーズ」グローバル編　その7)』東京海上火災保険株式会社
(157)　吉田敬史(1994)『環境管理国際標準化に係わる諸問題(TALISMAN 別冊「海外進出と環境汚染シリーズ」グローバル編　その6)』東京海上火災保険株式会社
(158)　寺田博(1994)「ISO/TC 207“環境管理”－ゴールドコースト会議を終わって－」『標準化ジャーナル』Vol.24, 1994年9月,

Cambridge: The MIT Press p.xix
(121) 前掲書 p.95
(122) Cascio, J., Woodside G., Mitchell, P.(1996), *ISO 14000 Guide: The New International Environmental Management Standards*, New York: McGraw-Hill Companies Inc.；日本規格協会EMS審査登録センター監訳(1996)『ISO 14000 ガイド 新しい国際環境マネジメント規格』日本規格協会 p.23
(123) 前掲書 p.23
(124) 日本規格協会(1993b)「ISO・IEC部会の動き 第200回ISO部会」『標準化ジャーナル』Vol.23, 1993年5月, pp.106-107
(125) 青木朗(1994)「ISOの運営及び組織の改正について ――層の発展とサービスの向上のために－」『標準化ジャーナル』Vol.24, 1994年4月, pp.25-27
(126) 日本規格協会(1993a)「ISO・IEC部会の動き 第199回ISO部会」『標準化ジャーナル』Vol.23, 1993年2月, pp.109-113
(127) 井上邦夫(1993)「第46回ISO理事会出席報告」『標準化ジャーナル』Vol.23, 1993年1月, pp.92-93
(128) 寺田博(1993)「環境管理・監査の国際標準化 －ISO/TC 207トロント国際会議に出席して－」『標準化ジャーナル』Vol.23, 1993年11月, pp.21-27

第六章

(129) Council Resolution 16/1991
(130) Council Resolution 31/1991
(131) Council Resolution 32/1991
(132) ISO/IEC SAGE 34
(133) ISO/IEC SAGE 29 (Revised)
(134) ISO/IEC SAGE 38
(135) 標準化ジャーナル編(1993)「ISO・IEC部会の動き」『標準化ジャーナル』Vol.23, 1993年2月, pp.108-113
(136) 倉田健児, 神田啓治(2000)「国際標準化が発展途上国の工業発展に与える影響に関する考察 －TBT協定下でのISO/IEC規格の影響－」『開発技術』Vol.6, pp.49-66
(137) Technical Board Resolution 2/1993

(102) 38.38., Chapter 38, Agenda 21
(103) http://www.gef.or.jp/LA 21/
(104) 30.3., 30.10., Chapter 30, Agenda 21
(105) Principle 10, Rio Declaration on Environment and Development
(106) 参照資料(82) pp.151
(107) 前掲書 pp.151-152
(108) Viguier, L. L.(2004) "A Proposal to Increase Developing Country Participation in International Climate Policy," *Environmental Science and Policy*, Vol.7, pp.195-204
(109) http://www.usemb.se/Environment/briefing.html
(110) Ehrlich, P.(1968), *The Population Bomb*, New York: Ballantine Books
(111) Hardin, G.(1968), "The Tragedy of the Commons," *Science*, Vol.162, pp.1243-1248
(112) Commoner, B. A.(1971), *The Closing Circle: Nature, Man and Technology*, New York: Alfred A. Knopf
(113) Boulding, K. E.(1966), "The Economics of the Coming Spaceship Earth," in H. Jarrett (ed.), *Environmental Quality in a Growing Economy*, pp.3-14, Baltimore: Johns Hopkins University Press
(114) 参照資料(25) pp.81-82
(115) 佐和隆光(1997)『地球温暖化を防ぐ －20世紀型経済システムの転換－』 岩波書店 pp.61-65
(116) 30.10., Chapter 30, Agenda 21
(117) http://www.nikkakyo.org/organizations/jrcc/whatrc/whatrc 2_1.html
(118) Lowry, D.(1992), "Second World Industry Conference on Environmental Management (WICEM II): Rotterdam, the Netherlands, April 1991," *Global Environmental Change*, Vol.2, No.1, pp.67-68
(119) 前掲書
(120) Schmidheiny, S.(1992), *Changing Course: A Global Business Perspective on Development and the Environment*,

防　オゾン層保護条約の誕生と展開』 工業調査会　pp.41-43
(88) 参照資料(84)　p.125
(89) 参照資料(82)　p.83
(90) Paulos, B(1998), "Green Power in Perspective: Lessons from Green Marketing of Consumer Goods," *The Electricity Journal*, Vol.11, Iss.1, January/February 1998, pp.46-55
(91) 環境監査研究会(1992) 『環境監査入門』 日本経済新聞社 pp.8-9
(92) http://www.ceres.org/coalitionandcompanies/principles.php
(93) http://www.ceres.org/coalitionandcompanies/company_list.php
(94) International Chamber of Commerce(1991), *The Business Charter for Sustainable Development*, International Chamber of Commerce
(95) http://www.keidanren.or.jp/japanese/profile/pro 002/p 02001.html

第五章

(96) Malthus, T. R.(1798), *An Essay on the Principle of Population, As It Affects the Future Improvement of Society, with Remarks on the Speculations of Mr. Godwin, M. Condorcet, and Other Writers*, London: J. Johnson；高野岩三郎, 大内兵衛訳(1962) 『初版　人口の原理』 岩波書店
(97) World Commission on Environment and Development(1987), *Our Common Future*, New York: Oxford University Press；大来佐武郎監修　環境庁国際環境問題研究会訳(1987) 『地球の未来を守るために』 福武書店
(98) 前掲書　p.66
(99) 環境庁編(1991) 『平成3年版　環境白書』 総説　第2章 第2節
(100) United Nations(1987), *A/RES/42/187 96th plenary meeting*, 11 December 1987
(101) United Nations(1989), *A/RES/44/228 85th plenary meeting*, 22 December 1989

(75)　寺西俊一(1992)『地球環境問題の政治経済学』東洋経済新報社 pp.179-180
(76)　米本昌平(1994)『地球環境問題とは何か』岩波書店　p.17
(77)　Barnola, J. M., Raynaud, D., Korotkevich, Y. S., Lorius, C. (1987), "Vostok Ice Core Provides 160,000-year Record of Atmospheric CO_2," *Nature*, Vol.329, No.6138, pp.408-414
(78)　http://magazine.audubon.org/global.html
(79)　Waltz, K. N. (1979), *Theory of International Politics*, Reading, Massachusetts: Addison-Wesley Publishing Company
(80)　Mathews, J. T. (1989), "Redefining Security," *Foreign Affairs*, Vol.68, Iss.2, pp.162-177
(81)　蟹江憲史(2004)『環境政治学入門　地球環境問題の国際的解決へのアプローチ』丸善　pp.38-60
(82)　Porter, G., Brown, J. W. (1996), *Global Environmental Politics, 2nd Edition, Boulder*, Colorado: Westview Press, Inc.；細田衛士監訳(1998)『入門　地球環境政治』有斐閣 pp.34-36
(83)　参照資料(76)　pp.42-69
(84)　Susskind, L. E. (1994), *Environmental Diplomacy: Negotiating More Effective Global Agreements*, New York: Oxford University Press；吉岡庸光訳(1996)『環境外交　国家エゴを超えて』日本経済評論社　p.111
(85)　Farman, J. C., Gardiner, B. G., Shanklin, J. D. (1985), "Large Losses of Total Ozone in Antarctica Reveal Seasonal ClO_X/NO_X Interaction," *Nature*, Vol.315, No.6016, pp.207-210
(86)　Roan, S. L. (1989), *Ozone Crisis: The 15 Year Evolution of a Sudden Global Emergency*, New York: John Wiley & Sons, Inc.；加藤珪，深瀬正子，鈴木圭子訳(1991)『オゾン・クライシス』地人書館　pp.264-289
(87)　Benedick, R. E. (1998), *Ozone Diplomacy: New Directions in Safeguarding the Planet, Enlarged Edition*, Cambridge: Harvard University Press；小田切力訳(1999)『環境外交の攻

(61)　Warhurst, A., Mitchell, P.(2000), "Corporate Social Responsibility and the Case of Summitville Mine," *Resource Policy*, Vol.26, pp.91-102
(62)　Friedman, M.(1970), "The Social Responsibility of Business is to Increase its Profits," *New York Time Magazine*, No.32-33, pp.122, 126

第四章

(63)　Nash, J., Ehrenfeld, J.(1996), "Code Green," *Environment*, Vol.38, No.1, pp.16-
(64)　環境庁編(1988)『昭和63年版　環境白書』総説　第3章 第1節
(65)　http://earthobservatory.nasa.gov/Library/Giants/Arrhenius/arrhenius_3.html
(66)　http://earthobservatory.nasa.gov/Library/Giants/Arrhenius/arrhenius_2.html
(67)　参照資料(65)
(68)　参照資料(33)　p.59
(69)　Speth, J. G.(2004), *Red Sky at Morning - America and the Crisis of the Global Warming*, New Haven: Yale University Press　p.2
(70)　Charney, J. G.(1979), *Carbon Dioxide and Climate: A Scientific Assessment*, National Academy of Science
(71)　前掲書　p.22
(72)　United States Government(1980), *The Global 2000 Report to the President of the United States: Entering the 21st Century*；逸見謙三，立花一雄監訳(1980)『西暦2000年の地球』家の光協会
(73)　前掲書　第2巻 環境編　pp.101-102
(74)　ICSU/UNEP/WMO(1986), *Report of the International Conference on the Assessment of the Role of Carbon Dioxide and Other Greenhouse Gases in Climate Variations and Assorted Impacts* (*Villach, Austria, 9-15 October 1985*), WMO document No.661, 1986

of the National Academy of Public Administration for the U.S. Environmental Protection Agency p.35
(44) Fletcher, T.(2002), "Neighborhood Change at Love Canal: Contamination, Evacuation and Resettlement," *Land Use Policy*, Vol.19, pp.311-323
(45) 東京海上火災保険株式会社編(1992)『環境リスクと環境法　米国編』 有斐閣 pp.27-31
(46) Porter, R. C.(2002), *The Economics of Waste*, Washington, DC: Resources for the Future；石川雅紀，竹内憲司訳(2005)『入門　廃棄物の経済学』 東洋経済新報社 pp.293-322
(47) 参照資料(45) pp.161-162
(48) United States v. Fleet Factors Corp., 901 F.2 d, 1550, 1557(11 th Cir. 1990), cert. denied, 111 S.Ct. 752(1991)
(49) Lender Liability Rule (57 FR 18382)
(50) Kelley v. EPA, 15 F.3 d, 1100(D.C. Cir. 1994), reh. denied, 25 F.3 d, 1088(D.C. Cir. 1994), cert. denied, American Bankers Association v. Kelley, 115 S.Ct. 900(1995)
(51) Asset Conservation, Lender Liability, and Deposit Insurance Protection Act of 1996
(52) EPA(1997), *Environmental Audit Program Design Guidelines for Federal Agencies* pp.1-7
(53) Environmental Auditing Policy Statement (51 FR 25004)
(54) Incentives for Self-Policing: Discovery, Disclosure, Correction and Prevention of Violations (60 FR 66706)
(55) Factors in Decisions on Criminal Prosecutions for Environmental Violations in the Context of Significant Voluntary Compliance or Disclosure Efforts by the Violator
(56) Hancock v. Train, 426 U.S. 167(1976)
(57) Executive Order 12088, Federal Compliance with Pollution Control Standards(1978)
(58) 千代田邦夫(1998)『アメリカ監査論　第二版』 中央経済社 pp.29-30
(59) 前掲書 p.34
(60) 1 Scope, ISO 14001:2004

Trust Press；小野信夸監訳(1996) 『アメリカ消費者運動の 50 年』 批評社 p.31
(33) Meadows, D. H., Meadows, D. L., Randers, J., Behrens III, W. W.(1972), *The Limits to Growth*, New York: Universe Books；大来佐武郎監訳(1972) 『成長の限界』 ダイヤモンド社
(34) http://www.clubofrome.org/about/methodology.php
(35) Cole, H. S. D., Freeman, C., Jahoda, M., Pavitt, K. L. R. (1973), *Thinking About the Future: A Critique of the Limits to Growth*, London: Chatto & Windus, for Sussex University Press
(36) Weizsäcker, E. U. von(1992), *Erdpolitik. Ökologische Realpolitik an der Schwelle zum Jahrhundert der Umwelt, 3. aktualisierte Auflage*, Darmstadt: Wissenschaftliche Buchgesellshaft；宮本憲一, 楠田貢典, 佐々木建監訳(1994) 『地球環境政策 地球サミットから環境の 21 世紀へ』 有斐閣 p.21
(37) Elliott, L.(1998), *The Global Politics of the Environment*, New York: New York University Press；太田一男監訳(2001) 『環境の地球政治学』 法律文化社 p.16
(38) United Nations(1971), *Report of the Secretary-General to the Third Session of the Preparatory Committee*, UN Doc A/CONF.48/PC.11

第三章

(39) 参照資料(36) p.4
(40) Committee on Basic Auditing Concepts(1973), *A Statement of Basic Auditing Concepts (Studies in Accounting Research No.6)*, American Accounting Association p.2
(41) 石田三郎(2003) 『監査論の基礎知識 四訂版』 東京経済情報出版 p.4
(42) 前掲書 p.29
(43) National Academy of Public Administration(2001), "Third-Party Auditing of Environmetal Management Systems: U.S. Registration Practices for ISO 14001," *A Report by a Panel*

Little, Brown and Company
(19) Vogt, W.(1948), *Road to Survival*, New York: William Sloane Associates
(20) McCormick, J.(1996), *The Global Environmental Movement, 2nd Edition*, Chichester, Sussex: John Wiley & Sons Inc.；石弘之，山口裕司訳(1998)『地球環境運動全史』 岩波書店 p.39
(21) Galbraith, J. K.(1958), *The Affluent Society*, Boston: Houghton Mifflin；鈴木哲太郎訳(1985)『ゆたかな社会』 岩波書店
(22) Hughes, J.(1990), *American Economic History, 3rd Edition*, Glenview, Illinois: Scott, Foresman and Company p.533
(23) Carson, R.(1962), *Silent Spring*, Boston: Houghton Mifflin；青木簗一訳(1974)『沈黙の春』 新潮社
(24) 前掲書 p.12
(25) de Steiger, J. E.(1997), *The Age of Environment*, New York: The McGraw-Hill Companies, Inc.；新田功，藏本忍，大森正之訳(2001)『環境保護主義の時代－アメリカにおける環境思想の系譜』 多賀出版 p.39
(26) http://www.audubon.org/nas/timeline.html
(27) Ropeik, D., Gray, G.(2002), *Risk: A Practical Guide for Deciding What's Really Safe and What's Really Dangerous in the World Around You*, Boston: Houghton Mifflin p.203
(28) Whelan E. M.(1993), *Toxic Terror*, Buffalo, New York: Prometheus Books；菅原努監訳(1996)『創られた恐怖－発ガン性の検証－』 昭和堂 p.95
(29) 参照資料(20) p.65
(30) Brooks, P.(1989), *Rachel Carson: The Writer at Work*, San Francisco: Sierra Club Books pp.231-232
(31) http://www.wilderness.org/Library/Documents/earthdayhistory.cfm
(32) Warne, C. E., Morse, R. L. D.(1993), *The Consumer Movement: lectures*, Manhattan, Kansas: Family Economics

参 照 資 料

第一章

（1） 『新潮国語辞典　第二版』(1995)　新潮社
（2） 『新明解国語辞典　第五版』(1997)　三省堂
（3） 『広辞苑　第五版』(1998)　岩波書店
（4） 『大辞泉　増補・新装版』(1998)　小学館
（5） 『新辞林』(1999)　三省堂
（6） 『現代用語の基礎知識　2005』(2005)　自由国民社
（7） 『朝日現代用語　知恵蔵　2005』(2005)　朝日新聞社
（8） 経済同友会(1991a)　『－提言－　地球温暖化問題への取り組み　－未来の世代のために今なすべきこと－』
（9） 前掲書　pp.3-4
（10） 経済同友会(1991b)　『地球温暖化問題への取り組み　－未来の世代のために今なすべきこと－　(報告書)』
（11） 前掲書　p.46
（12） 前掲書　p.46
（13） 30.3., 30.10., Chapter 30, Agenda 21
（14） 3.8 Environmental management system, ISO 14001:2004

第二章

（15） Woytinsky, W. S., Woytinsky, E. S. (1953), *World Population and Production -Trend and Outlook-*, New York: The Twentieth Century Fund；直井武夫，迫間真治郎，細野重雄他訳(1956)　『世界の経済　人口・資源・産業』日本経済新聞社　p.363
（16） Bosso, J. C. (2003), "Rethinking the Concept of Membership in Nature Advocacy Organizations," *The Policy Studies Journal*, Vol.31, No.3, pp.397-411
（17） Osborn, H. F. (1948), *Our Plundered Planet*, Toront: Little, Brown and Company
（18） Osborn, H. F. (1953), *The Limits of the Earth*, Toront:

ハ 行

マ 行

ヤ 行

ラ 行

タ 行

ナ 行

サ　行

和 文 索 引

P–W

DDT 44, 57

Department of Standards Malaysia 248

EB (Executive Board) →執行評議会

ECOSOC (United Nations Economic and Social Council) →国連経済社会理事会

EC 規則 237, 240

EC 指令 240

EMAS (Eco-Management and Audit Scheme) →環境管理・監査規則

EN/ISO 14001 244

Environmental Management System →環境マネジメントシステム

EPA (Environmental Protection Agency) →環境保護庁

FAO (Food and Agriculture Organization) →国連食糧農業機関

FWQA (Federal Water Quality Administration) →連邦水質管理局

GISS (Goddard Institute for Space Studies) →ゴッダード宇宙研究所

I–N

IAEA (International Atomic Energy Agency) →国際原子力機関

IAF (International Accreditation Forum) →国際認定フォーラム

ICC (International Chamber of Commerce) →国際商業会議所

ICCA (International Council of Chemical Associations) →国際化学工業協会協議会

ICC ビジネス憲章 →持続可能な開発のためのビジネス憲章

ICI 188

ICSU (International Council of Scientific Unions) →国際学術連合

IEC (International Electrotechnical Commission) →国際電気標準会議

IMO (International Maritime Organization) →国際海事機関

INC (Intergovernmental Negotiating Committee) →気候変動枠組条約に関する政府間交渉委員会

欧文索引

数字

33/50 Program　294

A–G

Agenda 21　→アジェンダ 21
ANSI (American National Standards Institute)　→アメリカ規格協会
BCSD (Business Council for Sustainable Development)　→持続可能な開発のための経済人会議
BS 7750　20, 211, 242
BSI (British Standards Institution)　→イギリス規格協会
CAC (Consumer Advisory Council)　→消費者諮問委員会
CBD (Convention on Biological Diversity)　→生物多様性条約
CCPA (The Canadian Chemical Producers' Association)　→カナダ化学製造者協会
CEN (European Committee for Standardization)　→ヨーロッパ規格委員会
CEQ (Council on Environmental Quality)　→環境諮問委員会
CERCLA (Comprehensive Environmental Response, Compensation and Liability Act of 1980)　→包括的環境対処・補償・責任法
CERES (The Coalition for Environmentally Responsible Economics)　→セリーズ
Command and Control　276, 294
Conservation　→自然の保全
COP 3 (The Third Conference of the Parties to the United Nations Framework Convention on Climate Change)　→気候変動枠組み条約第 3 回締約国会議
CSD (Commission on Sustainable Development)　→持続可能な開発委員会

倉田 健児（くらた　けんじ）

慶應義塾大学卒業、同大学大学院修士課程修了、京都大学大学院博士後期課程修了。京都大学博士（エネルギー科学）。

通商産業省（現経済産業省）入省後、本省内各部局、資源エネルギー庁、工業技術院、産業技術総合研究所、ノースカロライナ州立大学などを経て、現在、北海道大学公共政策大学院教授。

環境経営のルーツを求めて
「環境マネジメントシステム」という考え方の意義と将来

2006年4月25日第一刷発行

著　者　倉田健児
発行所　社団法人産業環境管理協会
〒101-0044　東京都千代田区鍛冶町 2-2-1
（三井住友銀行神田駅前ビル）
電話(03)5209-7710　FAX(03)5209-7716
http://www.jemai.or.jp
印刷所　中央印刷株式会社
発売所　丸善株式会社出版事業部
電　話　(03)3272-0521　FAX (03)3272-0693

ISBN 4-914953-97-8　C3051　　Printed in Japan